校企合作CAD/CAM工程应用系列丛书
互联网+创新型“十四五”精品教材

CAXA CAD
电子图板实例教程

微课版

主　编◎解广利　吕建国　张　嵩
副主编◎丁远强　王　娜　何勇群　杨志文
李仕阳　李永雄　魏　东

哈爾濱工程大學出版社
Harbin Engineering University Press

内容简介

本书以 CAXA CAD 电子图板 2023 为软件操作基础。全书共有 12 个项目，包括 CAXA CAD 电子图板入门基础、文件操作、系统设置与界面定制、基本图形绘制、工程图形绘制、曲线编辑、图形编辑、视图控制、图纸幅面、系统查询、块操作与库操作、工程标注与标注编辑。

本书结构清晰，语言简洁，既可作为应用型本科院校、职业院校、技工类院校的教材，也可作为从事机械设计、建筑制图、电气绘图、广告制作等工作的技术人员参考书。

图书在版编目（CIP）数据

CAXA CAD 电子图板实例教程 ：微课版 / 解广利，吕建国，张嵩主编. -- 哈尔滨 ：哈尔滨工程大学出版社，2025. 6. -- ISBN 978-7-5661-4753-0

Ⅰ. TP391.72

中国国家版本馆 CIP 数据核字第 2025K6M221 号

CAXA CAD 电子图板实例教程（微课版）

CAXA CAD DIANZI TUBAN SHILI JIAOCHENG（WEIKE BAN）

选题策划 张林峰

责任编辑 田 婧

出版发行 哈尔滨工程大学出版社

社　　址 哈尔滨市南岗区南通大街 145 号

邮政编码 150001

电　　话 0451-82519328

传　　真 0451-82519699

经　　销 新华书店

印　　刷 三河市中晟雅豪印务有限公司

开　　本 787 mm×1 092 mm　1/16

印　　张 15.5

字　　数 397 千字

版　　次 2025 年 6 月第 1 版

印　　次 2025 年 6 月第 1 次印刷

书　　号 ISBN 978-7-5661-4753-0

定　　价 69.80 元

http://www.hrbeupress.com

E-mail:heupress@hrbeu.edu.cn

前　言

党的二十大报告中指出，“育人的根本在于立德。全面贯彻党的教育方针，落实立德树人根本任务，培养德智体美劳全面发展的社会主义建设者和接班人”。报告中的内容为我国新时代的教育事业指明了清晰且坚定的方向，也为我们提供了思想指引和行动指南。

随着计算机技术的迅猛发展，计算机辅助设计与制造（CAD/CAM）已经成为工程技术人员必不可少的重要工具。特别是在机械、建筑、电子设计等领域，已经形成产业链和行业规范，有着无限的发展空间。

CAXA CAD 电子图板是北京数码大方科技股份有限公司开发的二维绘图通用软件，该软件易学易用、符合工程师的设计习惯，而且功能强大、兼容 AutoCAD，是国内普及率非常高的 CAD 软件之一。CAXA CAD 电子图板在机械、电子、航空航天、汽车、船舶、军工、建筑、教育和科研等多个领域都得到了广泛的应用。

本书内容翔实、紧凑，理论阐述清楚，概念明确，例题解答过程简明、清晰，符合课程认知及发展规律等，力求保证基本理论的系统性。本书具有以下特点。

（1）实例丰富。本书的实例不管是数量还是种类，都非常丰富。本书结合大量操作实例，详细讲解了 CAXA CAD 知识要点，让读者在学习案例的过程中潜移默化地掌握 CAXA CAD 电子图板软件应用技巧。

（2）突出提升技能。本书中的很多实例本身就是设计项目案例，经过作者精心提炼和改编，不仅保证了读者能够学好知识点，更重要的是能够帮助读者掌握实际的操作技能，同时培养其 CAXA CAD 绘图实践能力。

（3）技能与思政教育紧密结合。在讲解 CAXA CAD 图形绘制专业知识的同时，紧密结合思政教育主旋律，从专业知识角度引导学生触类旁通，提升思政品质。

本书由解广利、吕建国、张嵩担任主编；由丁远强（广西轻工技师学院），王娜（泰安技师学院），何勇群、杨志文（广西第一工业学校），李仕阳（白音华坑口发电公司），李永雄（东莞市纺织服装学校），魏东（西安建筑科技大学华清学院）担任副主编。本书的相关资料和售后服务可扫封底微信二维码或登录 www.bjzzwh.com 下载获得。

由于编者水平有限，书中难免存在疏漏和不当之处，敬请各位专家及读者批评指正。

编　者

目　录

01

项目1　CAXA CAD电子图板入门基础

项目导读

CAXA CAD 电子图板是一套高效、方便、智能化的二维绘图 CAD 软件。CAXA CAD 电子图板提供了形象化的设计手段，可帮助设计人员更有效地进行设计、提高工作效率、缩短产品的设计周期。本项目将介绍 CAXA CAD 电子图板的系统特点以及 2023 版的新增功能，对 CAXA CAD 电子图板 2023 的用户界面和基本操作做详细的介绍，使读者对使用 CAXA CAD 电子图板进行产品设计有一个完整的认识。

学习目标

知识目标

1. 了解 CAXA CAD 电子图板的运用领域。
2. 了解 CAXA CAD 电子图板 2023 的新增功能。
3. 掌握工程制图的基本知识。
4. 熟悉 CAXA CAD 电子图板 2023 的用户界面。
5. 熟悉 CAXA CAD 电子图板的基本操作。

能力目标

1. 掌握运行和退出 CAXA CAD 电子图板。
2. 能够随意切换两种用户界面。
3. 利用 CAXA CAD 电子图板绘制简单图形。

素质目标

1. 引导读者学会自主探索软件的功能和操作方法，培养其独立思考和解决问题的能力。
2. 培养读者探索新知识的习惯。

思政目标

1. 培养读者创新思维能力和探索精神。
2. 培养读者的设计能力，提高读者的社会实践能力。

任务 1　CAXA CAD 电子图板概述

任务描述

通过对本任务相关知识的学习，用户可以了解 CAXA CAD 电子图板的系统特点；掌握工程制图的基本知识。

任务分析

首先了解 CAXA CAD 电子图板的背景；其次知道 CAXA CAD 电子图板的系统特点和 2023 版新增功能；再次掌握工程制图的基本知识；最后能够运行和退出 CAXA CAD 电子图板软件。

任务重点与实施

北京数码大方科技股份有限公司(CAXA CAD)是中国领先的 CAD 和 PLM 软件供应商，拥有完全自主知识产权的系列化的 CAD、CAPP、CAM、DNC、PDM、MPM 等软件产品和解决方案，覆盖了设计、工艺、制造和管理四大领域，其产品广泛应用在装备制造、电子电器、汽车及零部件、国防军工、工程建设、教育等各个行业，拥有超过 25 000 万家企业用户和 2 000 所院校用户。

作为国内最早从事 CAD 软件开发的企业，CAXA CAD 多年来一直致力于设计软件的普及应用工作。CAXA CAD 电子图板专为设计工程师打造，依据中国机械设计的国家标准和使用习惯，提供专业绘图编辑和辅助设计工具，轻松实现“所思即所得”。通过简单的绘图操作，将新品研发、改型设计等工作迅速完成，工程师只需关注所要解决的技术难题，而无须花费大量时间创建几何图形。

1.1.1 CAXA CAD 电子图板简介

CAXA CAD 电子图板是一个功能齐全的通用计算机辅助设计系统软件，以交互图形方式，对几何模型进行实时的构造、编辑和修改，并能够存储各类拓扑信息。CAXA CAD 电子图板提供形象化的设计手段，帮助设计人员发挥创造性、提高工作效率、缩短新产品的设计周期，把设计人员从繁重的设计绘图工作中解脱出来，并有助于促进产品设计的标准化、系列化、通用化，使得整个设计规范化。CAXA CAD 电子图板已经在机械、电子、航空航天、汽车、船舶、轻工、纺织、建筑及工程建设等领域得到了广泛的应用。CAXA CAD 电子图板适合于需要二维绘图的各种场合。利用它可以进行零件图设计、装配图设计、零件图组装装配图、装配图拆画零件图、工艺图表设计、平面包装设计、电气图纸设计等。

1.1.2 CAXA CAD 电子图板 2023 系统特点

CAXA CAD 电子图板作为目前国内最有影响力的本土 CAD 软件，经过多年的完善和发展，具有以下特点。

(1)耳目一新的界面风格，打造全新交互体验。CAXA CAD 电子图板改变原有的“文件”“编辑”“视图”菜单模式，采用普遍流行的 Fluent/Ribbon 图形用户界面。新的界面风格更加简洁、直接，使用者可以更加容易地找到各种绘图命令，并且以更少的命令完成 CAD 操作。同时，新版本保留原有 CAXA CAD 风格界面，并通过【F9】键切换新老界面，方便用户使用。CAXA CAD 电子图板优化了并行交互技术、动态导航以及双击编辑等方面功能，改进了 CAD 软件同用户的交流体验，使命令更加直接简捷，操作更加灵活方便。

(2)全面兼容 AutoCAD，综合性能提升。为了满足跨语言、跨平台的数据转换与处理的要求，CAXA CAD 电子图板基于 Unicode 编码进行重新开发，进一步增强了对 AutoCAD 数据的兼容性，保证电子图板 EXB 格式数据与 DWG 格式数据的直接转换，从而完全兼容企业历史数据，实现企业设计平台的转换。电子图板支持主流操作系统，改善了软件操作性能，加快了设计绘图速度。

(3)专业的绘图工具，符合国家标准的标注风格。系统提供强大的图形绘制和编辑功能，包括基本的点、直线、圆弧、矩形、样条线、等距线、椭圆和公式曲线等的绘制；提供裁剪、变换、拉伸、阵列、过渡、粘贴、文字和尺寸的修改等图元编辑功能；提供智能化的工程标注方式，包括尺寸标注、坐标标注、文字标注、尺寸公差标注、几何公差标注、表面结构标注等。具体标注的所有细节均由系统自动完成。

(4)开放的幅面管理，灵活的排版打印工具。CAXA CAD 电子图板提供开放的图纸幅面设置系统，可以快速设置图纸尺寸、调入图框、标题栏、参数栏以及填写图纸属性信息；还可以快速生成符合标准的各种样式的零件序号、明细表，并且可以保持零件序号与明细表之间的相互关联，从而极大地提高了编辑修改的效率，并使工程设计标准化。电子图板支持主流的 Windows 驱动打印机和绘图仪，提供指定打印比例、拼图以及排版等多种输出方式，保证工程师的出图效率，有效节约时间和资源。

(5)参数化图库设置和辅助设计工具。CAXA CAD 电子图板针对机械专业设计的要求，提供了符合最新国标的参量化图库，共有 20 多个大类，包括 1 000 余种近 30 000 个规格的标准图符，并提供完全开放式的图库管理和定制手段，可方便快捷地建立扩充参数化图库；并在设计过程中针对图形的查询、计算、转换等操作提供辅助设计工具，集成多种外部工具于一身，有效满足不同场景下的绘图需求。

1.1.3 CAXA CAD 电子图板 2023 新增功能

CAXA CAD 电子图板 2023 是 CAXA CAD 电子图板的最新版本，该版本增加或改进了许多实用功能，现具体说明。

(1)新增 PDF 文件输入功能：可以将 PDF 文件中的几何图形、实体填充、光栅图像和 TrueType 输入当前图形中，并保留源 PDF 文件中的相关特性如比例、图层、线宽和颜色等。

(2)新增智能打印功能：使用“EXB To PDF”输出 PDF 文件时，支持输出为矢量化的 PDF 文件，输出时间大幅缩短，文件体积更小，且其中的 TrueType 文字支持拾取复制等编辑操作。

(3)新增智能打印功能：可以框选后一次打印当前绘图中的多份图纸，同时支持转换为 PDF、JPG、PNG、TIF 等格式文件。

(4)新增兼容 DWT 文件：可以直接打开 DWT 文件。

(5)增强 DWG 类型识别：支持识别其他多种 CAD 文件的特殊对象数据，包括标题栏、序号、明细表等。

(6)矩形功能支持中点定位：在矩形功能中增加了中点定位功能。

(7)过渡功能增强：支持拾取两平行线后倒圆角。

(8)孔/轴功能增强：支持起始直径和终止直径以数值 0 绘制。

(9)曲线阵列增加“间距”方式阵列。

(10)新增图形隐藏/隔离功能：选中对象后，可以通过右键菜单的“隔离”功能将当前选中对象隐藏、将其他所有对象隐藏、结束所有对象隔离状态。

(11)新增手绘表格导出功能：支持将图形内使用线条、文字等绘制的表格拾取后导出为 xls、xlsx 表格文件。

(12)新增拆分序号功能：支持将合并的序号拆分为独立的序号。

(13)粗糙度标注增强：新增“多数符号”选项，支持最新标准要求。

(14)弧长标注增强：支持标注整段或拾取的部分圆弧。

(15)文件标签页增强：文件标签页新增打开、保存所有、关闭所有、关闭其他、复制完整文件路径。

(16)文件打开支持路径记忆：成功打开一个文件后，下次再打开对话框，可自动定位并选中上次打开的文件。

(17)文字查找替换功能增强：结果增加数量统计。

(18)特性匹配新增对“公差”的支持：在特性设置中的特殊特性中新增对“公差”的支持。

(19)表格支持 xlsx 格式：插入表格对象时，可以链接 xls 及 xlsx 格式文件，直接创建表格。

(20)图库更新：更新 232 项图符标准及数据，涉及的类别有螺母、螺柱、螺栓、螺钉等。目前图库共包含 53 个大类、5 346 个小类。

(21)图库增强：增加“非参数化图符定义”功能，支持拾取样条、图片等对象为非参数化图符内部数据。

1.1.4 工程制图的基本知识

在国家标准中，对工程制图的要求全面而详尽，而且专门有一门课程在机械类专业学习中进行教授，即“工程制图”，在这里只简单地介绍最主要的部分，以规范本书在叙述中的概念和术语。

(1)线型：各种图形都是由不同的图线组成的，不同类型的图线具有不同的含义，用以识别图样的结构特征。根据《技术制图 图线》(GB/T 17450—1998)和《机械制图 图样画法 图线》(GB/T 4457.4—2002)的有关要求，基本线型如表 1-1 所示。

表 1-1 基本线型

图线名称	线型图示	一般应用
粗实线		可见轮廓线
细实线		尺寸线、尺寸界线、重合断面的轮廓线等
粗虚线		允许表面处理的表示线
细虚线		不可见轮廓线
粗点画线		有特殊要求的线与表面的表示线
细点画线		轴线、对称中心线和轨迹线
波浪线		断面处的边界线、视图和剖视的分界线
双折线		断面处的边界线
双点画线		相邻辅助零件的轮廓线、极限位置的轮廓线

在工程图样上，图线一般有两种宽度，即粗线和细线。它们的宽度之比为 2∶1。在通常情况下，粗线宽度采用 0.5 和 0.7，细线减半。

(2)图幅：《技术制图片 图纸幅面和格式》(GB/T 14689—2008)中对机械制图的图纸大小做了统一规定，图纸尺寸大小共分为 5 个规格，并以 A0、A1、A2、A3、A4 的名称表示。CAXA CAD 电子图板按照《技术制图片 图纸幅面和格式》(GB/T 14689—2008)的规定，在系统内部设置了上述 5 种标准图幅以及相应的图框、标题栏和明细栏。系统还允许自定义图幅和图框。并可将自定义的图幅、图框制成模板文件，以备其他文件调用。

(3)图库：CAXA CAD 电子图板为用户提供了多种标准件的参数化图库，用户可以按规格尺寸选用各标准件，也可以输入非标准的尺寸，使标准件和非标准件有机地结合在一起。CAXA CAD 电子图板还为用户提供了包括电气元件、液压气动符号在内的固定图形库，可以满足用户多方面的绘图要求。CAXA CAD 电子图板为用户提供了建立用户自定义的参量图符或固定图符的工具，使用户可以方便快捷地建立自己的图形库。CAXA CAD 电子图板为用户提供了对图库进行编辑和管理的功能。此外，对于已经插入图中的参量图符，还可以通过“驱动图符”功能修改其尺寸规格。图库的基本组成单位称为图符，按是否参数化分为参数化图符和固定图符；图符可以由一个或多个视图(不超过 6 个视图)组成。图符的每个视图在提取出来时可以定义为块，因此在调用时可以进行块消隐。利用图库及块操作，为用户绘制零件图、装配图等工程图纸提供了极大的方便。用户在使用图库的过程中，除了手册中介绍的内容以外，还可以参考联机帮助中的相关内容。

(4)比例：比例是指图形与实物相应要素的线性尺寸之比。根据《技术制图 比例》(GB/T 14690—1993)的有关要求，比例一般有三种类型：原值比例、放大比例和缩小比例。原值比例是图形尺寸与实物尺寸一样，比例为 1 : 1；放大比例是图形尺寸大于实物尺寸，如 2 : 1、5 : 1 等，就是图形尺寸是实物线性尺寸的 2 倍和 5 倍；缩小尺寸是图形尺寸小于实物尺寸，如 1 : 2，即图形线性尺寸是实物线性尺寸的一半。表 1-2 列出了 3 种比例类型的取值，其中 n 为正整数，括号内的比例值为优选值。

表 1-2　绘图比例

原值比例	1 : 1
放大比例	2 : 1　(2.5 : 1)　(4 : 1)　5 : 1　1×10^n : 1　2×10^n : 1　(2.5×10^n : 1)　(4×10^n : 1)　5×10^n : 1
缩小比例	(1 : 1.5×10^n)　1 : 2×10^n　(1 : 2.5×10^n)　(1 : 3×10^n)　(1 : 4×10^n)　1 : 5×10^n　(1 : 6×10^n)

(5)字体：在图样上除了应表达机件的形状外，还需要用文字和数字注明机件的大小、技术要求以及说明等，所以应根据《技术制图 字体》(GB/T 14691—1993)的规定，正确书写这些文字和数字。字体书写的要求是字体工整、笔画清楚、间隔均匀和排列整齐。汉字采用长仿宋体，不分斜体和直体。字母和数字一般写成斜体。字体的号数即字体的高度系列为：1.8，2.5，3.5，5，7，10，20。字体的宽度一般为高度的 0.707 倍。在同一图样中要采用同一形式的字体。

(6)标题栏：每个工程图样的右下方必须绘出标题栏。图纸有 X 和 Y 型两种，是根据图纸摆放位置来确定的。标题栏一般由更改区、签字区、名称及代号区和其他区组成，也可按实际需要增减。

(7)序号：为了便于识图，做好生产准备工作和图样管理，对装配图中的每个零件、部件都必须编制序号，并填入标题栏中。在装配图中，一个零件部件只可编一个序号，尺寸规格相同的零件和部件，应编写相同的序号。序号在装配图周围按水平或垂直方向整齐排列，序号数字按顺时针或逆时针方向依次增大。

(8)尺寸标注：工程图样中的视图，主要用来表达零件的形状，而零件的真实尺寸则要靠标注尺寸来确定，与图形的大小及绘图的准确性无关。因此尺寸是制造零件的重要依据，如果尺寸标注得不正确、不完整或不清楚，就会给生产带来困难，甚至造成废品，所以标注尺寸时必须准确无误。标注尺寸的基本要求就是：正确、完整、清晰和合理。所谓正确就是尺寸标注要符合国家标准和有关规定。完整就是要标注所有的尺寸，不遗漏和重复。清晰就是尺寸布置要整齐、清楚，便于识图。合理就是标注尺寸要符合设计要求和工艺要求。标注尺寸的基本原则是：第一，尺寸以毫米为单位，不标注单位代号 mm 或毫米，如采用其他单位，必须注明相应的计量单位的代号或名称，例如，20 cm、5 英寸；第二，机件的每一个尺寸，一般只标注一次，应标注在反映该结构最清晰的图形上；第三，尺寸尽量避免在不可见的轮廓线上标注。尺寸的组成主要有三个部分，分别是尺寸界限、尺寸线和尺寸数字。

(9)剖面形式(符号)：表达机件的常用方法之一是剖视图，即假想用剖切面剖开机件，将处在观察者和剖切面之间的部分移去，而将其余部分向投影面投射所得的图形。被切的部分要画上剖切符号。不同材料的剖切符号不同。表 1-3 列举了部分国标规定的剖切符号。

表 1-3　部分国标规定的剖切符号

材料	图符	材料	图符
金属材料	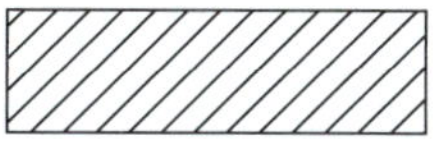	砖	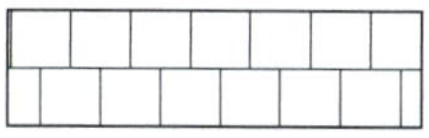
线圈绕组元件	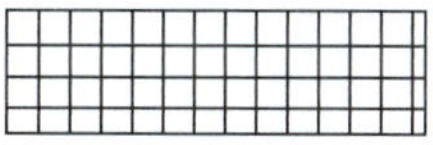	混凝土	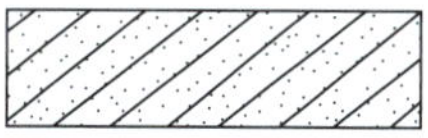
塑料橡胶等 非金属材料	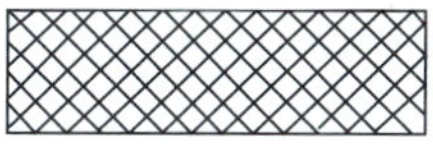	钢材	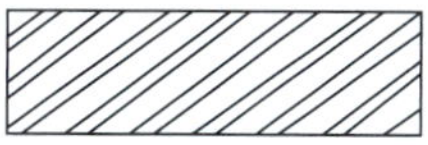
玻璃等透明材料	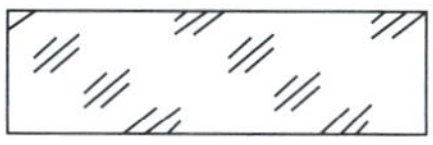	草	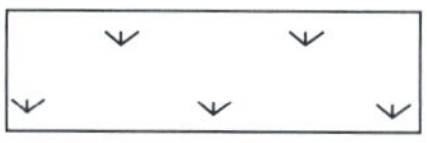

(10)粗糙度：零件的表面即使经过精细加工，也不可能绝对平整。在显微镜下观察可以看到高低不平的形状。为了表示零件表面这种不平情况，国家标准中用表面粗糙度来表示。表面粗糙度就是指零件的加工表面上由较小间隙以及峰谷所组成的微观几何形状误差。表面粗糙度是评定零件表面质量的重要指标之一。这些误差主要是由加工方法、机床的振动和其他因素造成的。在生产中，评定表面粗糙度的参数主要有轮廓算术平均偏差、微观不平度 10 点高度和轮廓最大高度。表面粗糙度代号及说明如表 1-4 所示。

表 1-4　表面粗糙度代号及说明

符号	说明
	基本符号，表示表面可用任意方法获得。当不加注粗糙度参数值或说明时，仅适用于简化代号标注

（续表）

符号	说明
	基本符号加一短画，表示表面用去除材料方法获得。如车、铣、钻、磨等
	基本符号加一小圆，表示表面用不去除材料方法获得。如铸、锻、冲压变形等，或者用于保持原供应状态的表面
	在上述 3 个符号的长边上均可加一个横线，用于标注有关参数和说明
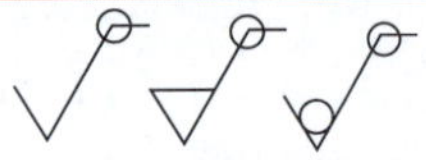	在上述 3 个符号上均可加一个小圆，表示所有表面具有相同表面粗糙度

（11）形位公差：零件在加工时，不仅会产生尺寸误差，还会出现形状和位置误差。例如，在加工轴的圆柱时，会出现一头粗一头细或中间粗两头细的现象。又如，在加工阶梯轴时，会出现各段圆柱的轴线不重合的现象。这些误差均属于形状和位置误差，它们对机器的工作精度和使用寿命都会造成影响。因此，对于重要零件，除了控制尺寸误差外，还要控制形状和位置误差，简称形位公差。

根据《产品几何技术规范（GPS）几何公差形状、方向、位置和跳动公差标注》（GB/T 1182—2018）对形位公差的规定，表 1-5 列出了部分几何公差的特征、符号以及基准要求。

表 1-5　几何公差特征项目、符号以及基准要求

公差分类	几何特征	符号	有无基准	公差分类	几何特征	符号	有无基准
形状公差	直线度	—	无	位置公差	位置度	⌖	有或无
	平面度	⏥	无		同心度（用于中心点）	◎	有
	圆度	○	无		同轴度（用于轴线）	◎	有
	圆柱度	⌭	无		对称度	⌯	有
	线轮廓度	⌒	无		线轮廓度	⌒	有
	面轮廓度	⌓	无		面轮廓度	⌓	有
方向公差	平行度	//	有	跳动公差	圆跳动	↗	有
	垂直度	⊥	有		全跳动	⌰	有
	倾斜度	∠	有				
	线轮廓度	⌒	有				
	面轮廓度	⌓	有				

1.1.5 CAXA CAD 电子图板系统的运行与退出

CAXA CAD 电子图板系统的运行与其他应用程序的运行一样，也有以下几种方法。

（1）正常安装完成时在 Windows 桌面会出现“CAXA CAD 电子图板 2023（机械版）”

的图标，双击“CAXA CAD 电子图板 2023(机械版)”图标就可以运行软件了。

(2)可以单击桌面左下角的“开始”→“程序”→“CAXA CAD 电子图板 2023(机械版)”→“CAXA CAD 电子图板”命令运行软件。

(3)在电子图板的安装目录下“…CAXA CADEB \ bin \ ”下有一个 Eb. exe 文件，双击运行。

退出 CAXA CAD 电子图板系统。可以在命令行中输入 Quit 或 Exit 后按【Enter】键；也可单击“文件”菜单中的“退出”选项或右上角的关闭按钮。

任务评价

评价内容	评价标准	分值/分	读者自评	老师评估
CAXA CAD 电子图板简介	了解运用领域	10		
CAXA CAD 电子图板 2023 系统特点	了解各个特点	20		
CAXA CAD 电子图板 2023 新增功能	了解各个新功能	20		
工程制图的基本知识	了解制图各种概念和术语	30		
CAXA CAD 电子图板系统的运行和退出	能够运行和退出 CAXA CAD 电子图板	20		
总分		100		

任务 2　用户界面

任务描述

CAXA CAD 电子图板的用户界面是用户与软件进行交互的重要桥梁。通过对本任务相关知识的学习，用户可以熟悉 CAXA CAD 电子图板的用户界面。

任务分析

想要高效地进行绘图和设计，首先要熟悉用户界面的布局；其次要了解各个部分的功能。

任务重点与实施

用户界面(简称界面)是交互式绘图软件与用户进行信息交流的中介。系统通过界面反映当前信息状态或将要执行的操作，用户只需按照界面提供的信息做出判断，并经由输入设备进行下一步的操作。CAXA CAD 电子图板机械版 2023 系统采用了两种用户显示模式，提供给用户进行选择，一种是时尚风格，借鉴了 Office 2023 软件的设计风格，将界面按照各个“功能”分成几个区域，方便查找。另一种属于传统界面模式，对于习惯了以前版本的用户，这种方式还是很方便的。两种界面切换的操作方法如下。

（1）按【F9】键，进行双向切换。

（2）从新风格到传统风格：单击“视图”菜单中“界面操作”功能区的“切换风格”按钮。

（3）从传统风格到新风格：选择 “工具”菜单中“界面操作”中的“切换”项目。

图 1-1 为 CAXA CAD 电子图板 2023（机械版）最新风格的用户界面。

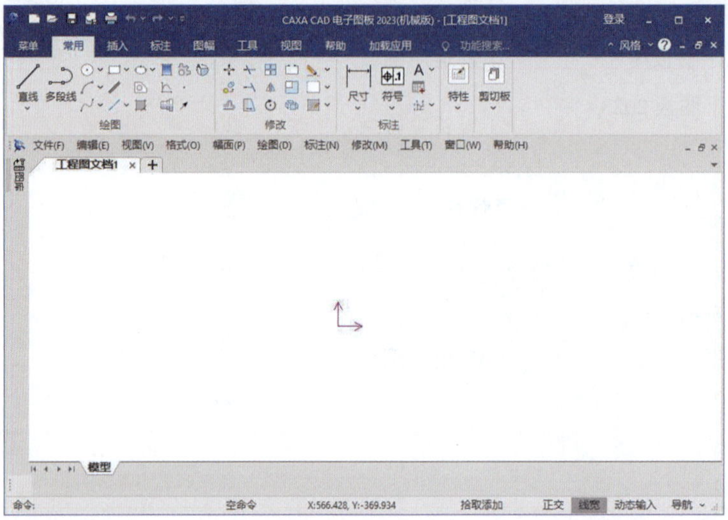

图 1-1　CAXA CAD 电子图板 2023（机械版）最新风格的用户界面

CAXA CAD 2023 传统的用户界面如图 1-2 所示。本书是基于传统用户界面来讲解的。

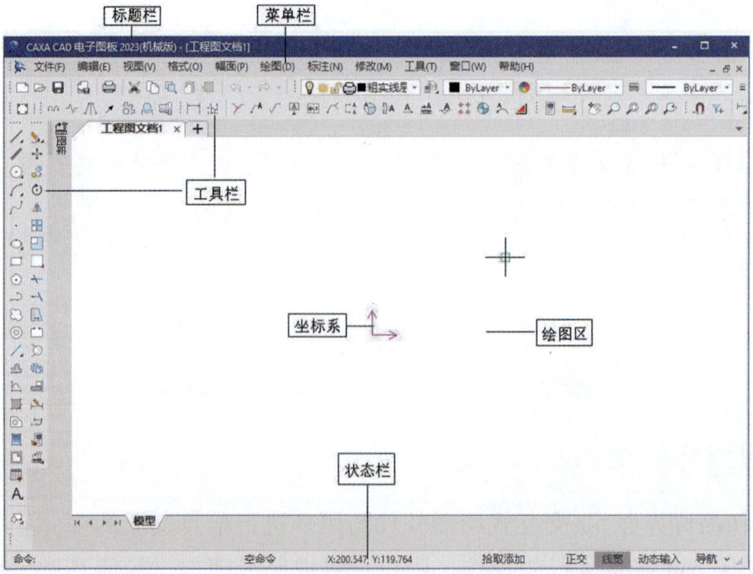

图 1-2　CAXA CAD 电子图板 2023 传统的用户界面

1.2.1 绘图区

绘图区是进行绘图设计的工作区，即如图 1-2 所示的空白区域。在绘图区的中央设置了一个标准的平面直角坐标系，坐标系的原点是(0.000，0.000)，十字形光标出现在绘图区。

1.2.2 标题栏

界面最上方的蓝色部分称为标题栏，在标题栏的中间区域显示当前绘图文件的名称，在刚刚开始绘图还未存盘之前，标题栏区最左侧显示 CAXA CAD 图标和“无名文件”字样。

1.2.3 菜单栏

菜单栏位于标题栏的下方，包括“文件”“编辑”“视图”“格式”“幅面”“绘图”“标注”“修改”“工具”“窗口”“帮助”等主菜单，用鼠标单击任意主菜单，将会弹出相应的下拉菜单。下拉菜单中的菜单条右侧有箭头的表示该项操作有下一级下拉菜单，菜单条右侧有省略号的表示单击该菜单条将出现相应的对话框。例如，用鼠标单击“工具”主菜单，将鼠标置于界面操作菜单条上，则出现如图 1-3 所示的画面。用鼠标单击“格式”主菜单，再单击“点”菜单条，则出现如图 1-4 所示的对话框。

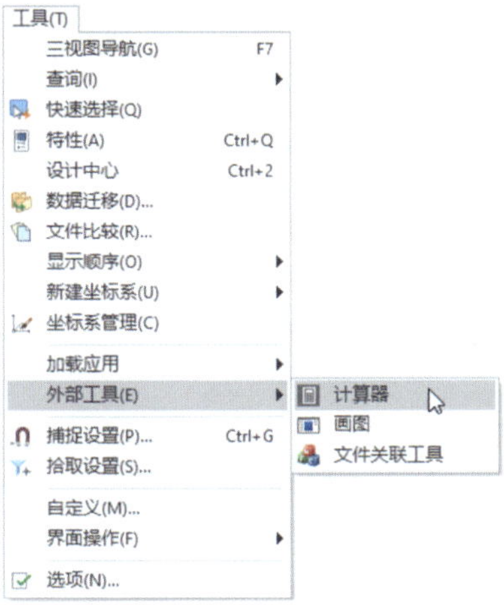

图 1-3　多层式下拉式菜单

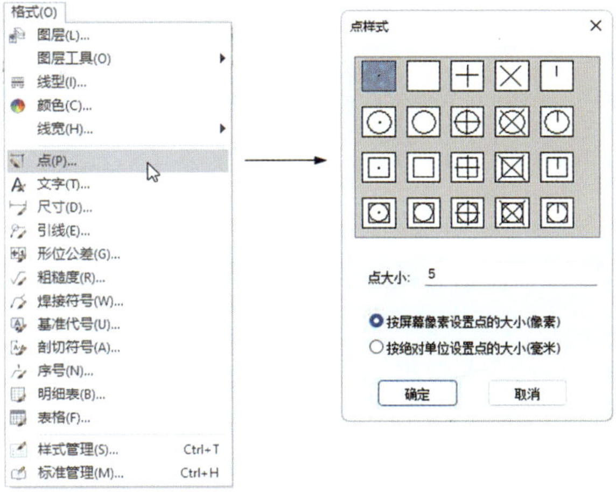

图 1-4　下拉式菜单与对话框

1.2.4 工具栏

下拉式菜单中的大部分命令在工具栏中都有对应的按钮。在工具栏中，用户可以通过鼠标单击相应的图标按钮执行操作。使用工具栏中的图标按钮进行操作有助于提高绘图设计的效率。

系统默认的出现在界面中的工具栏有：“标准”工具栏、“常用工具”工具栏、“标注”工具栏、“文字尺寸样式”工具栏、“颜色图层”工具栏、“设置工具”工具栏、“图幅”工具栏、“绘图工具”工具栏、“绘图工具Ⅱ”工具栏、“编辑工具”工具栏等，如图1-5所示。用户界面中的工具栏可以使用鼠标拖动，任意调整其位置。

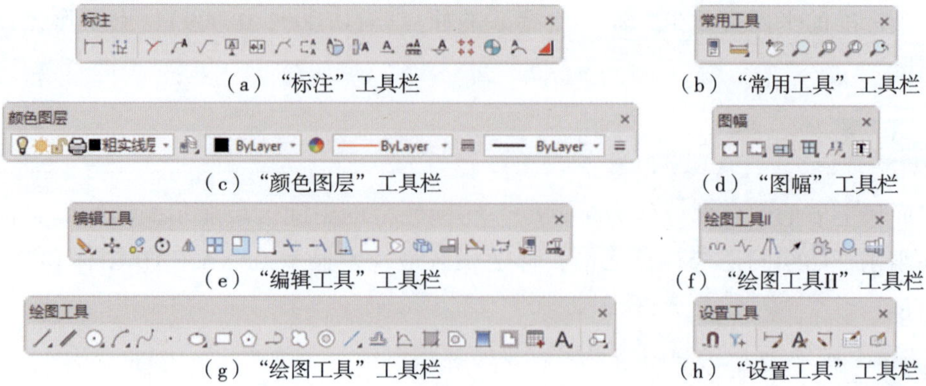

（a）“标注”工具栏 （b）“常用工具”工具栏
（c）“颜色图层”工具栏 （d）“图幅”工具栏
（e）“编辑工具”工具栏 （f）“绘图工具II”工具栏
（g）“绘图工具”工具栏 （h）“设置工具”工具栏

图 1-5 工具栏

1.2.5 状态栏

状态栏位于屏幕底部，它包括屏幕状态显示、操作信息提示、当前工具点设置及拾取状态显示等，如图1-6所示。

图 1-6 状态栏

（1）操作信息提示区。操作信息提示区位于屏幕底部状态栏的左侧，用于提示当前命令执行情况或提醒用户输入。

（2）命令与数据输入区。命令与数据输入区位于状态栏左侧，用于由键盘输入命令或数据。

（3）命令提示区。命令提示区位于命令与数据输入区与操作信息提示区之间，显示目前执行的功能的键盘输入命令的提示，便于用户快速掌握电子图板的键盘命令。

（4）当前点坐标显示区。当前点坐标显示区位于屏幕底部状态栏的中部。当前点的坐标值随鼠标光标的移动做动态变化。

（5）点工具状态提示。当前工具点设置及拾取状态提示位于状态栏的右侧，自动提示当前点的性质以及拾取方式。例如，点可能为屏幕点、切点、端点等，拾取方式为添加状态、移出状态等。

（6）正交状态切换。单击正交状态切换按钮可以打开或关闭系统为“非正交状态”或“正交状态”，也可以通过单击键盘上的【F8】键进行切换。

(7) 线宽状态切换。单击该按钮可以在“按线宽显示”和“细线显示”状态间切换。

(8) 动态输入工具开关。单击该按钮可以打开或关闭“动态输入”工具。

(9) 点捕捉状态设置区。点捕捉状态设置区位于状态栏的最右侧，在此区域内设置点的捕捉状态，分别为自由、智能、栅格和导航，如图 1-7 所示。设置方法为：先用鼠标单击右侧的向下箭头，然后用鼠标点取所需的捕捉方式。

» 操作步骤

扫码看视频

【例 1-1】绘制一条直线时的动态输入方法。

01 当鼠标放在坐标原点时，出现“动态输入”功能提示，如图 1-8 所示。

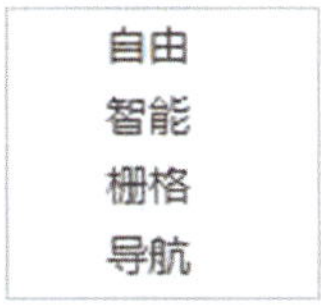

图 1-7　点的捕捉方式

图 1-8　动态输入实例第一点

02 当确定第二点时，可在“动态输入”的坐标提示中直接输入坐标值，使用【Tab】键在不同的输入框内切换。图 1-9 中 100 表示直线长度，45 表示与水平线的夹角。

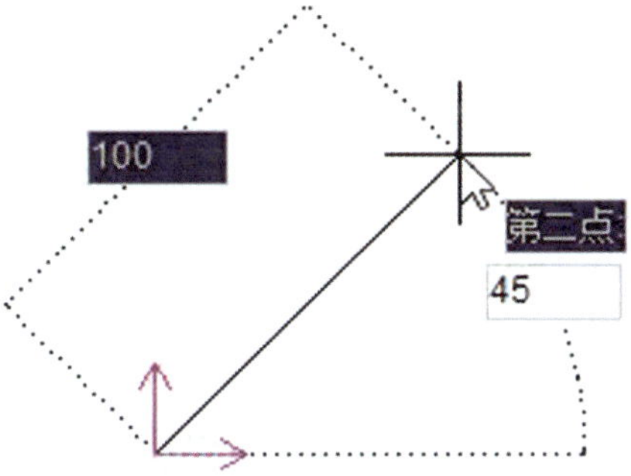

图 1-9　动态输入实例第二点

1.2.6 立即菜单

立即菜单用来描述当前命令执行的各种情况和使用条件。根据当前的作图要求，正确地选择某一选项，即可得到准确的响应。例如，绘制直线时，单击绘图工具栏中的绘制圆的图标，窗口左下角出现图 1-10 所示的立即菜单。用户可根据当前的作图要求，选择适当的立即菜单的内容。

1.2.7 工具菜单

工具菜单包括空格键的工具点菜单、拾取工具菜单，下面分别介绍。在进入绘图命令(例如，绘制直线、圆、圆弧等)后需要输入特征点时，只要按下空格键，即在屏幕上弹出如图 1-11 所示的工具点菜单。

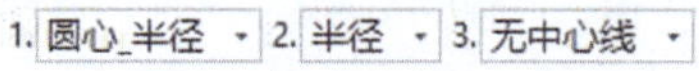

图 1-10　绘制直线时的立即菜单

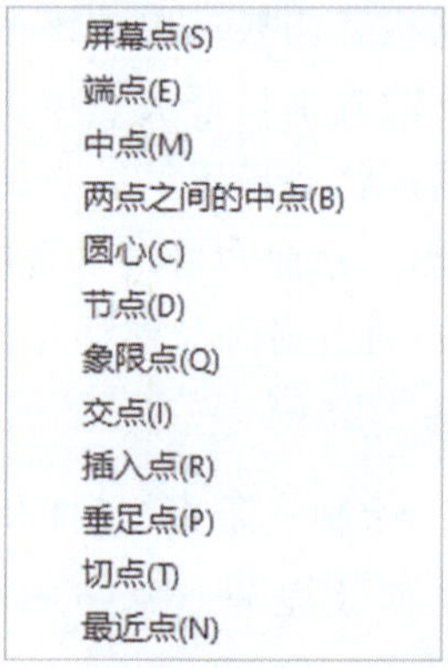

图 1-11　工具点菜单

任务评价

评价内容	评价标准	分值/分	读者自评	老师评估
标题栏	熟悉标题栏	20		
菜单栏	熟练使用菜单栏	20		
工具栏	熟练使用工具栏	20		
状态栏	熟悉状态栏	10		
立即菜单	熟练使用立即菜单	20		
工具菜单	熟练使用工具菜单	10		
总分		100		

任务 3　基本操作

任务描述

通过对本任务相关知识的学习，读者能够对 CAXA CAD 电子图板命令的执行、实体的选取和鼠标右键直接操作有更深入的了解。

任务分析

想要掌握各种基本操作，首先要了解命令的执行方法；其次要熟悉点的输入、实体的选取和右键直接操作功能；最后要熟练掌握立即菜单的操作。

任务重点与实施

熟练掌握 CAXA CAD 2023 的基本操作，能够快速上手软件，减少在学习和摸索软件功能上所花费的时间。

1.3.1 命令的执行

CAXA CAD 2023 命令的执行有两种方法，鼠标选择和键盘输入。鼠标选择方式就是根据屏幕显示的状态或提示，用光标单击菜单或者工具栏图标按钮执行相应的操作。键盘方式则是用键盘输入所需的命令和数据。初学者一般采用鼠标选择方式。

1.3.2 点的输入

CAXA CAD 2023 提供了 3 种点的输入方式，下面分别介绍。

(1) 由键盘输入点的坐标：点在屏幕上的坐标有绝对坐标和相对坐标两种，它们在输入方法上是完全不同的。绝对坐标可直接输入 X，Y 即可。

注意

X 与 Y 之间必须用逗号隔开，并且是英文状态下的逗号，如 30，45。相对坐标是指相对系统当前点的坐标，与坐标系原点无关。在输入时，为了区分不同性质的坐标，CAXA CAD 电子图板对相对坐标的输入做了如下规定：输入相对坐标时，必须在第一个数值前面加一个“@”，以表示相对。如@30，40，表示输入点相对于系统当前点的坐标为“30，40”。另外，相对坐标也可以用极坐标的方式来表示。如@60<80 表示输入了相对当前点的极坐标。相对当前点的极坐标半径是 60，半径与 X 轴的逆时针夹角为 80°。

(2) 用鼠标输入的点：鼠标输入点的坐标就是通过移动十字光标选择需要的点的位置。选中后按下鼠标左键，该点的坐标即被输入。

(3) 工具点的捕捉：工具点捕捉就是在作图过程中用鼠标捕捉工具点菜单中具有某些几何特征的点，如圆心点、曲线端点、切点等。

【例 1-2】以图 1-12 (a) 中的十字线的交点为圆心绘制一个圆，并且使该圆与斜线相切。

操作步骤

扫码看视频

01 打开源文件的“初始文件”→“1”→“例 1-2”文件。单击“绘图”工具栏中的绘制圆的图标，然后按下空格键，出现图 1-11 所示的工具点菜单。

02 单击选择交点，这时移动光标，使得十字线的交点处于十字光标上的小方框内部，再单击鼠标并移动，屏幕上出现以交点为圆心的红色动态圆。

03 按下空格键，在工具点菜单中用鼠标选择“切点”选项，移动鼠标单击斜线，屏幕上出现一个以十字线的交点为圆心且与斜线相切的圆，如图 1-12(b)所示。

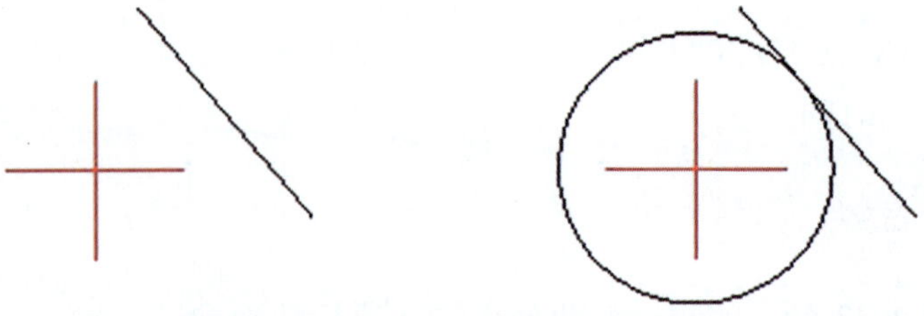

(a) (b)

图 1-12 工具点捕捉

1.3.3 选取实体

在绘图区所绘制的图形(如直线、圆、图框等)均称为实体。在 CAXA CAD 电子图板中选取实体的方式有以下两种。

(1)点选方式：用鼠标单击要选择的实体，实体呈现加亮状态(默认为自动，用户可以通过“工具”→“选项”→“显示”命令对其进行设置)，则表明该实体被选中。用户可连续拾取多个实体。

(2)窗口方式：除点选方式外，用户还可用窗口方式一次选取多个实体。当窗口是以从左向右的方向拉开时，被窗口完全包含的实体被选中，部分被包含的实体不被选中。当窗口是以从右向左的方向拉开时，被窗口完全包含的实体和部分被包含的实体都将被选中。

1.3.4 右键直接操作功能

用鼠标拾取一个或多个实体后，单击鼠标右键，系统弹出如图 1-13 所示的右键快捷菜单，利用其中的命令对选中的实体进行操作。

注意

选取的实体或实体组不同，弹出的快捷菜单也会有所区别。

1.3.5 立即菜单的操作

对立即菜单的操作主要是适当地选择或填入各项的内容。例如，绘制直线时，用鼠标单击绘图工具栏中绘制直线的图标，窗口左下角出现如图 1-14 所示的立即菜单，可根据当前的作图要求，单击立即菜单(图 1-14)各项中右侧的向下箭头，以选择立即菜单内容。

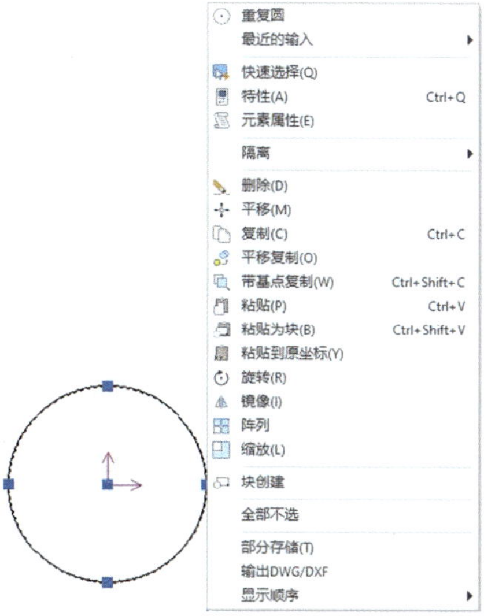

图 1-13　右键快捷菜单

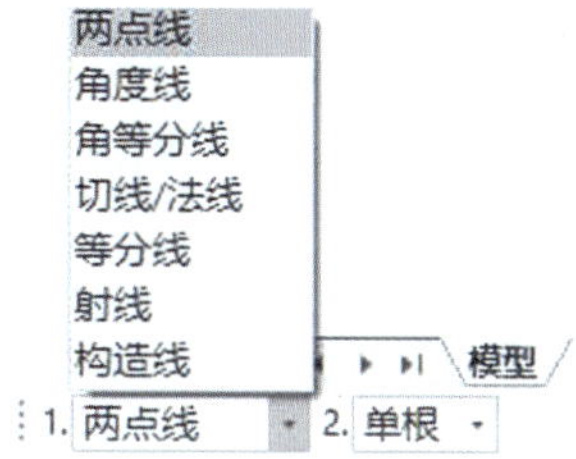

图 1-14　绘制直线的立即菜单

1.3.6 公式的输入操作

CAXA CAD 系统提供了计算功能，图形绘制过程中，在操作提示区中，系统提示要输入数据时，既可以直接输入数据，也可以输入一些公式表达式，系统会自动完成公式的计算。如 80 * 2+35/7、32 * sin(π/3)等。

任务评价

评价内容	评价标准	分值/分	读者自评	老师评估
命令的执行	掌握两种命令执行方法	20		
点的输入	掌握点的输入	20		
选取实体	掌握实体的选取	20		
右键直接操作	熟悉右键直接操作功能	10		
立即菜单的操作	熟练使用立即菜单	20		
公式的输入操作	掌握公式的输入	10		
总分		100		

项目小结

本项目主要介绍了 CAXA CAD 电子图板的概述、用户界面以及基本操作 3 个任务。首先介绍了 CAXA CAD 电子图板系统的特点及 2023 新增功能；其次深入解析了用户界面中各个组成部分的具体作用与功能；最后对基本操作进行了详细的讲解。通过本项目的学习，读者能够熟悉 CAXA CAD 电子图板 2023 的基本界面和操作。

项目习题

一、单选题

1. 在工程制图中，字体的宽度一般为高度的(　　)倍。

A. 0.707　　B. 1　　C. 1.1　　D. 1.21

2. 退出 CAXA CAD 电子图板系统可以在命令行中输入(　　)命令后按【Enter】键。

A. Quit　　B. Enter　　C. Ctrl　　D. Shift

3. 正交状态切换的快捷键是(　　)键。

A. F5　　B. F6　　C. F7　　D. F8

二、操作题

1. 请指出 CAXA CAD 2023 操作界面中绘图区、标题栏、菜单栏、工具栏、状态栏的位置。

2. 试绘制一条从点(0，15)到点(30，50)的一条直线。

3. 用鼠标输入方式绘制一个圆。

操作提示：

(1)用鼠标双击桌面的电子图板的图标，启动电子图板。

(2)操作提示区提示“命令：”，这时用键盘选择“绘图”→“圆”菜单命令(或用鼠标单击“绘图工具”工具栏中的图标按钮)。

(3)在绘图区左下角出现绘制圆的立即菜单，如图 1-15 所示，选择“圆心-半径、直径”方式，系统提示“圆心点：”，用鼠标在绘图区合适位置单击以确定圆心的位置。

图 1-15　绘制圆的立即菜单

(4)移动鼠标，再单击，会有一个圆出现在绘图区。

4. 用键盘输入方式绘制中心在(20，60)处直径为 50 的圆。

操作提示：

(1)用鼠标双击桌面的电子图板的图标，启动电子图板。

(2)操作提示区提示“命令：”；用键盘输入绘制圆的命令 circle 并按下【Enter】键。

(3)在绘图区左下角出现绘制圆的立即菜单，选择“圆心-半径、直径”方式，系统提示“圆心点：”，用键盘输入圆的圆心坐标“20，60”并按下【Enter】键。

(4)系统又提示“输入直径或圆上一点：”，用键盘输入圆的直径“50”并按下【Enter】键。

02

项目2 文件操作

项目导读

CAXA CAD 电子图板为用户提供了功能齐全的文件管理系统，包括文件的建立、打开、存储、并入、检索、绘图输出等。

学习目标

知识目标

熟悉文件管理的各种操作。

技能目标

能够新建、打开、存储、并入、检索文件。

素质目标

1. 通过学习和实践新建、打开、保存和另存文件等基本操作，提升个人对文件管理的基本技能。
2. 通过反复练习文件管理的各个环节，提高对计算机操作系统的熟练度和应用能力。

思政目标

1. 培养读者践行社会主义核心价值观。
2. 培养读者强烈的民族自豪感与使命感。

任务 1　文件新建与保存

任务描述

本任务主要讲解文件管理的操作。通过对本任务相关知识的学习，用户可以掌握文件的基本管理操作，包括新建、打开、保存和另存为等。

任务分析

用户需能新建、打开、保存和另存文件。任务完成后，用户应安全退出系统，确保所有更改已保存。

任务重点与实施

2.1.1　新建文件

新建文件功能用于创建新的空文件。

执行方式

(1) 命令行：new。

(2) 菜单："文件"→"新建"。

(3) 工具栏："标准"工具栏→□。

(4) 快捷键：【Ctrl+N】。

操作步骤

01 启动新建命令，弹出"新建"对话框，如图 2-1 所示，对话框中列出了若干个模板文件。

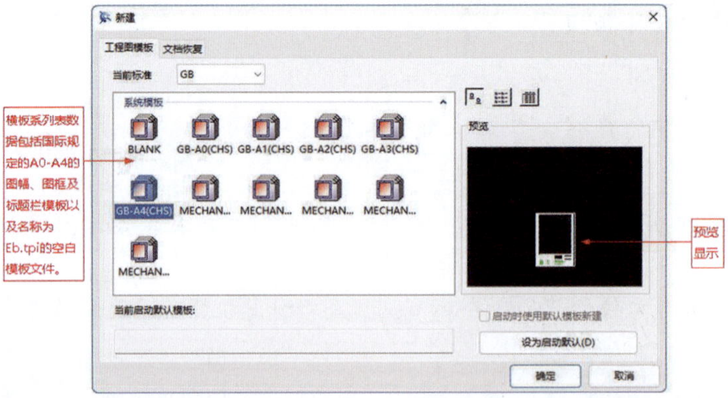

图 2-1　"新建"对话框

02 在对话框中选择 BLANK 图标或其他标准模板，输入文件名后单击“确定”按钮即可。

> **注意**
>
> 用户在绘图之前，也可以不执行“新建文件”操作，而采用调用图幅、图框、标题栏的方法。建立新文件后，用户就可以应用前面介绍的图形绘制、编辑等功能进行绘图操作了。

2.1.2 打开文件

打开文件功能用于打开 CAXA CAD 电子图板的图形文件。

»执行方式

(1)命令行：open。

(2)菜单：“文件”→“打开”。

(3)工具栏：“标准”工具栏→。

(4)快捷键：【Ctrl+O】。

»操作步骤

01 启动打开命令，弹出“打开”对话框，如图 2-2 所示，对话框中列出了所选文件夹中的所有文件。

02 在对话框中选择一个 CAXA CAD 电子图板文件，单击“确定”按钮即可。

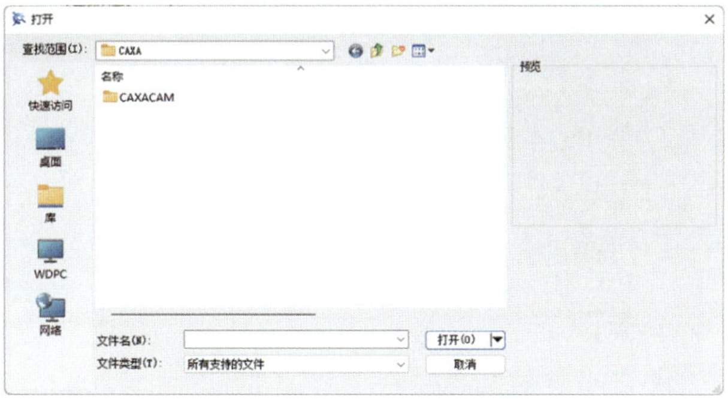

图 2-2 “打开”对话框

用户如果希望打开其他格式的数据文件，可以通过文件类型选择所需文件格式，电子图板支持的文件格式有：DWG/DXF 文件、DWT 文件、HPGL 文件、IGES 文件、DAT 文件、WMF 文件等，现分别介绍。

(1)DWG/DXF 文件读入：CAXA CAD 电子图板提供了 DWG/DXF 文件读入功能，可以将绘制的 AutoCAD 以及其他 CAD 软件所能识别的 DWG 或 DXF 格式读入电子图板中进行编辑。电子图板可以读入以下几种格式的 DWG/DXF 文件：AutoCAD 2004dwg、AutoCAD 2000dwg、AutoCAD R14 dwg、AutoCAD R14 dxf、AutoCAD R13 dxf、AutoCAD R12 dxf。

(2)DWT 文件读入：如果用户选择此类型，可打开已有的 DWT 文件作为模板。

(3)HPGL 文件读入：如果用户选择 HPGL 语言将绘图输出到指定的文件中(文件名后缀一般为 .PLT)，则可用此功能再将文件读入 CAXA CAD 电子图板中。

(4)IGES 文件读入：此功能用于读入其他 CAD 软件输出的文本形式的 IGES 文件。IGES 文件描述的是三维模型的信息。由于电子图板是二维软件，本质上是三维的实体，如曲面等，在转化时只能舍弃；其余实体，如曲线等，如果是空间曲线，或虽然是平面曲线，但其所在的平面不与 X-Y 平面平行，则转化后由于 Z 坐标不起作用，实体将产生变形。因此要达到理想的转化效果，用户应在输出 IGES 文件的 CAD 系统中将三维模型投影到各个坐标平面，产生二维视图，并将各二维视图变换到 X-Y 平面，再输出为 IGES 文件。目前许多国外的 CAD 软件的 IGES 接口不支持中文，如果图形文件包含中文，则用 IGES 输出功能输出到 IGES 文件里，中文基本上都变成了问号。电子图板读入这样的 IGES 文件后，中文自然还是问号，这不是电子图板的问题，即使用这些软件本身读这种文件，也必然出现同样的问题。

(5) DAT 文件读入：如果用户选择此类型，可打开以文本形式生成的数据文件，获取 ME 软件几何数据。

(6) WMF 文件读入：如果用户选择此类型，可打开 Windows 系统常用的 Wmf 图形文件。

2.1.3 保存文件

存储文件功能将当前绘制的图形以文件形式存储到磁盘上。

›› 执行方式

(1) 命令行：save。

(2) 菜单："文件"→"保存"。

(3) 工具栏："标准"工具栏→。

(4) 快捷键：【Ctrl+S】。

›› 操作步骤

01 启动存储文件命令，弹出"另存文件"对话框，如图 2-3 所示。

02 在文件名一栏中输入要保存的文件名称，单击"保存"按钮即可。

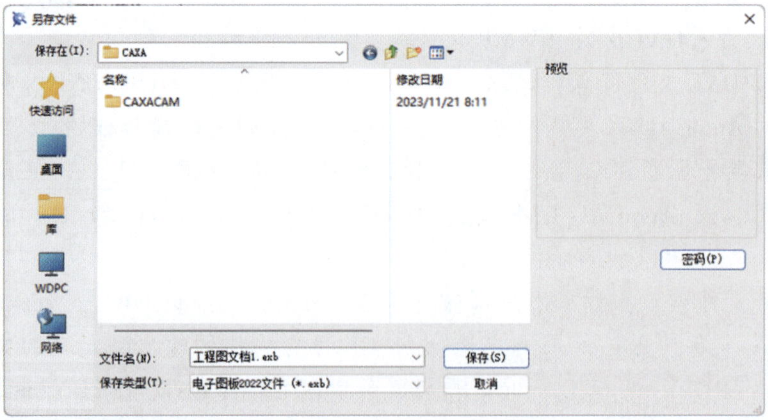

图 2-3 "另存文件"对话框

2.1.4 另存文件

另存文件功能将当前绘制的图形另取一个文件名存储到磁盘上。

执行方式

(1)命令行：saveas。

(2)菜单："文件"→"另存为"。

操作步骤

"经存文件"与"保存文件"步骤完全相同。

任务评价

评价内容	评价标准	分值/分	读者自评	老师评估
新建文件	能够新建文件	25		
打开文件	能够打开文件	25		
保存文件	能够保存文件	25		
另存文件	能够另存文件	25		
总分		100		

任务2 文件管理

任务描述

本任务主要讲解文件管理的操作。通过对本任务相关知识的学习，用户可以掌握文件的基本管理操作，包括并入、部分存储、检索和绘图输出等。

任务分析

用户需能合并文件内容，部分保存更改，并通过关键词检索文件，还要能够打印输出图形。任务完成后，用户应安全退出系统，确保所有更改已保存。

任务重点与实施

2.2.1 并入文件

并入文件功能是将其他电子图板文件并入当前绘制的文件中。

执行方式

（1）命令行：merge。

（2）菜单："文件"→"并入"。

操作步骤

01 启动并入文件命令，弹出"并入文件"对话框，如图2-4(a)所示。

02 选择要并入的电子图板文件，单击"打开"按钮。弹出"并入文件"对话框2，如图2-4(b)所示。单击"确定"按钮。

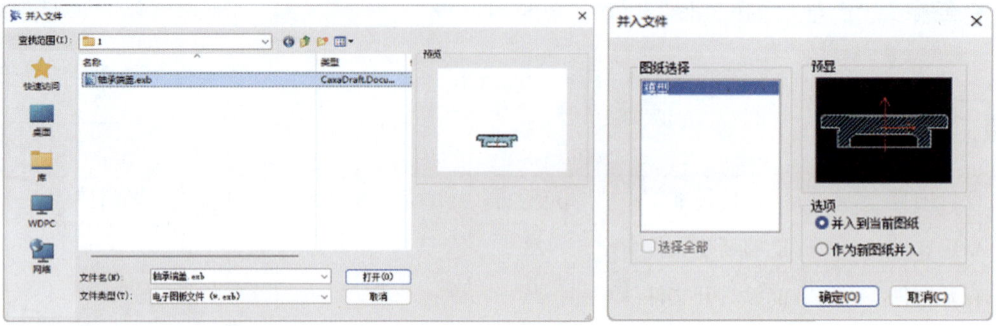

(a)　　　　　　(b)

图2-4 "并入文件"对话框

03 屏幕左下角出现并入文件立即菜单，如图2-5所示，在立即菜单3中输入并入文件的比例系数，再根据系统提示，输入图形的定位点即可。

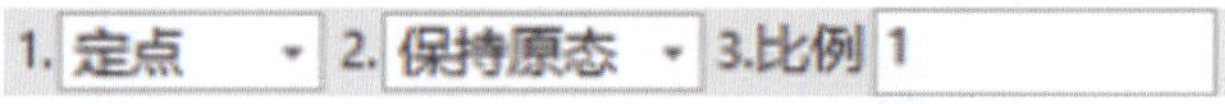

图2-5 "并入文件"立即菜单

2.2.2 部分存储

部分存储功能将当前绘制的图形中的一部分图形以文件的形式存储到磁盘上。

执行方式

（1）命令行：partsave。

（2）菜单："文件"→"部分存储"。

操作步骤

01 启动部分存储命令，根据系统提示拾取要存储的图形，按鼠标右键确认。

02 系统弹出"部分存储文件"对话框，如图2-6所示，输入文件的名称并单击"保存"按钮即可。

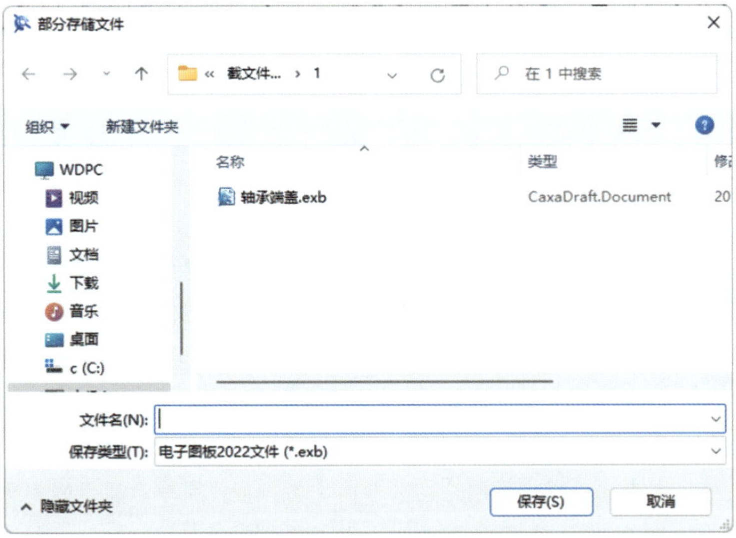

图 2-6 “部分存储文件”对话框

注意

部分存储只存储图形的实体数据而没有存储图形的属性数据(系统设置,系统配置及层、线型、颜色的定义和设置),而存储文件菜单则将图形的实体数据和属性数据都存储到了文件中。

2.2.3 文件检索

文件检索的主要功能是从本地计算机或网络计算机上查找符合条件的文件 。

»执行方式

菜单:“文件”→“文件检索”。

»操作步骤

01 启动文件检索命令,系统弹出“文件检索”对话框,如图 2-7 所示。

02 在“文件检索”对话框中设定检索条件,单击“开始搜索”按钮。

03 文件检索的结果如图 2-8 所示。

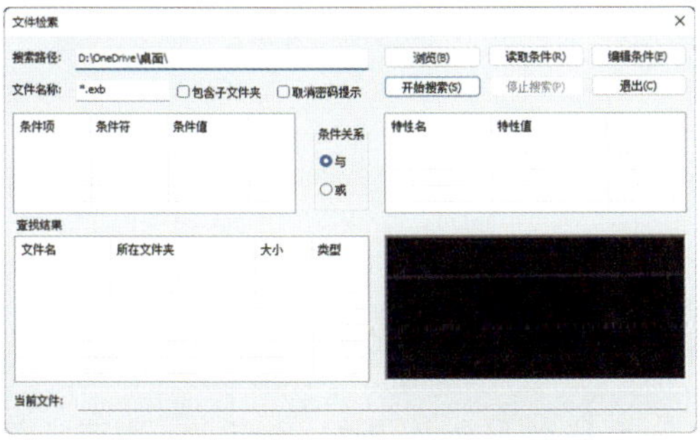

图 2-7 “文件检索”对话框

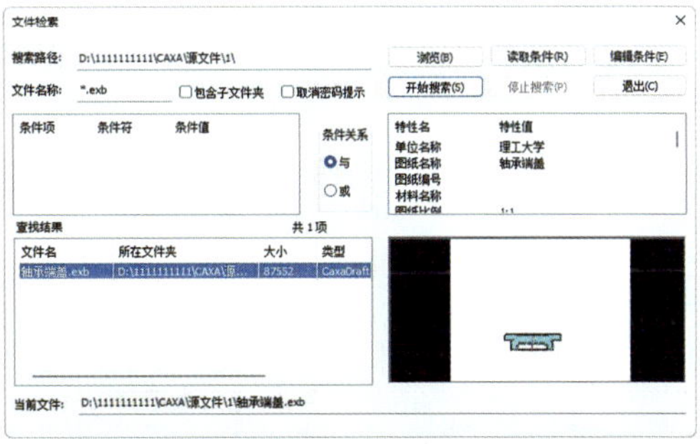

图 2-8 文件检索结果

在步骤 2 中设定检索条件时，可以指定路径、文件名、电子图板文件标题栏中属性的条件。

“文件检索”对话框中各项解释如下。

（1）搜索路径：指定查找的范围，可以通过手工填写，也可以通过单击“浏览”按钮用路径浏览对话框选择，通过“包含子目录”选项可以决定只在当前目录下查找还是子目录下也查找。

（2）文件名称：指定查找文件的名称和扩展名条件，支持统配符“ * ”。

（3）条件属性：显示标题栏中信息条件，指定条件之间的逻辑关系（“与”或“或”）。标题栏信息条件可以通过“编辑条件”打开“编辑条件”对话框对条件进行编辑。

（4）查找结果：实时显示查找到的文件信息和文件总数。选择一个结果可以在右面的属性区查看标题栏内容和预显图形，通过双击可以用 EB 电子图板打开该文件。

（5）当前文件：在查找过程中显示正在分析的文件，查找完毕后显示的是选择当前文件。

（6）编辑条件：单击“编辑条件”按钮，弹出“编辑条件”对话框进行条件编辑，如图 2-9 所示。要添加条件必须先单击“添加条件”按钮，使条件显示区出现灰色条。条件分为条件项、条件符、条件值 3 部分。

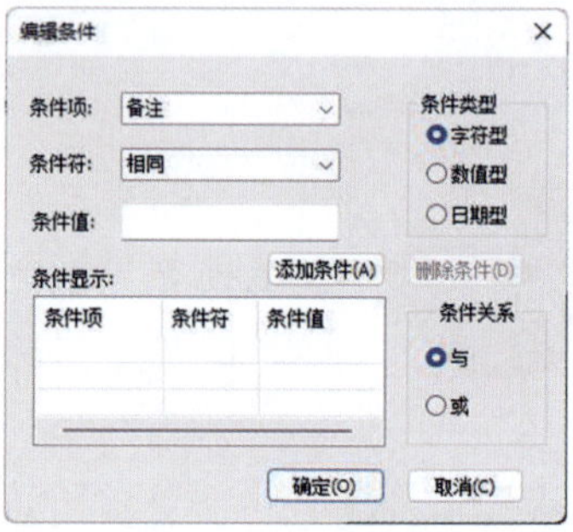

图 2-9 “编辑条件”对话框

（7）条件项：是指标题栏中的属性标题，如设计时间、名称等；下拉条中提供了可选的属性。

（8）条件符：分为字符型、数值型、日期型 3 类。每类有几个选项，可以通过条件符的下拉框选择。

（9）条件值：相应的逻辑符分为字符型、数值型、日期型 3 类；可以通过条件值后面的编辑框输入值，如果条件类型是日期型，编辑框会显示当前日期，通过单击右面的箭头可以激活日期选取对话框进行日期选取。

2.2.4 绘图输出

绘图输出功能用来打印当前绘图区的图形。

»执行方式

（1）命令行：plot。

（2）菜单：“文件”→“打印”。

（3）工具栏：“标准”工具栏→。

（4）快捷键：【Ctrl+P】。

»操作步骤

01 启动绘图输出命令，系统弹出“打印对话框”对话框，如图 2-10 所示。

02 更改打印线型，单击“编辑线型”按钮，系统弹出如图 2-11 所示的“线型设置”对话框。

03 设置完成后单击“确定”按钮。

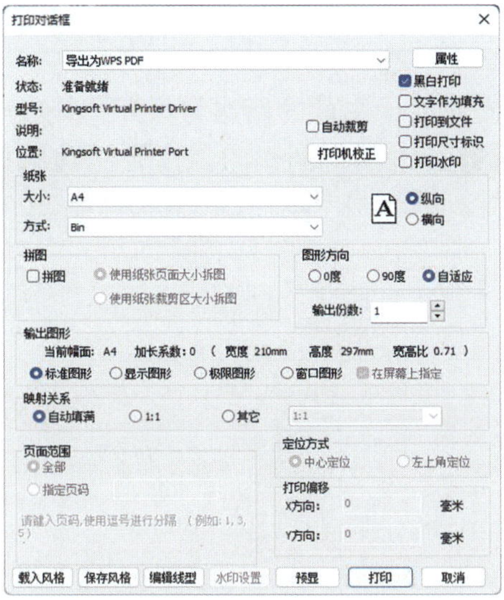

图 2-10 “打印对话框”对话框

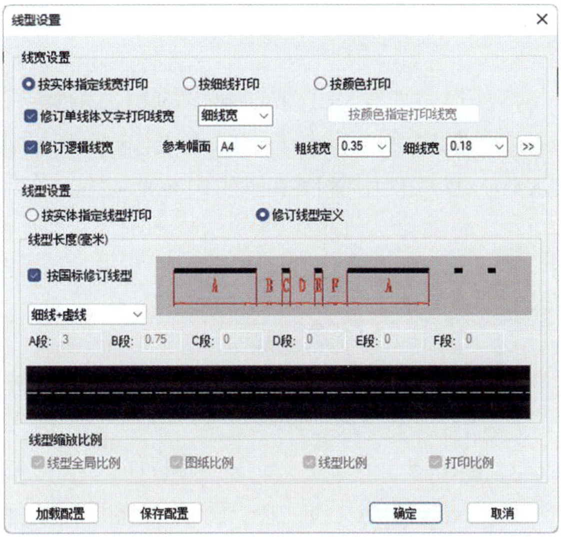

图 2-11 “线型设置”对话框

2.2.5 退出

退出功能退出 CAXA CAD 电子图板系统。

执行方式

(1)命令行：quit/exit/end。

(2)菜单：“文件”→“退出”。

(3)快捷键：【Alt+F4】。

操作步骤

启动退出命令即可。

任务评价

评价内容	评价标准	分值/分	读者自评	老师评估
并入文件	能够并入文件	20		
部分存储	可以部分存储	25		
文件检索	能够文件检索	25		
绘图输出	能够绘图输出	15		
退出	能够退出文件	15		
总分		100		

项目小结

本项目主要介绍了文件操作的相关内容。首先介绍了文件的新建与保存；其次介绍了文件的并入、存储检索、绘图输出等操作。通过本项目的学习，读者能够掌握 CAXA CAD 软件中文件操作的内容。

项目习题

一、单选题

1. 保存文件的快捷键是(　　)。

A. Ctrl+N　　B. Ctrl+O　　C. Ctrl+S　　D. Shift+N

2. 退出 CAXA CAD 电子图板系统的快捷键是(　　)。

A. Quit　　B. Alt+F5　　C. Ctrl　　D. Alt+F4

二、操作题

绘制一幅图形，并将其保存为 Auto CAD 2004 drawing(*.dwg)类型的文件，并再次用电子图板打开此文件。

操作提示：

(1)以横放 A3 的图框绘制图形。

(2)启动“绘图输出”命令，系统弹出“打印”对话框，在该对话框中选择图样大小为 A4，选中“拼图”对话框，再单击“预显”按钮观察浏览图形。

03

项目3　系统设置与界面定制

项目导读

本项目旨在帮助用户全面了解和掌握软件的层控制、线型设置、颜色、文本、标注与点样式的一体化设置、用户坐标系、捕捉点、视图导航、特性及拾取设置，以及界面定制和操作。

学习目标

知识目标

1. 熟练进行图层的各种基本操作。
2. 了解并掌握线型的加载和输出操作。
3. 了解颜色、文本、标注与点样式的设置。
4. 了解捕捉点、视图导航、特性和拾取设置。
5. 掌握界面的切换、保存、加载和重置等操作。

技能目标

1. 能够新建并修改图层。
2. 能够加载并输出线型。

3. 能够对颜色、文本、标注及点样式进行修改设置。

4. 能够对捕捉点、特性及拾取进行设置。

素质目标

培养读者面对界面定制和操作中的问题时，能运用批判性思维找到解决方案，增强其独立处理复杂问题的能力。

思政目标

培养读者主动学习、积极探索的习惯和坚持不懈的精神。

任务1 层 控 制

任务描述

本任务指导用户创建新图层、修改图层属性、设置当前活动图层以及删除不需要的图层。

任务分析

想要熟练地进行图层的基本操作，用户需要掌握新建图层、调整层属性、设置当前活动图层以及删除不再需要的图层等操作。

任务重点与实施

执行方式

(1) 命令行：layer。

(2) 菜单："格式"→"图层"。

(3) 工具栏："颜色图层"工具栏→。

操作步骤

01 启动"图层"命令，系统弹出"层设置"对话框，如图3-1所示。

02 在"层设置"对话框中，可以进行相关的层操作。

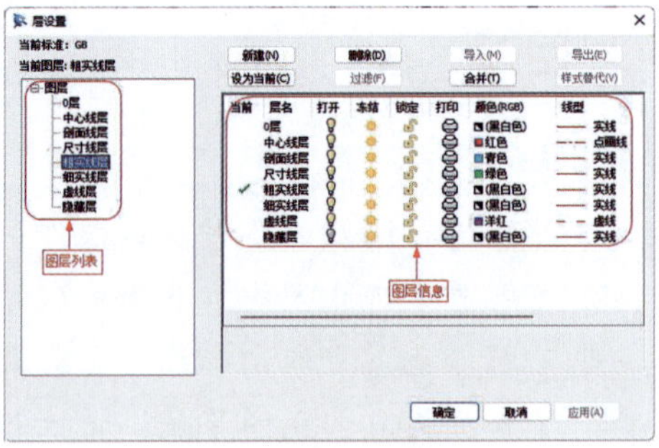

图3-1 "层设置"对话框

3.1.1 新建图层

在图3-1的"层设置"对话框中，用鼠标单击"新建"按钮，弹出如图3-2所示的

“CAXA CAD 电子图板 2023(机械版)”对话框，单击“确定”按钮。弹出“新建风格”对话框，如图 3-3 所示。

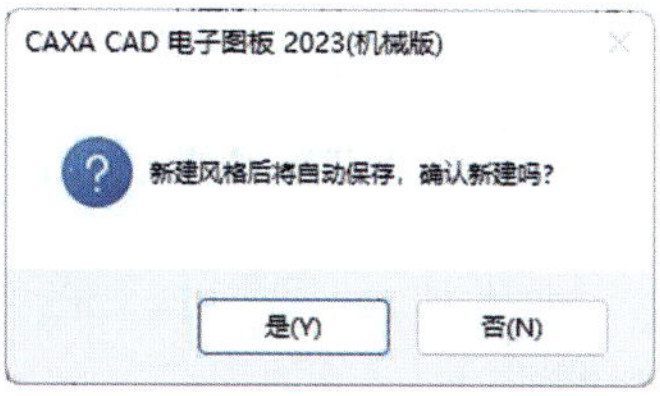

图 3-2 “CAXA CAD 电子图板 2023(机械版)”对话框

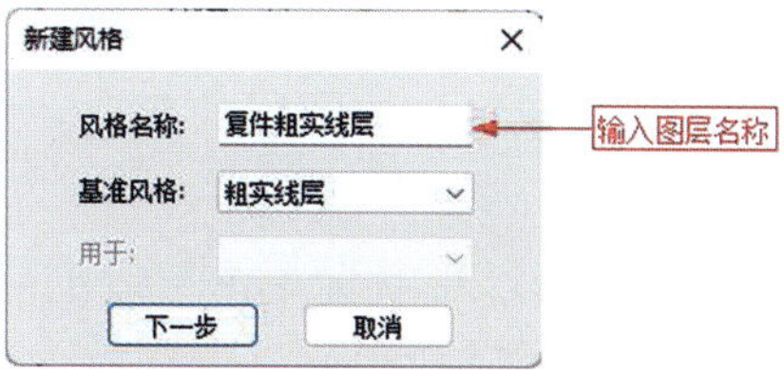

图 3-3 “新建风格”对话框

输入图层名称，并选择一个基准图层，单击“下一步”后在图层列表框的最后一行可以看到新建图层，新建图层默认使用所选的基准图层的设置，如图 3-4 所示。

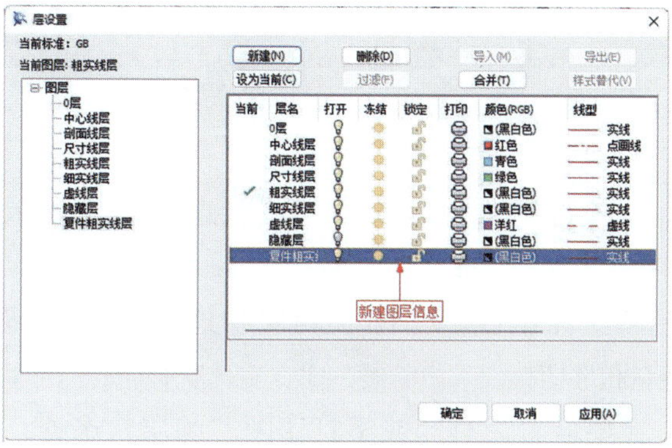

图 3-4 “层设置”对话框

3.1.2 层属性操作

在图 3-4 中可以看出，层状态为“打开”状态，颜色为“黑白色”，线型为“实线”，层锁定为打开，层打印为打印。可以对其中任何一项进行修改。

(1)修改层名：在对话框左侧的图层列表中选取要改名的图层，单击鼠标右键，在弹出的快捷菜单中选择“重命名”，如图 3-5 所示。该图层名称变为可编辑状态，输入文字 7，单击对话框空白处，如图 3-6 所示。

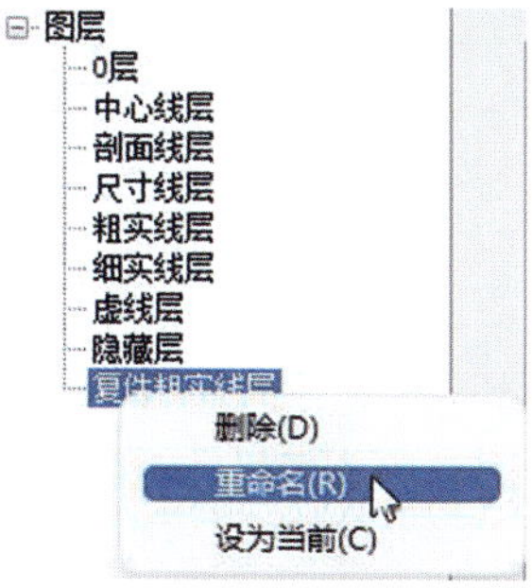

图 3-5 修改图层名称

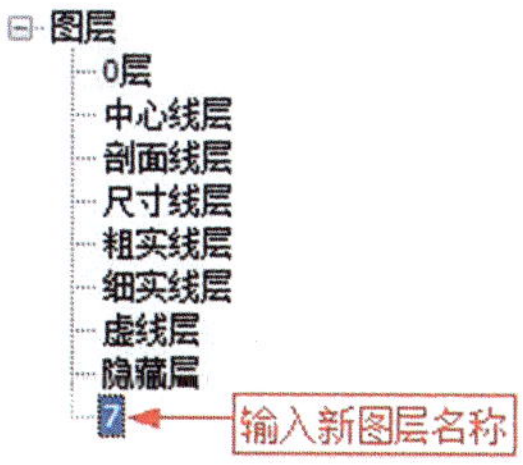

图 3-6 修改图层名称结果

(2)改变层状态：在要打开或关闭图层的层状态处，用鼠标左键单击按钮，进行图层打开或关闭的切换。

(3)改变颜色：用鼠标单击层颜色**(黑白色)**，将出现“颜色选取”对话框，如图 3-7 所示，在此选择或定制该图层的颜色，然后单击“确定”按钮即可。具体方法见“颜色设置”一节。

(4)改变线形：用鼠标单击层线型—— **实线**，将出现“线型”对话框，如图 3-8 所示，单击选择该图层的线型，然后单击“确定”按钮即可。

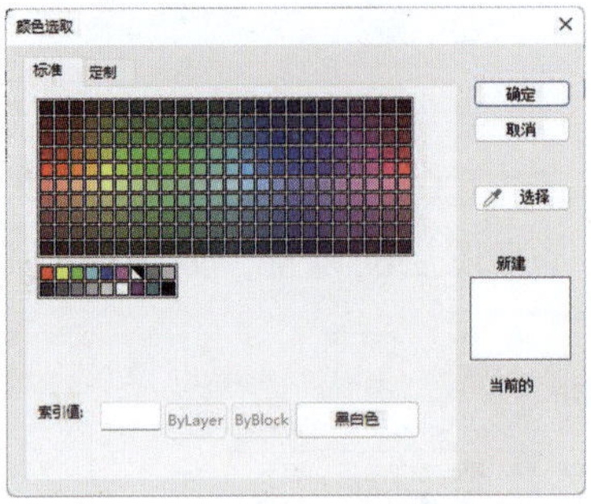

图 3-7 “颜色设置”对话框

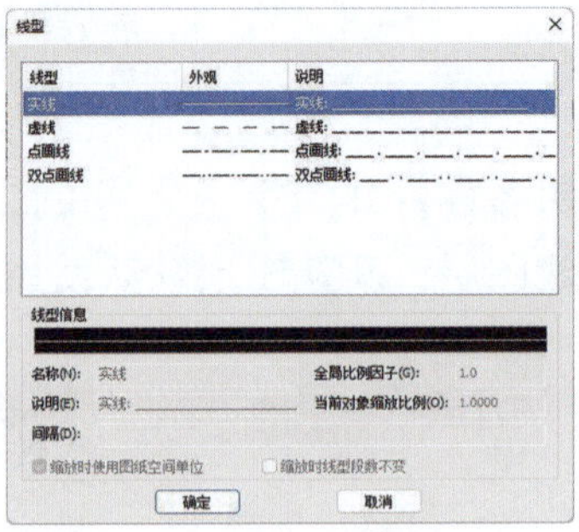

图 3-8 “线型”对话框

(5)改变层冻结：在要冻结或解冻图层的层状态处，用鼠标左键单击按钮，可以进行图层冻结或解冻的切换。

(6)改变层锁定：在要冻结或解冻图层的层状态处，用鼠标左键单击按钮，可以进行图层冻结或解冻的切换。

(7)改变层打印：在要设置为打印或不打印图层的层状态处，用鼠标左键单击按钮，可进行图层打印或不打印的切换。图层不打印的层状态的图标变为，此图层的内容在打印时不会输出，这对于绘图中不想打印出的辅助线层很有帮助。

3.1.3 设置当前层

当前层是指当前绘图正在使用的层，要想在某层上绘图，心须首先将该层设置为当前层。

将某层设置为当前层，有以下两种方法。

(1)用鼠标单击属性工具栏中的当前层下拉列表右侧的向下箭头，如图 3-9 所示，在列表中选取所需的图层。

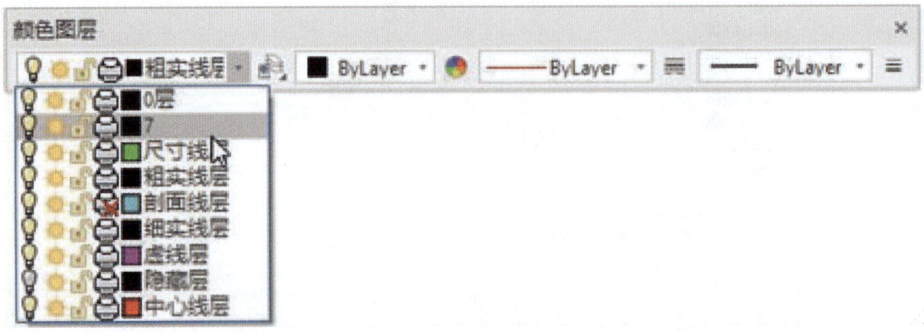

图 3-9 设置当前层

（2）在图 3-4 所示的“层设置”对话框中选取所需的图层，然后单击“设置当前层”按钮。

3.1.4 删除图层

在图 3-4 所示的“层设置”对话框中选取所需的图层，然后单击“删除图层”按钮。

任务评价

评价内容	评价标准	分值/分	读者自评	老师评估
新建图层	能够新建图层	25		
层属性操作	可以修改层属性	25		
设置当前层	能够设置当前层	25		
删除图层	能够删除图层	25		
总分		100		

任务 2　线型设置

任务描述

本任务主要指导用户了解并掌握如何进行线型的加载和输出操作。

任务分析

想要实现加载与输出线型，用户需要了解从什么地方加载线型、如何输出加载后的线型。

任务重点与实施

执行方式

（1）命令行：ltype。

（2）菜单：“格式”→“线型”。

操作步骤

启动“线型设置”命令，系统弹出“线型设置”对话框，在对话框中列出了系统中的所有线型，如图 3-10 所示，在此对话框中，用户可以对线型进行设置。

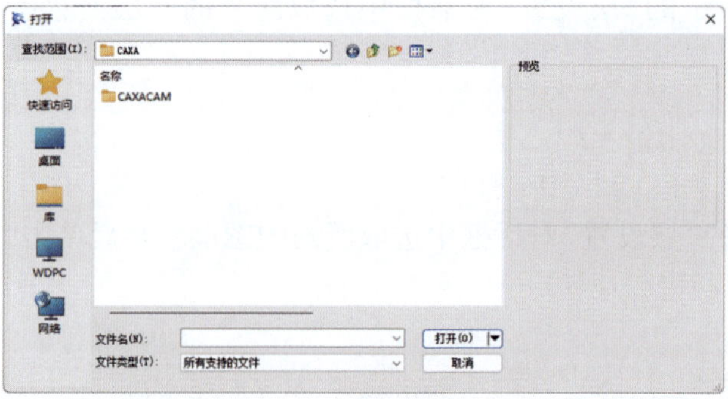

图 3-10 “线型设置”对话框

3.2.1 加载线型

加载线型就是将线型加载到当前程序中。单击图 3-10 中的“加载线型”按钮，屏幕上会出现如图 3-11 所示的“载入线型”对话框。单击“文件”按钮，系统弹出 3-12 所示的对话框，用鼠标选择要加载的线型，单击“确定”按钮。

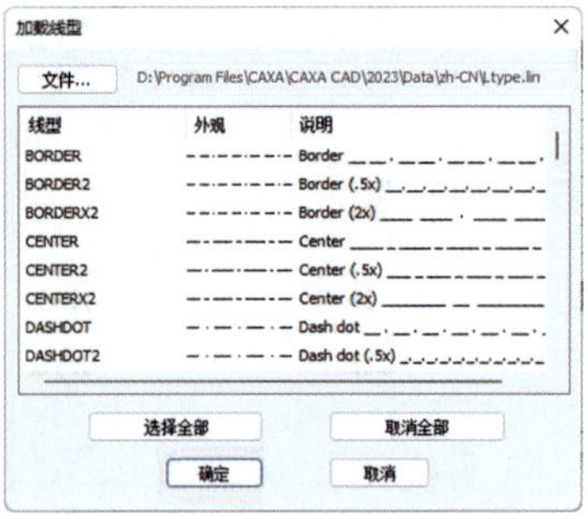

图 3-11 “加载线型”对话框

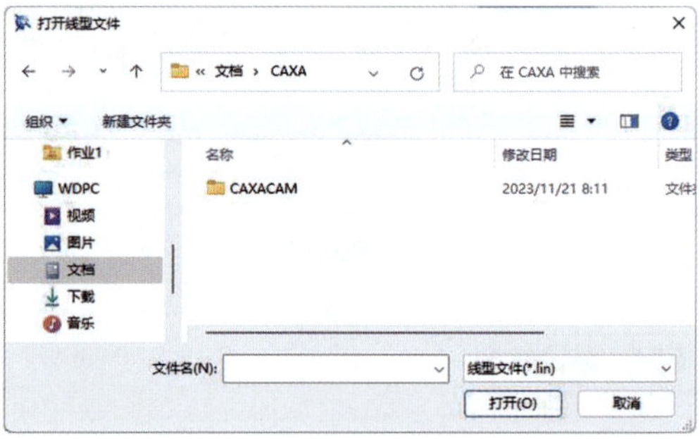

图 3-12 “打开线型文件”对话框

3.2.2 输出线型

将已有线型输出到一个线型文件保存。在图 3-10“线型设置”对话框中，单击“输出”按钮，系统弹出“输出线型”对话框，如图 3-13 所示。在对话框内的列表框中选中需要输出的自定义线型，单击“确定”按钮即可输出该线型。

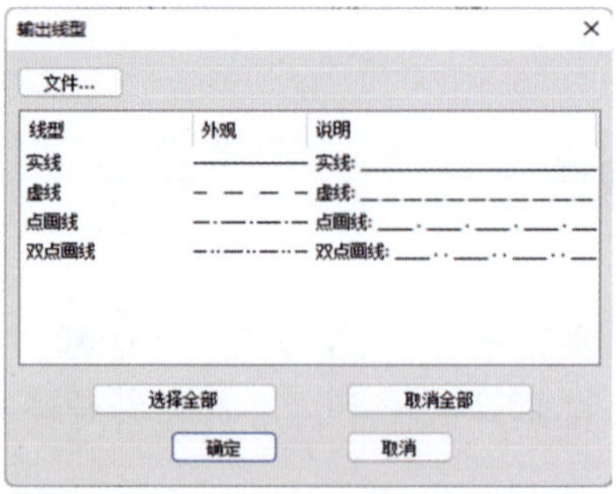

图 3-13 “输出线型”对话框

任务评价

评价内容	评价标准	分值/分	读者自评	老师评估
加载线型	能够加载线型	50		
输出线型	能够输出线型	50		
总分		100		

任务3　颜色、文本、标注与点样式的一体化设置

任务描述

本任务旨在指导用户进行颜色设置、文本风格设置、标注风格设置以及点样式设置。

任务分析

想要确保图纸的美观性，首先需要学习配置不同的颜色，其次设置文本和标注的风格。

任务重点与实施

3.3.1 颜色设置

执行方式

(1)命令行：color。

(2)菜单："格式"→"颜色"。

(3)工具栏："颜色图层"工具栏→ 。

操作步骤

01 启动"颜色"命令，系统弹出"颜色拾取"对话框，如图3-14所示。

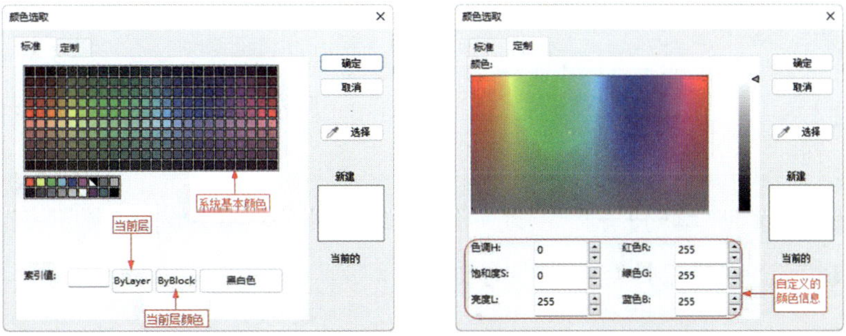

(a)标准　　(b)定制

图3-14　"颜色选取"对话框

02 当选中适当的颜色后，鼠标单击“确定”按钮即可完成颜色的设置。

在对话框中，用户可以直接通过鼠标单击选取某种基本颜色，也可以添加自定义颜色。添加自定义颜色的方法有以下两种。

(1)直接在窗体右下角的6个文本框中输入相应的数值来选择颜色。

(2)按下鼠标左键拖动色彩框中的光标，同时注意观察“颜色｜实心”上面的颜色框的变化，当颜色框中颜色符合要求时，松开鼠标。

3.3.2 文本风格

》执行方式

(1)命令行：textpara。

(2)菜单：“格式”→“文字”。

(3)工具栏：“设置工具”工具栏→A。

》操作步骤

01 启动“文字”命令，系统弹出“文本风格设置”对话框，如图3-15所示。

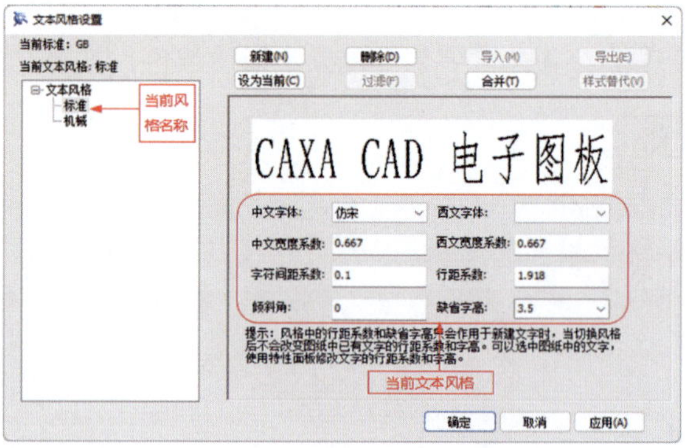

图3-15 “文本风格”对话框

02 通过对此对话框的操作，可以设置文字的各种参数。设置完毕后，单击“确定”按钮即可。

3.3.3 标注风格

》执行方式

(1)命令行：dimpara。

(2)菜单：“格式”→“尺寸”。

(3)工具栏：“设置工具”工具栏→。

》操作步骤

01 启动“尺寸”命令，系统弹出“标注风格设置”对话框，如图3-16所示。

02 在该对话框中，可以对当前的标注风格进行编辑修改，也可以新建标注风格并设置为当前的标注风格。系统预定义了“标准”标注风格。

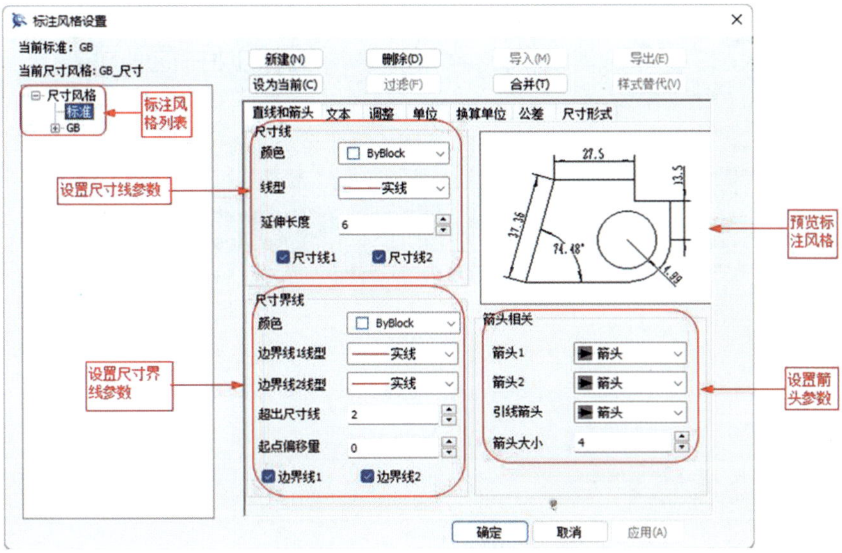

图 3-16 “标注风格设置”对话框

03 “直线和箭头”选项卡可以对尺寸线、尺寸界线及箭头进行颜色和风格的设置；“文本”选项卡用来设置文本风格及与尺寸线的参数关系；“调整”选项卡可以设置尺寸线及文字的位置，并确定标注的显示比例；“单位”选项卡可以设置标注的精度；“换算单位”选项卡可以标注测量值中换算单位的显示并设置其格式和精度；“公差”选项卡可以设置标注文字中公差的格式及显示；“尺寸形式”选项卡可以控制弧长标注和引出点等参数。

04 单击图 3-15 中的“新建”按钮可以重新创建其他标注风格。单击“新建”按钮，弹出“CAXA CAD 电子图板 2023(机械版)”对话框，如图 3-17 所示。单击“是”按钮，弹出如图 3-18 所示的“新建风格”对话框。

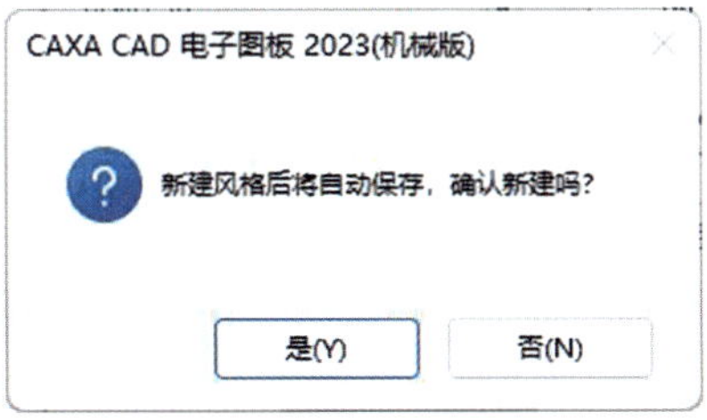

图 3-17 “CAXA CAD 电子图板 2023(机械版)”对话框

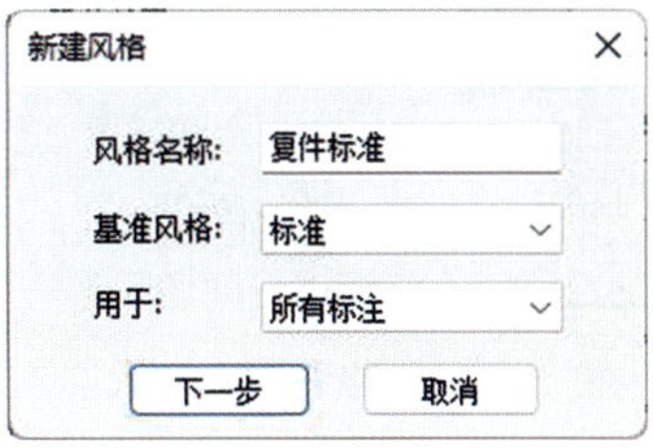

图 3-18 “新建风格”对话框

05 在“新建风格名”文本框中输入新建风格名称，单击“下一步”出现如图 3-19 所示的“标注风格设置”对话框。在选项卡中可以对新建的标注风格进行编辑、设置。

06 设置完成后，单击“确定”按钮即可。

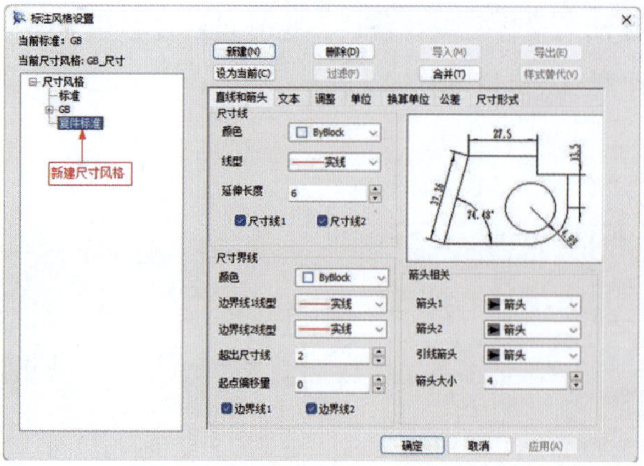

图 3-19 “标注风格设置”对话框

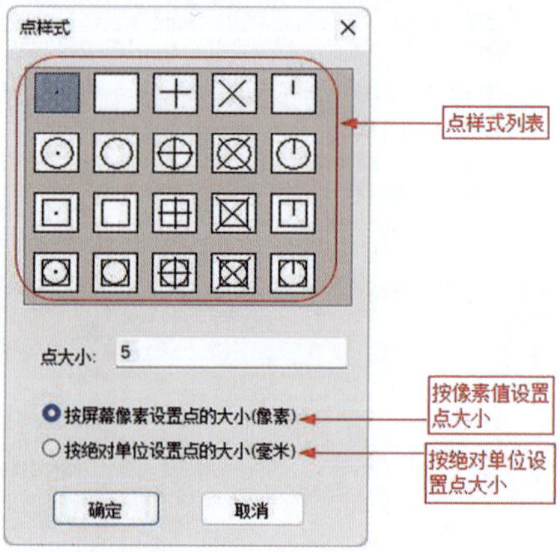

图 3-20 “点样式”对话框

3.3.4 设置点样式

执行方式

(1)命令行：ddptype。

(2)菜单：“格式”→“点”。

(3)工具栏：“设置工具”工具栏→。

操作步骤

01 启动“点”命令，系统弹出如图 3-20 所示的“点样式”对话框。

02 在该对话框中，用户可选择 20 种不同风格的点，还可根据不同需求来设置点的大小。

03 设置完成后用鼠标单击“确定”按钮即可。

任务评价

评价内容	评价标准	分值/分	读者自评	老师评估
颜色设置	能够进行颜色设置	25		
文本风格	能够设置文本风格	25		
标注风格	能够设置标注风格	25		
设置点样式	能够设置点样式	25		
总分		100		

任务 4　用户坐标系

任务描述

本任务旨在指导用户如何新建、管理以及切换当前用户坐标系。

任务分析

想要更好地控制和优化绘图布局，首先需要学会新建一个新的用户坐标系，其次能够管理创建的用户坐标系，最后能够实现各个用户坐标系的切换。

任务重点与实施

绘制图形时，合理使用用户坐标系可以使得坐标点的输入更方便，从而提高绘图效率。当用鼠标选取“工具”菜单时，在其下拉列表中显示关于坐标系的两个命令：新建坐标系和坐标系管理，如图 3-21 所示。

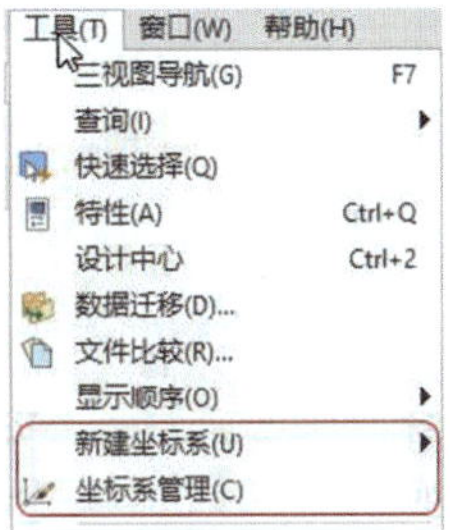

图 3-21　用户坐标系菜单

3.4.1　新建用户坐标系

执行方式

(1)命令行：Newucs。

(2)菜单：“工具”→“新建坐标系”→“原点坐标系”。

操作步骤

01 启动“原点坐标系”命令。

02 按照系统提示输入用户坐标系的原点，然后再根据提示输入坐标系的旋转角，新坐标系设置完成。

3.4.2　管理用户坐标系

执行方式

(1)命令行：swith。

(2)菜单：“工具”→“坐标系管理”。

操作步骤

01 启动“坐标系管理”命令，系统弹出如图 3-22 所示的“坐标系”对话框。

02 在对话框中可以对坐标系进行重命名和删除。原当前坐标系失效，颜色变为非当前坐标系颜色；新的坐标系生效，坐标系颜色变为当前坐标系颜色。

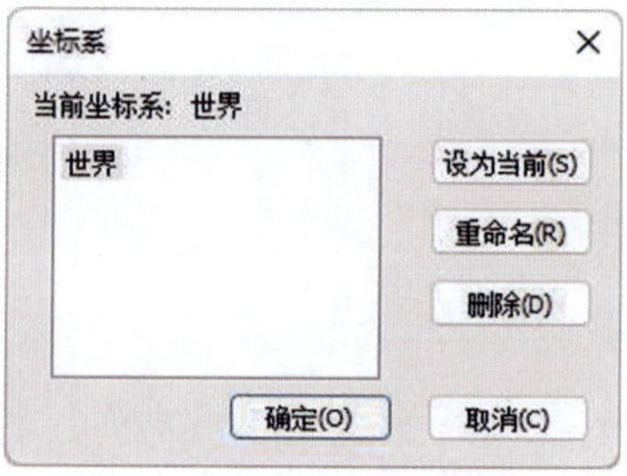

图 3-22 “坐标系”对话框

3.4.3 切换当前用户坐标系

执行方式

快捷键：【F5】。

操作步骤

直接启动“切换用户坐标系”命令，原当前坐标系失效，颜色变为非当前坐标系颜色；新的坐标系生效，坐标系颜色变为当前坐标系颜色。

任务评价

评价内容	评价标准	分值/分	读者自评	老师评估
新建用户坐标系	能够新建一个用户坐标系	40		
管理用户坐标系	能够重命名和删除用户坐标系	30		
切换当前用户坐标系	能够随意切换用户坐标系	30		
总分		100		

任务 5　捕捉点、视图导航、特性及拾取设置

任务描述

本任务旨在指导用户熟悉 CAXA CAD 电子图板中捕捉点功能的设置，以及三视图导航、特性编辑和拾取设置的操作。

任务分析

想要提高作图的效率，首先要能够熟练地完成捕捉点与拾取的设置；其次要通过

三视图导航和特性更高效地浏览编辑用户的设计；最后要系统配置的优化可以确保工作环境更加顺畅，减少不必要的干扰。

任务重点与实施

3.5.1 捕捉点设置

执行方式

(1)命令行：potset。

(2)菜单："工具"→"捕捉设置"。

(3)工具栏："设置工具"工具栏→ 。

操作步骤

01 启动"捕捉设置"命令，系统弹出"智能点工具设置"对话框，如图 3-23 所示，通过对该对话框进行操作，可以设置鼠标在屏幕上的捕捉方式。

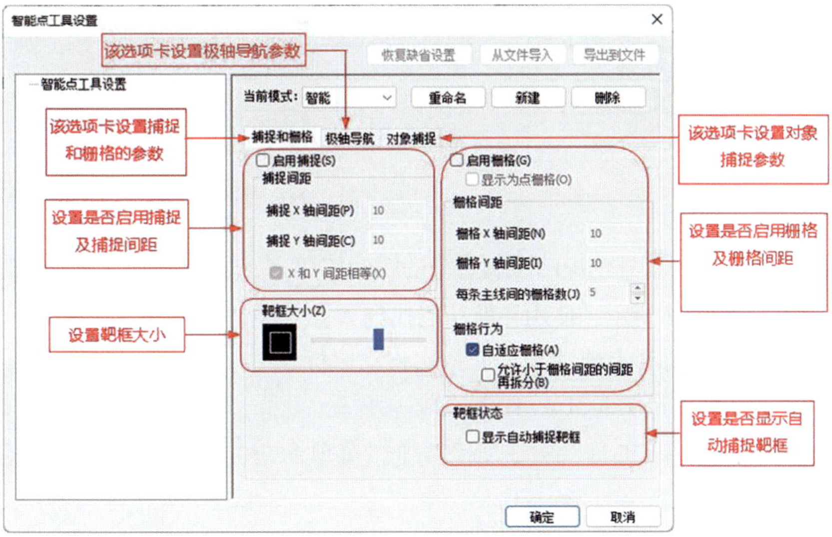

图 3-23 "智能点工具设置"对话框

02 导航点捕捉与智能点捕捉有相似之处，但也有明显的区别。相似之处就是捕捉的特征点相似，包括孤立点、端点、中点、圆心点、象限点等。当选择导航点捕捉时，这些特征点统称为导航点。区别在于用智能点捕捉时，十字光标线的 X 坐标线和 Y 坐标线都必须距离智能点最近时才可能吸附上，而用导航点捕捉时，只需十字光标线的 X 坐标线或 Y 坐标线之一距离导航点最近时就可能吸附上。

图 3-24 捕捉状态立即菜单

03 用户通过屏幕右下角的捕捉状态立即菜单来转换捕捉方式，如图 3-24 所示。

3.5.2 三视图导航

执行方式

(1)命令行：guide。

(2)菜单："工具"→"三视图导航"。

(3)快捷键：【F7】。

操作步骤

三视图导航是导航方式的扩充，主要是为了方便确定投影关系，当绘制完两个视图之后，可以使用三视图导航生成第三个视图。

【例 3-1】绘制如图 3-25 所示的三视图。

扫码看视频

01 画主视图，并用"导航"捕捉方式画俯视图。

02 用鼠标选择"工具"→"三视图导航"菜单命令，根据提示给出第一点 P1 及第二点 P2，屏幕上出现一条 45°辅助导航的斜线，如图 3-26 所示。

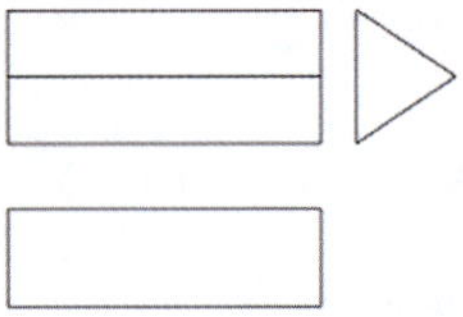

图 3-25 三视图导航实例

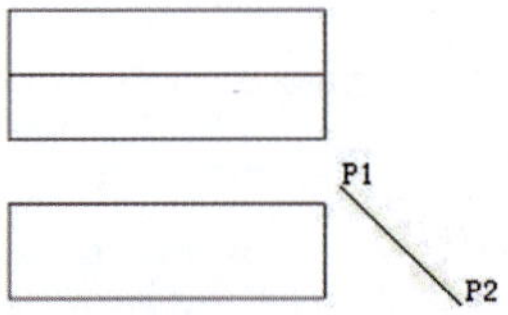

图 3-26 绘制导航线

03 用鼠标单击绘图工具栏中的绘制直线的图标按钮，立即菜单的选项如图 3-27 所示，使用导航功能找到 A 点，单击鼠标，然后移动鼠标到 B 点再次单击，依次移动鼠标到 C 点、A 点并单击(图 3-28 至图 3-31)，绘制完成。

图 3-27 绘制直线立即菜单

04 用鼠标再次选择"工具"→"三视图导航"菜单命令，黄色的导航线自动消失。

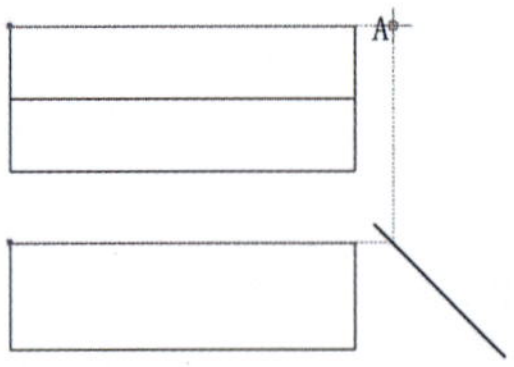

图 3-28 利用导航功能找到 A 点

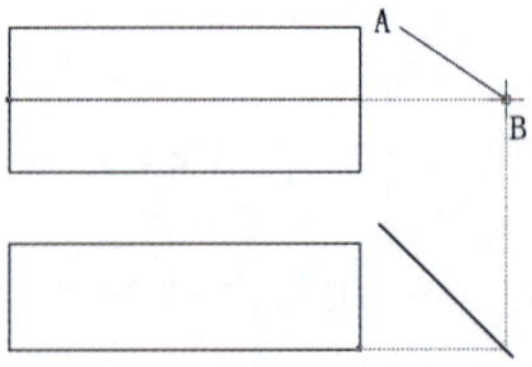

图 3-29 利用导航功能找到 B 点

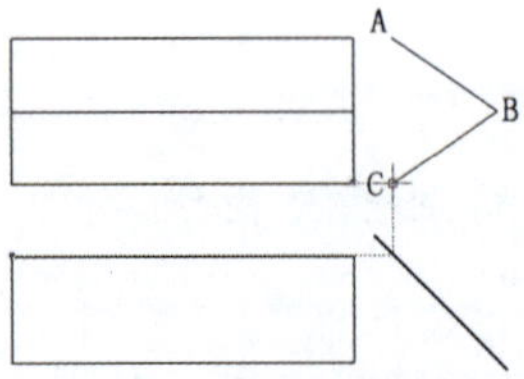

图 3-30 利用导航功能找到 C 点

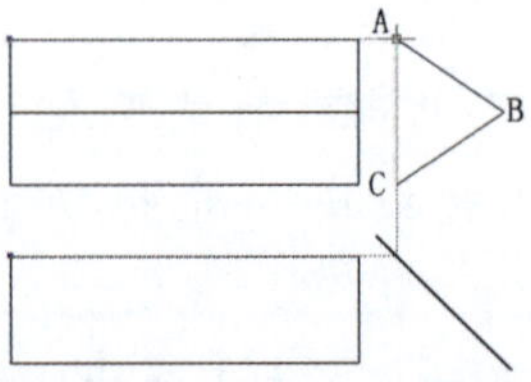

图 3-31 利用导航功能再次找到 A 点

3.5.3 特性

执行方式

(1)菜单：“工具”→“特性”。

(2)工具栏：“常用工具”工具栏→ 。

操作步骤

当没有选择图素时，系统查看显示的是全局信息，选择不同的图素，则显示不同的系统信息，以下是选择直线时的特性查看信息，如图 3-32 所示。信息中的内容除灰色项外都可进行修改。

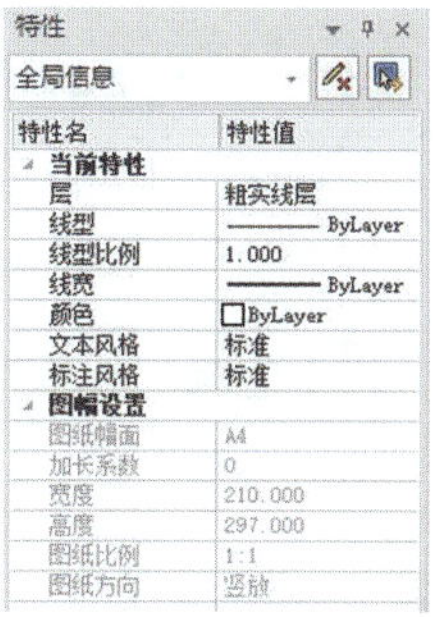

图 3-32 特性查看信息

3.5.4 拾取设置

执行方式

(1)命令行：objectset。

(2)菜单：“工具”→“拾取设置”。

(3)工具栏：“设置工具”工具栏→ 。

操作步骤

01 启动“拾取设置”命令，系统弹出“拾取过滤设置”对话框，如图 3-33 所示。

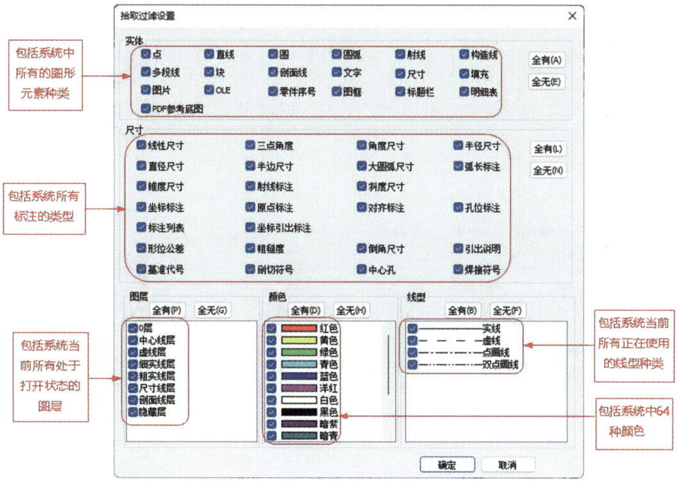

图 3-33 “拾取过滤设置”对话框

02 通过对该对话框进行操作可以设置拾取图形元素的过滤条件和拾取盒大小。

03 设置完成后单击“确定”按钮即可。

在“拾取过滤设置”对话框中，拾取过滤条件包括：实体过滤、尺寸过滤、图层过滤、颜色过滤、线型过滤。这 5 种过滤条件的交集就是有效拾取，利用过滤条件组合进行拾取，可以快速、准确地从图中拾取到想要拾取的图形元素。

3.5.5 系统配置

执行方式

菜单：“工具”→“选项”。

操作步骤

01 启动“选项”命令，系统弹出“选项”对话框。

02 单击“路径”选项，显示出“路径”选项卡，如图 3-34 所示。在该选项卡中对文件路径进行设置。

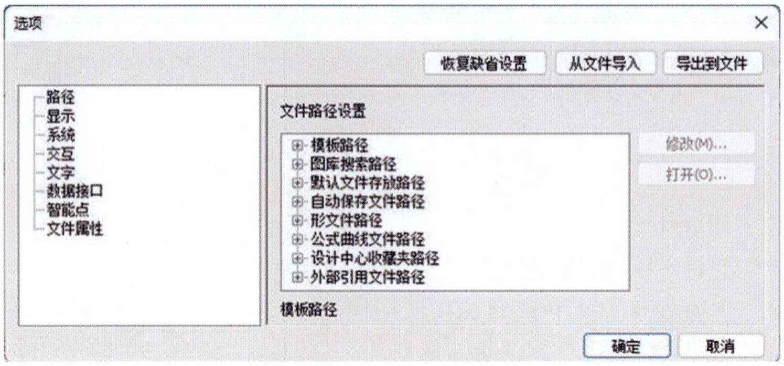

图 3-34 “路径”选项卡

03 单击“系统”选项，显示出“系统”选项卡，如图 3-35 所示。在该选项卡中对系统的一些参数进行设置。

04 单击“显示”选项，显示出“显示”选项卡，如图 3-36 所示。在该选项卡中可以对系统的一些颜色参数和光标进行设置。

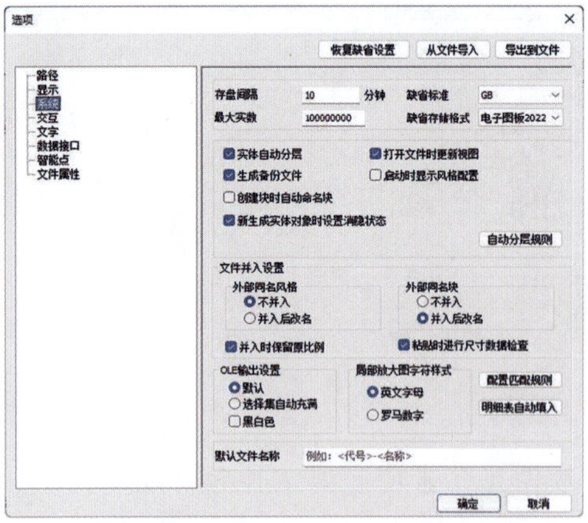

图 3-35 “系统”选项卡

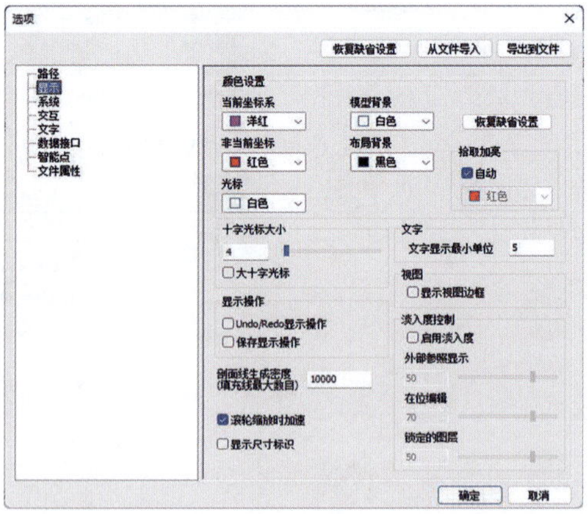

图 3-36 “显示”选项卡

05 单击“文字”选项，显示出“文字”选项卡，如图 3-37 所示。在该选项卡中可以对系统的一些文字参数进行设置。

06 单击“数据接口”选项，显示出“数据接口”选项卡，如图3-38所示。在该选项卡中可以对系统的一些接口参数进行设置。

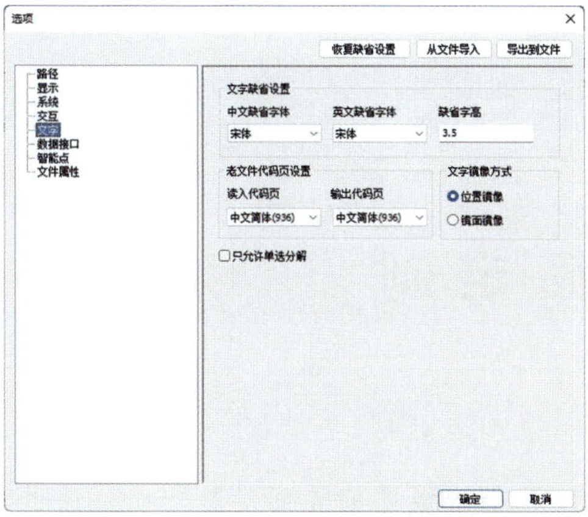

图3-37 “文字”选项卡

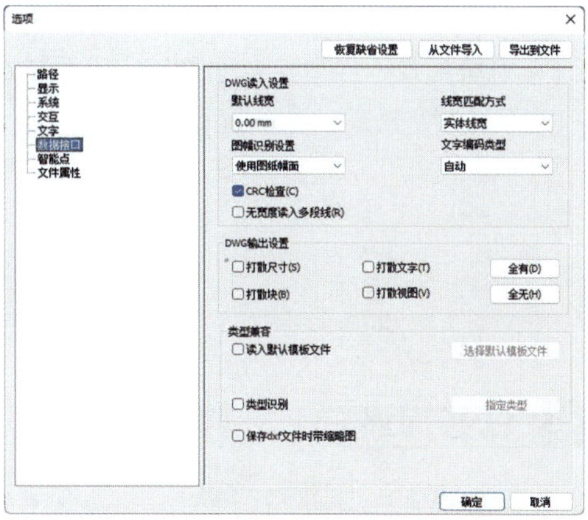

图3-38 “数据接口”选项卡

07 单击“文件属性”选项，显示出“文件属性”选项卡，如图3-39所示。在该选项卡中可以设置文件的图形单位。

08 单击“交互”选项，显示出“交互集”选项卡，如图3-40所示。在该选项卡中可以设置拾取框和夹点的大小。

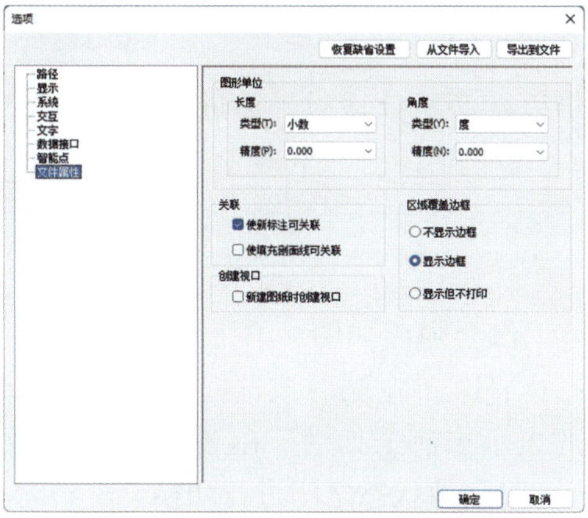

图3-39 “文件属性”选项卡

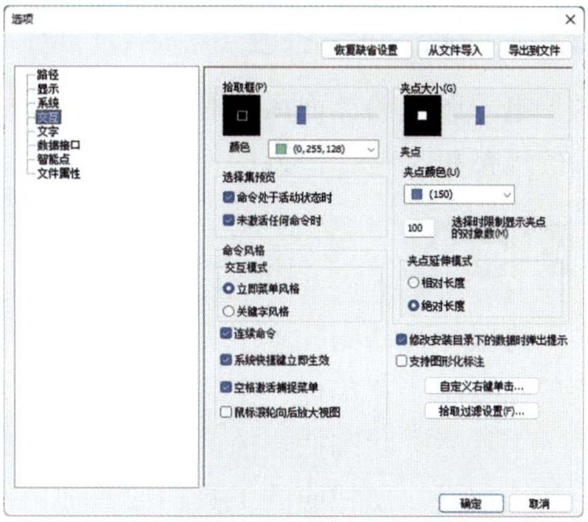

图3-40 “交互”选项卡

09 设置完成，单击“确定”按钮即可。

任务评价

评价内容	评价标准	分值/分	读者自评	老师评估
捕捉点设置	熟练地设置捕捉点	15		
三视图导航	能够利用三视图导航	15		
特性	熟练地查看编辑特性	20		

（续表）

评价内容	评价标准	分值/分	读者自评	老师评估
拾取设置	熟练地完成拾取设置	35		
系统配置	能够完成系统的配置	15		
总分		100		

任务6 界面定制

任务描述

本任务旨在指导用户熟悉并掌握 CAXA CAD 电子图板中的界面定制功能。通过学习，用户将能够根据个人偏好和工作需求，调整软件界面的工具栏、菜单、工具以及快捷键设置。

任务分析

想要提高操作效率和体验，需要根据自己的操作习惯重新显示/隐藏和定制所需要的工具栏与快捷键。

任务重点与实施

电子图板的界面风格是完全开放的，用户可以随心所欲地对界面进行定制，使界面的风格更加符合个人的使用习惯。

3.6.1 显示/隐藏工具栏

将鼠标移动到任意工具栏区域单击鼠标右键，都会弹出如图 3-41 所示的菜单，在菜单中列出了菜单栏、工具栏、立即菜单和状态栏，菜单左侧的该选框中显示出菜单栏、工具栏、状态栏当前的显示状态，带“√”的表示当前工具栏正在显示，单击菜单中的选项可以使相应的工具栏或其他菜单在显示和隐藏的状态之间进行切换。

3.6.2 重新组织菜单和工具栏

电子图板提供了一组默认的菜单和工具栏命令组织方案，一般情况下这是一组比较合理和易用的组织方案，但是用户也可以根据需要通过使用界面定制工具重新组织菜单和工具栏，即可以在菜单和工具栏中添加命令和删除命令。

(1) 在菜单和工具栏中添加命令。

操作步骤

01 首先选择“工具”→“自定义界面”命令，系统弹出“自定义”对话框，在对话框中选择“命令”选项卡，如图 3-42 所示。

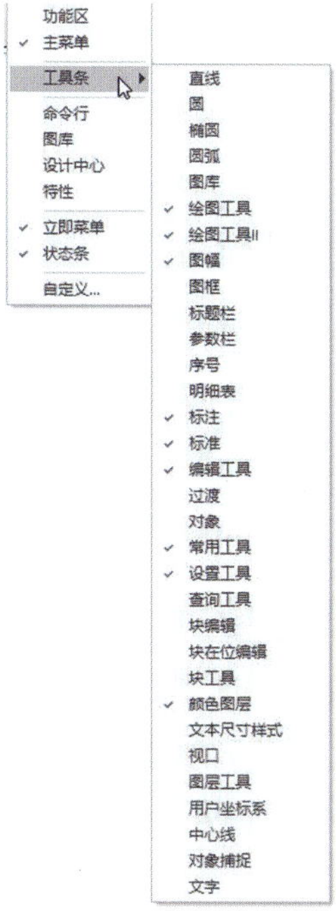

图 3-41　显示/隐藏工具栏快捷菜单

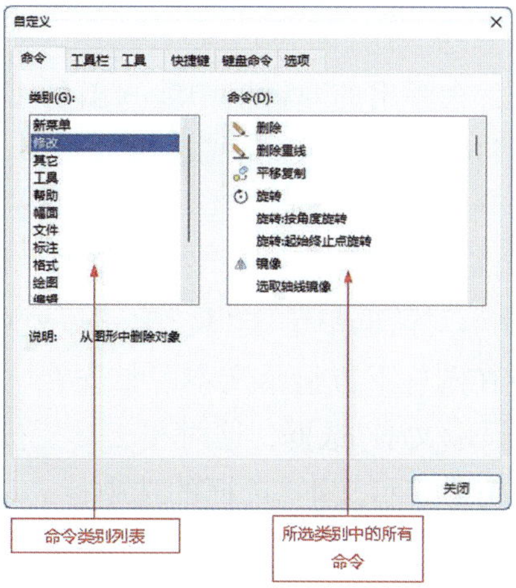

图 3-42　“命令”选项卡

02 使用鼠标左键拖动所选择的命令，请将该命令拖动到需要的菜单中。当菜单显示命令列表时，将鼠标移至需要命令出现的地方，然后释放鼠标。

03 将命令插入工具栏的方法也是一样的，只不过是在鼠标移动到工具栏中所需的位置时再释放鼠标左键。

（2）从菜单和工具栏中删除命令。

» 操作步骤

01 首先选择“工具”→“自定义界面”命令，系统弹出“自定义”对话框。

02 在对话框中选择“命令”选项卡，然后在菜单或工具栏中选中所要删除的命令，然后使用鼠标将该命令拖出菜单区域或工具栏区域即可。

3.6.3　定制工具栏

首先选择“工具”→“自定义界面”命令，系统弹出“自定义”对话框，在对话框中选择“工具栏”选项卡，如图 3-43 所示。在该选项卡中可以进行以下设置。

（1）重置工具栏：如果对工具栏中的内容进行修改以后，还想回到工具栏的初始状态，可以使用重置工具栏恢复，方法是在“工具栏”列表框中选择要进行重置的工具栏，然后单击“重新设置”按钮，在弹出的提示对话框中选择“是”按钮。

（2）重置所有工具栏：如果需要将所有的工具栏恢复到初始的状态，可以直接单击“全部重新设置”按钮，在弹出的提示对话框中选择“是”按钮即可。

（3）新建工具栏：单击“新建”按钮，弹出如图 3-44 所示的对话框，在对话框中输入新建工具栏的名称，单击“确定”按钮以后就可以新创建工具栏，接下来可以按照“重新组织菜单和工具栏”一节中介绍的方法向工具栏中添加按钮，通过这种方法就可以将常用的功能进行重新组合。

(4) 重命名自定义工具栏：首先在“工具栏”列表框中选中要重命名的自定义工具栏，然后单击“重命名”按钮，在弹出的对话框中输入新的工具栏名称，单击“确定”按钮后就可以完成重命名操作。

图 3-43 “工具栏”选项卡

(5) 删除自定义工具栏：在“工具栏”列表框中选中要删除的自定义工具栏，然后单击“删除”按钮，在弹出的提示对话框中单击“是”按钮后就可以完成删除操作。

(6) 在图标下方显示文本：首先在“工具栏”列表框中选中要显示文本的工具栏，然后选中“显示文本”选框，这时在工具栏按钮图标的下方就会显示出文字说明，如图 3-45 所示。取消“显示文本”选框的选中标志以后，文字说明也就不再显示了。

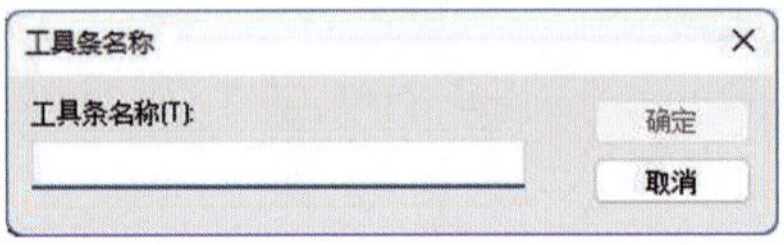

图 3-44 “新建工具栏”对话框

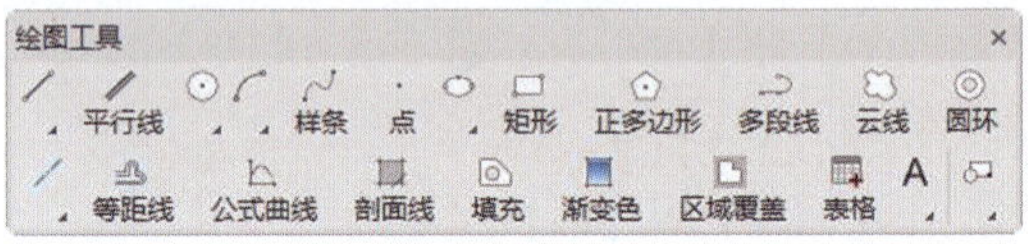

图 3-45 工具栏下方显示文本

3.6.4 定制工具

在电子图板中，通过外部工具定制功能，可以把一些常用的工具集成到电子图板中，使用起来会十分方便。

首先选择“工具”→“自定义界面”菜单命令，系统弹出“自定义”对话框，在对话框中选择“工具”选项卡，如图 3-46 所示。

图 3-46 “工具”选项卡

在“菜单目录”栏中，列出了电子图板中已有的外部工具，每个列表项中的文字就是这个外部工具在“工具”菜单中显示的文字；列表框上方的 4 个按钮分别是添加、删除、上移、下移；在列表框下面的“命令”编辑框中记录的是当前选中外部工具的执行文件名，在“行变量”编辑框中记录的是程序运行时所需的参数，在“初始目录”编辑框中记录的是执行文件所在的目录。通过这个选项卡，用户可以进行以下操作。

(1) 修改外部工具的菜单内容：用鼠标在“菜单目录”列表框中双击要改变菜单内容的外部工具，在相应的位置上会出现一个编辑框，在这个编辑框中可以输入新的菜单内容，输入完成以后按【Enter】键确认就可以完成外部工具的更名操作。

(2) 修改已有外部工具的执行文件：用鼠标在“菜单目录”列表框中选中要改变执行

文件的外部工具，在“命令”编辑框中会显示出这个外部工具所对应的执行文件，可以在编辑框中输入新的执行文件名，也可以单击编辑框右侧的按钮，弹出“打开文件”对话框，在对话框中选择所需的执行文件。

(3)添加新的外部工具：单击按钮，在“菜单目录”列表框的末尾会自动添加一个编辑框，在编辑框中输入新的外部工具在菜单中显示的文字，按【Enter】键确认。接下来，在“命令”“行变量”和“初始目录”中输入外部工具的执行文件名、参数和执行文件所在的目录，如果在“命令”编辑框中输入了包含路径的全文件名，则在“初始目录”中也可以不填。

(4)删除的外部工具：在“菜单目录”列表框中选择要删除的外部工具，然后单击 ✕ 按钮，就可以将所选的外部工具删除掉。

(5)移动外部工具在菜单中的位置：在“菜单目录”列表框中选择要改变位置的外部工具，然后单击 ↑ 按钮或者 ↓ 按钮调整该项在列表框中的位置，这也就是在“工具”菜单中的位置。

3.6.5 定制快捷键

在电子图板中，可以为每个命令指定一个或多个快捷键，这样对于常用的功能，就可以通过快捷键来提高操作的速度和效率。

首先选择“工具”→“自定义界面”菜单命令，系统弹出“自定义”对话框，在对话框中选择“键盘”选项卡，如图 3-47 所示。

图 3-47 “键盘”选项卡

在选项卡的“类别”下拉列表框中，可以选择命令的类别，命令的分类是根据主菜单的组织划分的。在“命令”列表框中列出了在该类别中的所有命令，当选择了一个命令以后，会在右侧的“快捷键”列表框中列出该命令的快捷键，在此选项卡中能实现下面功能。

(1)指定新的快捷键：在“命令”列表框中选中了要指定快捷键的命令以后，用鼠标左键在“请输入快捷键”编辑框中单击，然后输入要指定的快捷键，如果输入的快捷键已经被其他命令使用了，那么会弹出对话框提示重新输入，如果这个快捷键没有被其他命令所使用，单击“指定”按钮就可以将这个快捷键添加到“快捷键”列表框中了。关闭“自定义”对话框以后，使用刚才定义的快捷键，就可以执行相应的命令了。

(2)删除已有的快捷键：在“快捷键”列表框中选中要删除的快捷键，然后单击“删除”按钮，就可以删除所选的快捷键。

(3)恢复快捷键的初始设置：如果需要将所有快捷键恢复到初始的设置，可以单击“重新设置”按钮，在弹出的提示对话框中选择“是”按钮确认重置即可。

任务评价

评价内容	评价标准	分值/分	读者自评	老师评估
显示/隐藏工具栏	能够显示/隐藏工具栏	30		
重新组织菜单和工具栏	能够重新组织菜单和工具栏	20		
定制工具栏	能够定制工具栏	20		
定制快捷键	能够定制快捷键	30		
总分		100		

任务 7　界面操作

任务描述

本任务主要指导用户如何切换、保存、加载和重置界面。

任务分析

想要高效地使用用户界面，需要熟悉新老界面之间的切换，掌握保存和加载界面的操作，了解界面重置操作，使用户界面恢复到最初的默认状态。

任务重点与实施

3.7.1 切换界面

执行方式

（1）命令名：interface。

（2）菜单："工具"→"界面操作"→"切换"。

（3）快捷键：【F9】。

操作步骤

利用各种执行方式直接操作，即可实现新旧界面的切换。当用户切换到某种界面后正常退出，下次再启动 CAXA CAD 时，系统将按照当前的界面方式显示。

3.7.2 保存界面配置

执行方式

菜单："工具"→"界面操作"→"保存"。

操作步骤

01 用鼠标单击"工具"→"界面操作"→"保存"菜单命令。

02 在弹出的对话框(见图3-48)中输入相应的文件名称，单击"确定"即可。

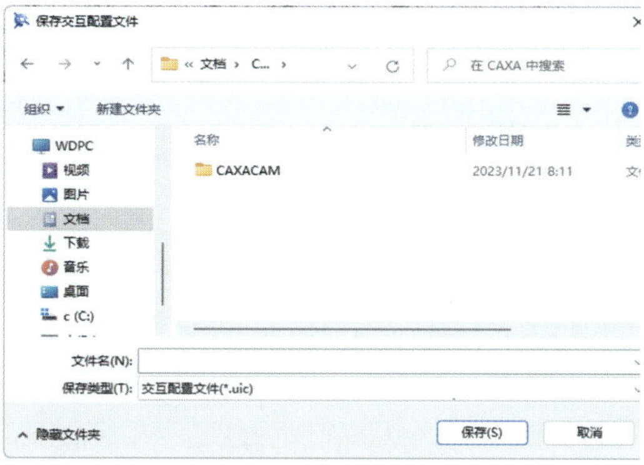

图 3-48 保存界面

3.7.3 加载界面配置

执行方式

菜单："工具"→"界面操作"→"加载"

操作步骤

01 启动"加载"命令。

02 在系统弹出的"加载交互配置文件"对话框中选择相应的自定义界面文件并单击"打开"按钮即可，如图3-49所示。

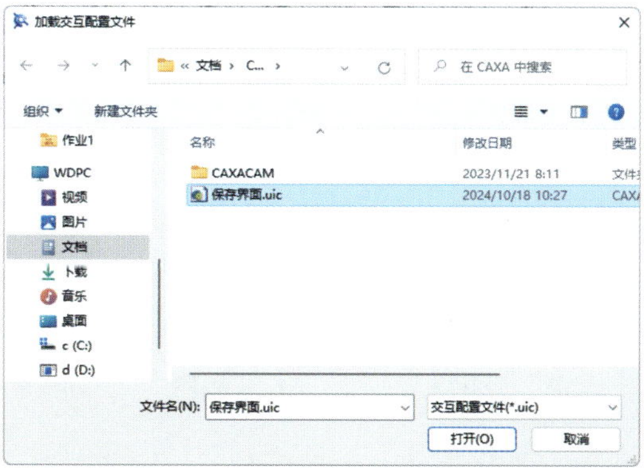

图 3-49 "加载交互配置文件"对话框

3.7.4 界面重置

执行方式

菜单："工具"→"界面操作"→"重置"。

操作步骤

直接选择"工具"→"界面操作"→"重置"命令即可。

任务评价

评价内容	评价标准	分值/分	读者自评	老师评估
切换界面	能够切换界面	30		
保存界面配置	能够保存界面配置	20		
加载界面配置	能够加载界面配置	20		
界面重置	能够进行界面重置	30		
总分		100		

项目小结

本项目主要介绍了系统设置与界面定制。首先介绍了层控制、线型设置和用户坐标系等基本概念；其次介绍了颜色、文本、标注与点样式修改的操作；最后介绍了如何有效地捕捉点、导航视图、管理特性及拾取对象，以及如何进行界面定制和操作以提高用户体验。通过本项目的学习，读者能够掌握系统设置与界面定制的基本概念和操作。

项目习题

一、单选题

1. 切换当前用户坐标系的快捷键是(　　)。

A. F5　　B. F9　　C. F8　　D. F7

2. 捕捉点设置的命令行是(　　)。

A. Point　　B. ltype　　C. Ctrl　　D. potset

3. 以下哪项是捕捉状态立即菜单的选项(　　)。

A. 加载　　B. 导航　　C. 删除　　D. 应用

二、 操作题

1. 试将当前层变为“中心线”层，颜色和线型均为 BLAYER。

操作提示：

方法 1：用鼠标单击属性工具栏中的当前层下拉列表右侧的向下箭头，在列表中选取 0 层即可。

方法 2：用鼠标选择“格式”→“图层”菜单命令（或单击“属性”工具栏的图标按钮），系统弹出“层控制”对话框，用鼠标选取 0 层，然后单击“设置当前层”按钮。再单击“确定”按钮。

2. 绘制如图 3-50 所示三视图。

操作提示：

（1）将屏幕点捕捉方式设置为“导航”捕捉方式。

（2）绘制主视图。

（3）利用“导航”捕捉方式绘制俯视图。

（4）用鼠标选择“工具”→“三视图导航”菜单命令，并按系统提示绘制 45°导航线。

（5）利用“三视图导航功能”绘制左视图。

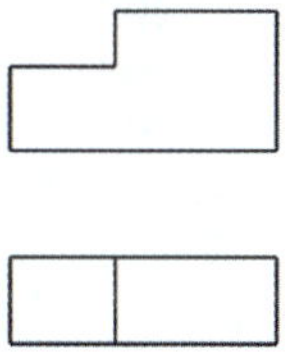

图 3-50　三视图

04

项目4　基本图形绘制

项目导读

基本图形的绘制是CAD绘图软件构成的基础，CAXA CAD电子图板以简捷的操作方式代替了传统的手工绘图方法，本项目主要介绍基本图形的绘制方法和操作步骤。

学习目标

知识目标

1. 了解直线与点的各种用法。
2. 了解圆、圆弧和椭圆的各种用法。
3. 掌握矩形和正多边形的各种用法。
4. 掌握平行线、特殊曲线、等距线、剖面线和填充的用法。

技能目标

能够熟练地使用各种绘图命令。

素质目标

1. 通过反复练习和精细操作，培养读者耐心细致的工作态度。
2. 通过不断练习和成功完成绘制任务，增强读者的自信心和成就感。

思政目标

1. 培养读者分析问题、解决问题的能力，提升其素质素养。
2. 培养读者动手操作能力，提高读者自主学习和创新能力。

任务1 绘制直线

任务描述

本任务主要讲解包括两点线、角度线、角等分线、切/法线以及等分线这些类型的直线命令。

任务分析

想要熟练运用各种类型的直线命令，需要了解各种直线命令的含义与适用场景。

任务重点与实施

执行方式

(1)命令行：line。

(2)菜单：“绘图”→“直线”。

(3)工具栏：“绘图工具”工具栏→╱。

选项说明

用鼠标单击绘图工具栏中的绘制直线的图标按钮╱，进入绘制直线命令后，在屏幕左下角的操作提示区出现绘制直线的立即菜单，单击立即菜单1可选择绘制直线的不同方式，如图4-1所示；单击立即菜单2，该项内容由“连续”变为“单根”。

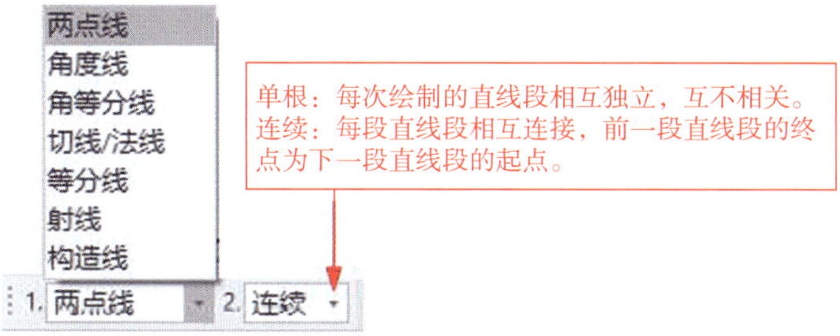

图4-1 绘制直线的立即菜单

4.1.1 绘制两点线

在屏幕上按给定两点画一条直线段或按给定的连续条件画连续的直线段。在非正交情况下，第一点和第二点均可为3种类型的点：切点、垂足点、其他点(工具点菜单上列出的点)。根据拾取点的类型可生成切线、垂直线、公垂线、垂直切线以及任意的两点线。在正交情况下生成的直线平行于当前坐标系的坐标轴，即由第一点定出首访点，由第二点定出与坐标轴平行或垂直的直线线段。

【例4-1】以两点线方式绘制一条从(-30，-50)点到(70，20)点的直线。

» 操作步骤

扫码看视频

01 启动绘制直线命令，弹出绘制直线的立即菜单。

02 在立即菜单1中选择“两点线”选项，在立即菜单2中选择“单根”选项。

03 按照系统提示(屏幕左下角)，在操作提示区输入第一点坐标(-30，50)，然后根据系统提示输入第二点坐标(70，20)，屏幕上出现如图4-2所示的直线。

【例4-2】以两点线方式绘制如图4-3所示的连续正交直线。

扫码看视频

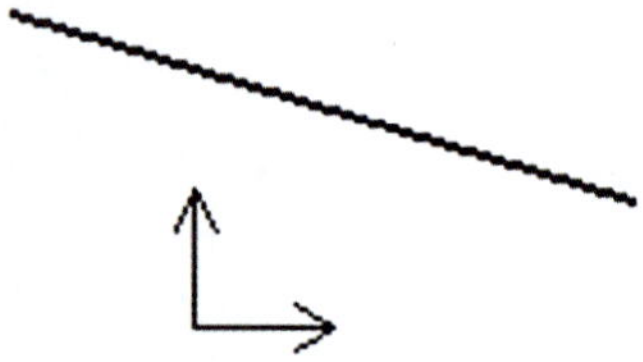

图4-2　绘制两点直线

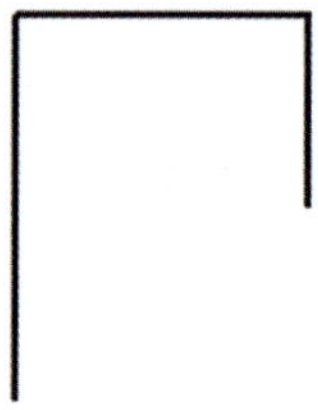

图4-3　绘制连续正交直线

» 操作步骤

01 启动绘制直线命令，弹出绘制直线的立即菜单。

02 在立即菜单1中选择“两点线”选项，在立即菜单2中选择“连续”选项。

03 按照系统提示(屏幕左下角)，在操作提示区输入第一点坐标(30，40)，然后根据系统提示输入第二点坐标(30，120)(或者长度80)，输入第三点坐标(90，120)(或者长度60)，输入第四点坐标(90，80)(或者长度40)，屏幕上出现如图4-3所示的连续正交直线。

4.1.2 绘制角度线

按给定角度、给定长度画一条直线段。

【例4-3】以角度线方式绘制一条过坐标系原点并与Y轴成45°夹角的直线，如图4-4所示。

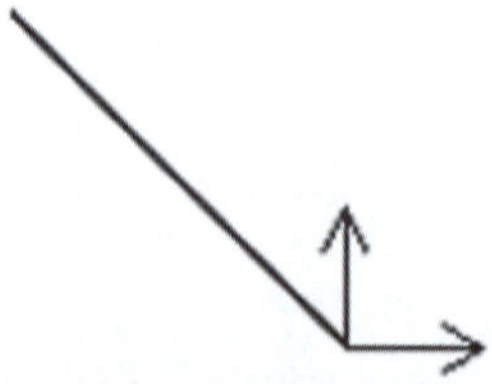

图4-4　绘制角度线

» 操作步骤

01 用鼠标单击直线绘制图标，启动绘制直线命令后，则在绘图区左下角弹出绘制直线的立即菜单。

02 在立即菜单1中选择“角度线”选项；后面几项的选

择如图 4-5 所示。

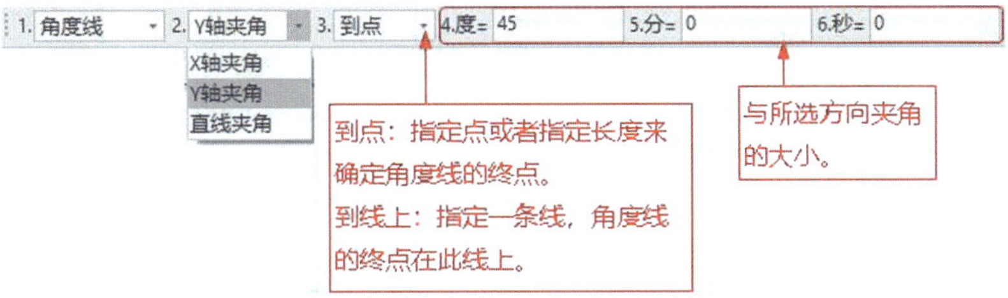

扫码看视频

图 4-5　绘制角度线立即菜单

03 在操作提示区输入直线的起点坐标(0，0)，屏幕上直线的起点锁定为坐标系原点。

04 移动鼠标到直线的终点位置时单击鼠标左键，绘制完成。

4.1.3 绘制角等分线

按给定等分份数、给定长度画条直线段将一个角等分。

【例 4-4】以角等分线的方式绘制∠AOB 的三等分线，如图 4-6 所示。

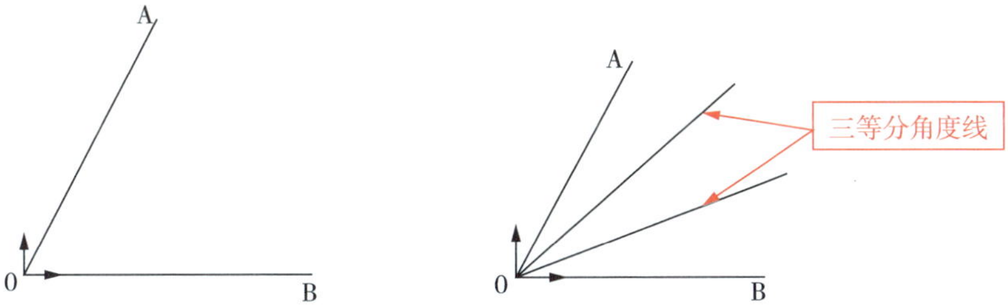

(a)操作前　　(b)操作后

扫码看视频

图 4-6　绘制角等分线

操作步骤

01 启动绘制直线命令后，则在绘图区左下角弹出绘制直线的立即菜单。利用“两点线”选项，绘制两条相交直线，如图 4-6(a)所示。

02 重复直线命令，在立即菜单 1 中选择“角等分线”选项；后面几项的选择如图 4-7 所示。

图 4-7　绘制角等分线的立即菜单

03 根据系统提示，依次用鼠标拾取∠AOB 的两条边，∠AOB 的三等分线绘制完成，结果如图 4-6(b)所示。

4.1.4 绘制切/法线

过给定点作已知曲线的切线或法线。

【例 4-5】以切线/法线方式过给定点绘制圆弧的切线和法线，如图 4-8 所示。

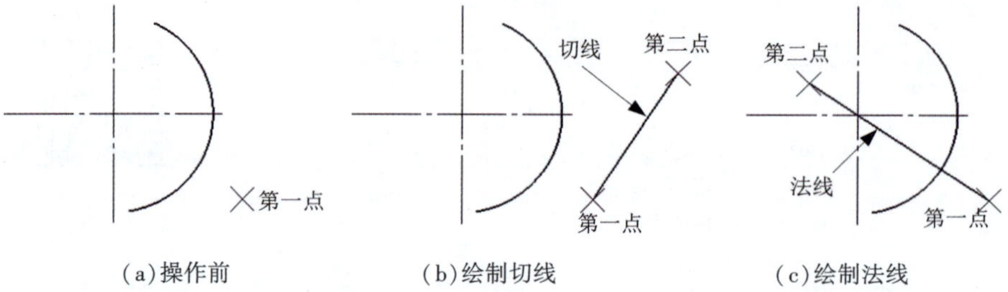

扫码看视频

图 4-8　绘制切线/法线

》操作步骤

01 打开源文件的“初始文件”→4→“例 4-5”文件。启动绘制直线命令后，则在绘图区左下角弹出绘制直线的立即菜单。

02 在立即菜单 1 中选择“切线/法线”选项；后面几项的选择如图 4-9 所示。

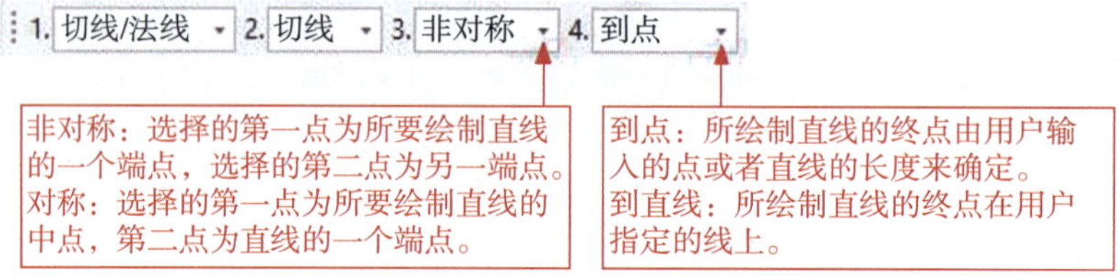

图 4-9　绘制切线的立即菜单

03 当系统提示拾取曲线时，用鼠标单击图中圆弧，系统提示选择输入点，用鼠标单击第一点处，系统提示输入第二点或长度，这时用鼠标单击图中第二点处。切线绘制完成，如图 4-8(b) 所示。

04 如绘制圆弧的法线，则在第 2 步中的立即菜单 2 中选择“法线”选项，如图 4-10 所示，然后根据系统提示拾取圆弧，并按图 4-8 中绘制法线所示的位置输入第一点和第二点，结果如图 4-8(c) 所示。

图 4-10　绘制法线的立即菜单

4.1.5　绘制等分线

拾取两条直线段，即可在两条线间生成一系列的线，这些线将两条线之间的部分等分成 n 份。

【例 4-6】以等分线方式将平行线进行等分，如图 4-11 所示。

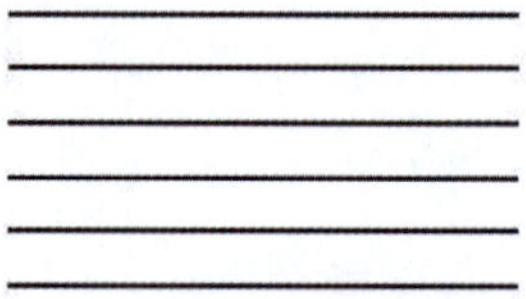

图 4-11　平行线 5 等分

》操作步骤

01 打开源文件的“初始文件”→4 →“例 4-6”文件。启动绘制直线命令后，则在绘图区左下角弹出绘制直线的立即菜单。

扫码看视频

02 在立即菜单1中选择“等分线”选项；在立即菜单2中输入5，如图4-12所示。

03 当系统提示拾取曲线时，用鼠标单击拾取两条平行的直线，如图4-13所示。结果如图4-11所示。

图4-12 绘制等分线立即菜单

图4-13 平行线

另外，对于两条不平行的线，符合下面各条件时也可等分。

(1)不相交，并且其中任意一条线的任意方向的延长线不与另一条线本身相交，可等分。

(2)若一条线某个端点与另一条线端点重合，且两直线夹角不等于180°，也可等分。

任务评价

评价内容	评价标准	分值/分	读者自评	老师评估
绘制两点线	能够绘制两点线	35		
绘制角度线	能够绘制角度线	20		
绘制角等分线	熟练绘制角等分线	15		
绘制切/法线	熟练绘制切/法线	15		
绘制等分线	熟练绘制等分线	15		
总分		100		

任务2　绘制平行线

任务描述

本任务主要讲解平行线的两种使用方式。

任务分析

想要熟练地绘制平行线，需要了解平行线的两种使用方式与应用场景。

任务重点与实施

执行方式

(1)命令行：ll。

(2)菜单：“绘图”→“平行线”。

(3)工具栏：“绘图工具”工具栏→。

》选项说明

鼠标单击“绘制工具”工具栏中“平行线”按钮。进入绘制平行线命令后，在屏幕左下角的操作提示区出现绘制平行线的立即菜单，如图 4-14 所示。单击立即菜单 1 可以选择绘制平行线的两种方式：偏移方式和两点方式。

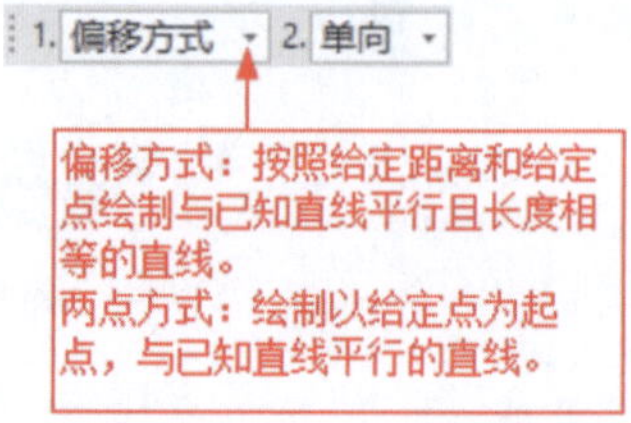

图 4-14　绘制平行线立即菜单

4.2.1　两点方式

【例 4-7】以两点方式绘制如图 4-15 所示的平行线。

扫码看视频

》操作步骤

01 打开源文件的“初始文件”→4 →“例 4-7”文件。启动绘制平行线的命令后，则在绘图区左下角弹出绘制平行线的立即菜单，如图 4-16 所示。

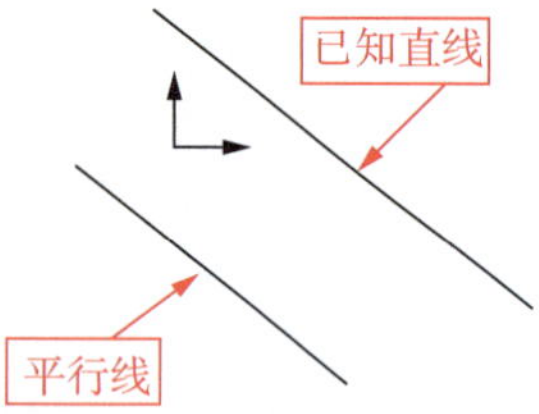

图 4-15　平行线绘制

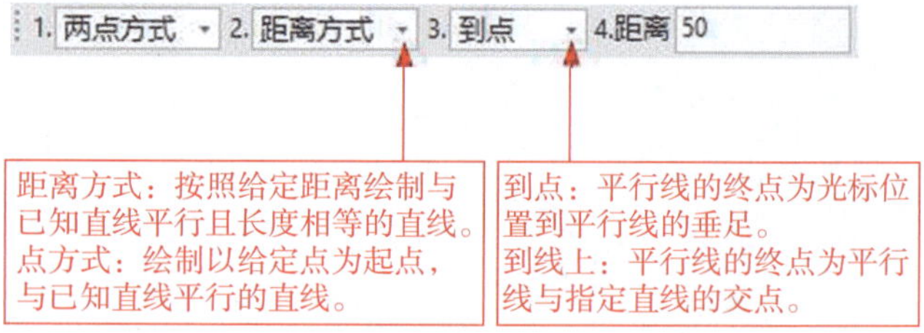

图 4-16　绘制平行线立即菜单

02 在立即菜单 1 中选择“两点方式”选项；在立即菜单 2 中选择“距离方式”选项。

03 用鼠标拾取一条已知线段，在立即菜单 4 中输入距离为 50，在立即菜单中选择“到点”选项。

04 在屏幕中适当的位置确定直线的起点和终点，结果如图 4-15 所示。

4.2.2　偏移方式

【例 4-8】以偏移方式绘制两条相距 50 的平行线，如图 4-17 所示。

扫码看视频

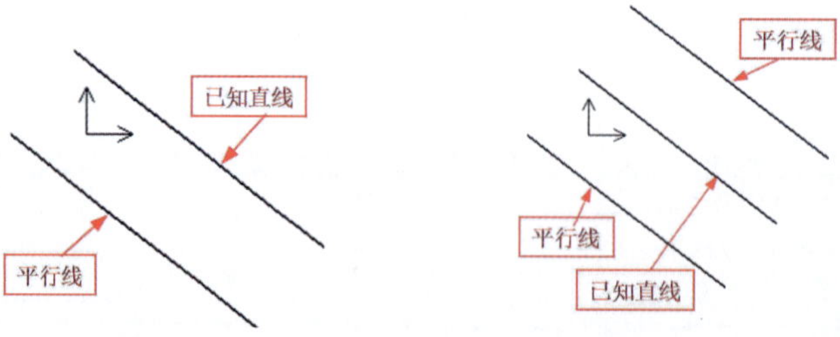

(a)单向平行线　　(b)双向平行线

图 4-17　绘制平行线

操作步骤

01 打开源文件的“初始文件”→“4”→“例 4-8”文件。启动绘制平行线的命令后，则在绘图区左下角弹出绘制平行线的立即菜单，如图 4-18 所示。

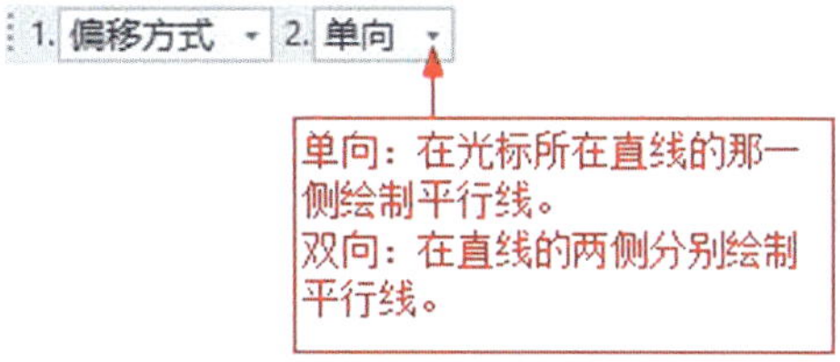

图 4-18 绘制平行线立即菜单

02 在立即菜单 1 中选择“偏移方式”选项；在立即菜单 2 中选择“单向”选项。

03 用鼠标拾取一条已知线段。

04 在操作提示区输入平行线的距离为 50。然后按下【Enter】键，绘制完成，如图 4-17(a)所示。

05 在立菜单 2 中选择“双向”选项，重复步骤 3 ~ 步骤 4，得到如图 4-17(b)所示的平行线。

任务评价

评价内容	评价标准	分值/分	读者自评	老师评估
两点方式	能够使用两点方式绘制平行线	50		
偏移方式	能够使用偏移方式绘制平行线	50		
总分		100		

任务 3 绘 制 圆

任务描述

本任务主要帮助用户掌握以圆心_半径、两点、三点以及两点_半径等 4 种方式绘制圆。

任务分析

想要熟练地绘制圆，需要了解每种绘制圆的方式的优势与应用场景。

任务重点与实施

执行方式

(1)命令行：circle。

(2)菜单：“绘图”→“圆”。

(3)工具栏：“绘图工具”工具栏→⊙。

选项说明

用鼠标单击绘图工具栏中的绘制圆的图标按钮，进入绘制圆命令后，在屏幕左下角的操作提示区出现绘制圆的立即菜单，单击立即菜单 1 可选择绘制圆的不同方式，如图 4-19 所示；CAXA CAD 电子图板提供了 4 种绘制圆的方式：圆心_半径方式、两点方式、三点方式、两点_半径方式。

4.3.1 圆心_半径

已知圆心、半径绘制圆。

【例 4-9】以圆心_半径方式绘制一个圆心在(30，30)处，直径为 30 的圆，如图 4-20 所示。

图 4-19 绘制圆的立即菜单

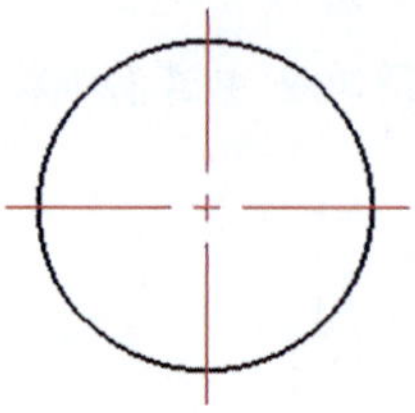

图 4-20 圆

扫码看视频

操作步骤

01 启动绘制圆的命令后，则在绘图区左下角弹出绘制圆的立即菜单。

02 在立即菜单 1 中选择“圆心_半径”选项；在立即菜单 2 中选择“直径”选项。

03 在操作提示区输入圆的圆心点坐标(30，30)，屏幕上会生成一个圆心固定，半径由鼠标拖动改变的动态圆，这时系统提示输入圆的直径，在操作提示区输入 30，然后按【Enter】键，结果如图 4-20 所示。

4.3.2 两点

通过两个已知点画圆，这两个已知点之间的距离为直径。

【例 4-10】以两点方式绘制以直线 L1 的两个端点为直径的圆，如图 4-21 所示。

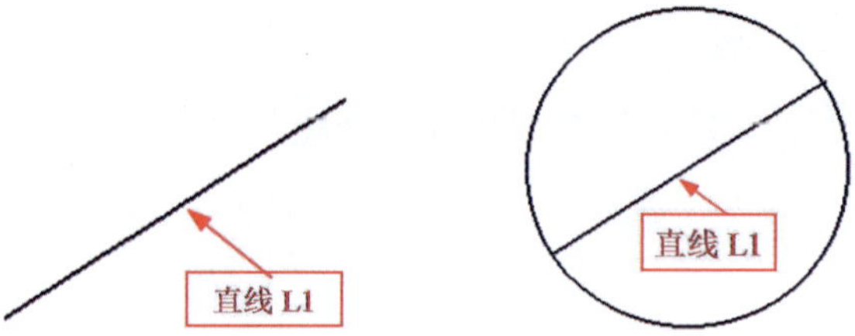

(a)操作前　　(b)操作后

图 4-21 绘制两点圆

扫码看视频

操作步骤

01 打开源文件的“初始文件”→4 →“例 4-10”文件。启动绘制圆的命令后，则在绘图区左下角弹出绘制圆的立即菜单。

02 在立即菜单 1 中选择“两点”选项。

03 系统提示输入圆的第一点的坐标，按下空格键，在工具点菜单中选取“端点”选项，用鼠标单击直线 L1 的左下部分，一个以光标点与直线 L1 的左下端点为直径的动态圆出现在屏幕上，系统提示输入第二点的坐标，再次按下空格键，在工具点菜单中选取“端点”选项，用鼠标单击直线 L1 的右上部分，一个以直线 L1 的两端点为直径的圆绘制完成，如图 4-21(b) 所示。

4.3.3 三点

通过已知三点画圆。

【例 4-11】以三点方式绘制图 4-22(a) 所示的三角形的内切圆和外接圆。

扫码看视频

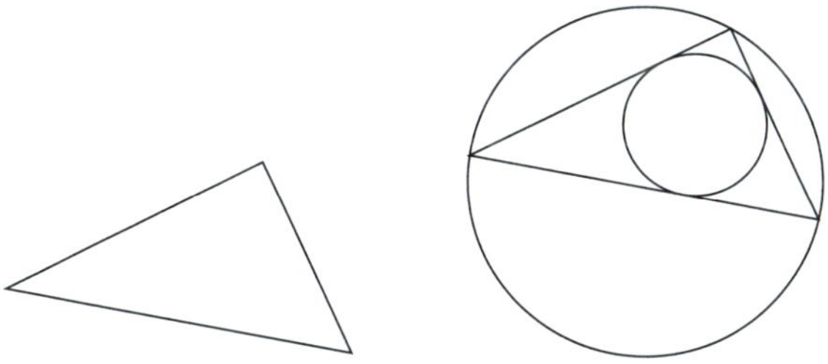

(a) 操作前　　(b) 操作后

图 4-22　利用“三点”方式绘制三角形的内切圆和外接圆

操作步骤

01 打开源文件的“初始文件”→4→“例 4-11”文件。启动绘制圆的命令后，则在绘图区左下角弹出绘制圆的立即菜单。

02 在立即菜单 1 中选择“三点”选项。

03 绘制内切圆。系统提示输入圆的第一点的坐标，按下空格键，在工具点菜单中选取“切点”选项，用鼠标单击三角形的第一条边，系统提示输入第二点，再次按下空格键并在工具点菜单中选取“切点”选项，用鼠标单击三角形的第二条边，这时屏幕上会生成一个与该边相切且过光标点的动态圆，系统提示输入第三点，再次按下空格键并在工具菜单中选取“切点”选项，用鼠标单击三角形的第三条边，这时屏幕上会生成一个与三条边均相切的圆。

04 绘制外接圆。重复步骤 1 ~ 步骤 2；系统提示输入圆的第一点的坐标，按下空格键，在工具点菜单中选取“交点”选项，用鼠标单击三角形的第一个顶点，系统提示输入第二点，再次按下空格键并在工具点菜单中选取“交点”选项，用鼠标单击三角形的第二个顶点，这时屏幕上会生成一个过两个顶点和光标点的动态圆，系统提示输入第三点，再次按下空格键并在工具点菜单中选取“交点”选项，用鼠标单击三角形的第三个顶点，这时屏幕上会生成一个过三个顶点的外接圆。绘制结果如图 4-22(b) 所示。

4.3.4 两点_半径

通过两个已知点和给定半径画圆。

【例 4-12】以“两点_半径”方式绘制如图 4-23(a)所示与∠AOB 的两边相切且半径为 80 的圆。

操作步骤

扫码看视频

01 打开源文件的“初始文件”→4 →“例 4-12”文件。启动绘制圆的命令后，则在绘图区左下角弹出绘制圆的立即菜单。

02 在立即菜单 1 中选择“两点_半径”选项。

03 系统提示输入圆的第一点的坐标，按下空格键，在工具菜单中选取“切点”选项，用鼠标单击∠AOB 的任一条边，系统提示输入第二点，再次按下空格键并在工具点菜单中选取“切点”选项，用鼠标单击∠AOB 的另一条边，这时屏幕上会生成一个与两边均相切且过光标点的动态圆，系统提示输入第三点或圆的半径，在操作提示区输入 80，这时屏幕上生成如图 4-23(b)所示的圆。

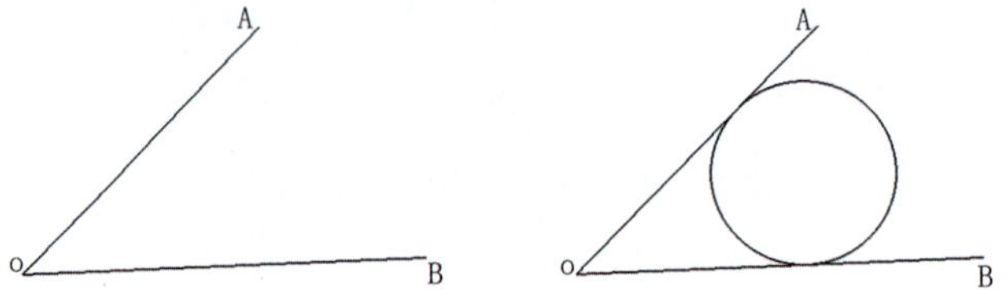

(a)操作前　　(b)操作后

图 4-23　利用“两点_半径”方式绘制圆

任务评价

评价内容	评价标准	分值/分	读者自评	老师评估
圆心_半径	能够使用圆心_半径方式绘制圆	25		
两点	能够使用两点方式绘制圆	25		
三点	能够使用三点方式绘制圆	25		
两点_半径	能够使用两点_半径方式绘制圆	25		
总分		100		

任务 4　绘制圆弧

任务描述

本任务主要介绍三点方式、圆心_起点_圆心角、两点_半径和起点_终点_圆心角等在内的 6 种绘制圆弧的方式。

任务分析

想要熟练地绘制圆弧，需要了解绘制圆弧的6种方式的适用场景。

任务重点与实施

执行方式

(1)命令行：arc。

(2)菜单："绘图"→"圆弧"。

(3)工具栏："绘图工具"工具栏→ 。

选项说明

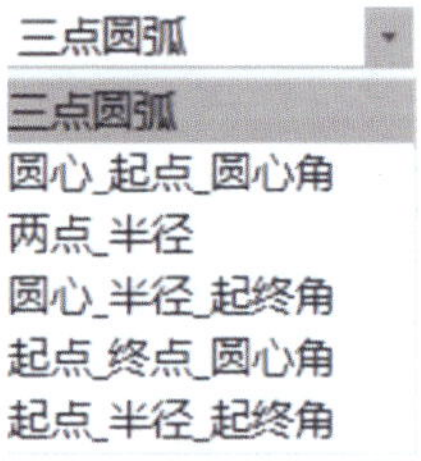

图 4-24 绘制圆弧的立即菜单

用鼠标单击绘图工具栏中的绘制圆弧的图标按钮，进入绘制圆弧命令后，在屏幕左下角的操作提示区出现绘制圆弧的立即菜单，单击立即菜单1可选择绘制圆弧的不同方式，如图4-24所示。

CAXA CAD电子图板提供了6种绘制圆弧的方式：三点圆弧、圆心_起点_圆心角、两点_半径、圆心_半径_起终角、起点_终点_圆心角、起点_半径_起终角。

4.4.1 三点方式

过三点画圆弧，其中第一点为起点，第三点为终点，第二点决定圆弧的位置和方向。

【例4-13】以三点圆弧方式过图4-25(a)中的1、2、3三点绘制圆弧。

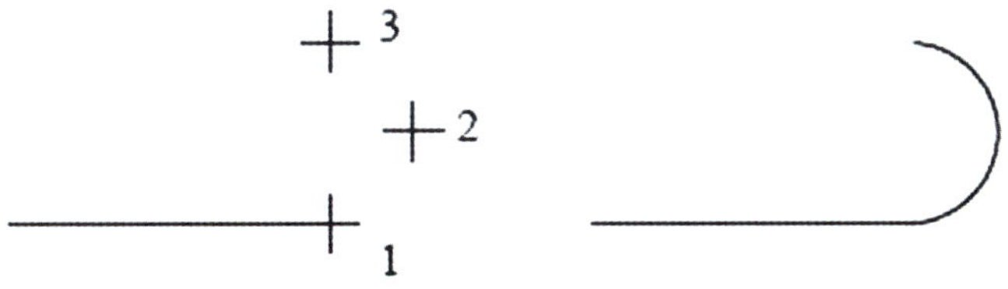

(a)操作前　　(b)操作后

图 4-25 利用"三点"方式绘制圆弧

扫码看视频

操作步骤

01 打开源文件的"初始文件"→4 →"例4-13"文件。启动绘制圆弧的命令后，则在绘图区左下角弹出绘制圆弧的立即菜单。

02 在立即菜单1中选择"三点圆弧"选项。

03 系统提示输入圆的第一点的坐标，按下空格键，在工具点菜单中选取"端点"选项，用鼠标单击点1，指定圆弧的点2、点3后，圆弧绘制完成，如图4-25(b)所示的圆弧绘制完毕。

4.4.2 圆心_起点_圆心角

已知圆心、起点及圆心角或终点画圆弧。

【例 4-14】以圆心_起点_圆心角方式绘制以图 4-26(a)中 O 点为圆心、A 点为起点，弧度为 300°的圆弧。

操作步骤

扫码看视频

01 打开源文件的“初始文件”→4 →“例 4-14”文件。启动绘制圆弧的命令后，则在绘图区左下角弹出绘制圆弧的立即菜单。

02 在立即菜单 1 中选择“圆心_起点_圆心角”选项。

03 系统提示用鼠标单击点 O 所在的位置，系统提示输入圆弧的起点，用鼠标单击 A 点所在的位置，这时屏幕上会生成一个以 O 点为圆心，以 A 点为起点，终点由鼠标拖动确定的动态圆弧，系统提示输入圆弧的角度，在操作提示区输入 300，圆弧绘制完成，如图 4-26(b)所示。

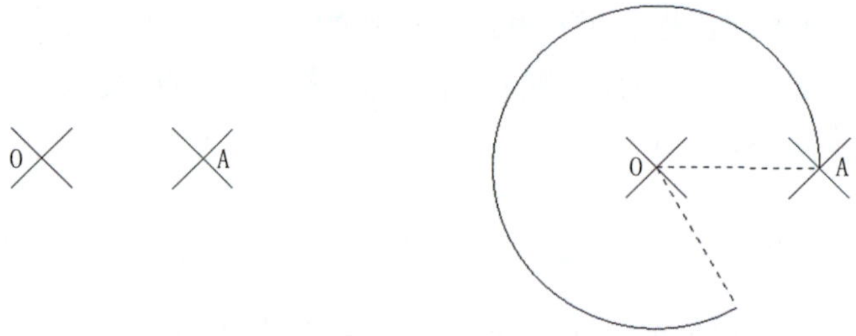

(a)操作前　　(b)操作后

图 4-26　已知圆心、起点、圆心角绘制圆弧

4.4.3 两点_半径

已知两点及圆弧半径画圆弧。

【例 4-15】以两点_半径的方式绘制与图 4-27(a)中两圆相切、半径为 30 的圆弧。

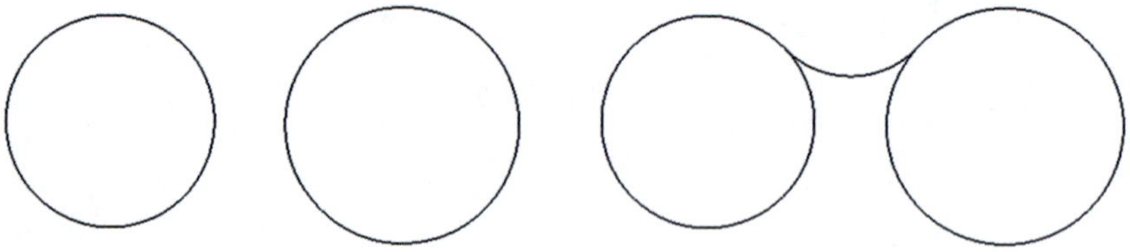

扫码看视频

(a)操作前　　(b)操作后

图 4-27　绘制“两点_半径”圆弧

操作步骤

01 打开源文件的“初始文件”→4 →“例 4-15”文件。启动绘制圆弧的命令后，则在绘图区左下角弹出绘制圆弧的立即菜单。

02 在立即菜单 1 中选择“两点_半径”选项。

03 系统提示输入第一点的坐标，按下【空格】键，在工具点菜单中选取“切点”选项，用鼠标单击左侧的圆，这时统提示输入第二点的坐标，再次按下空格键，在工具点菜单中选取“切点”选项，用鼠标单击右侧的圆，屏幕上会生成一段起点和终点固定(与两圆相切)，半径由鼠标拖动改变的动态圆弧，移动鼠标使圆弧成凹形时，在操作提示区输入圆弧半径“30”，圆弧绘制完成，如图 4-27(b)所示。

4.4.4 圆心_半径_起终角

由圆心、半径和起终角画圆弧。

【例 4-16】以圆心_半径_起终角方式绘制 M12 的螺纹外径圆弧(即与已知的 F10 圆同心，半径为 6 的 270°的圆弧)，如图 4-28(a)所示。

扫码看视频

操作步骤

01 打开源文件的“初始文件”→4 →“例 4-16”文件。启动绘制圆弧的命令后，则在绘图区左下角弹出绘制圆弧的立即菜单。

02 在立即菜单 1 中选择“圆心_半径_起终角”选项，其余选项如图 4-29 所示。

图 4-29 绘制“圆心_半径_起终角”圆弧的立即菜单

03 系统提示输入圆心点的坐标，按下【空格】键，在工具点菜单中选取“圆心”选项，用鼠标单击 Φ10 的圆，屏幕上生成如图 4-28(b)所示的圆弧。

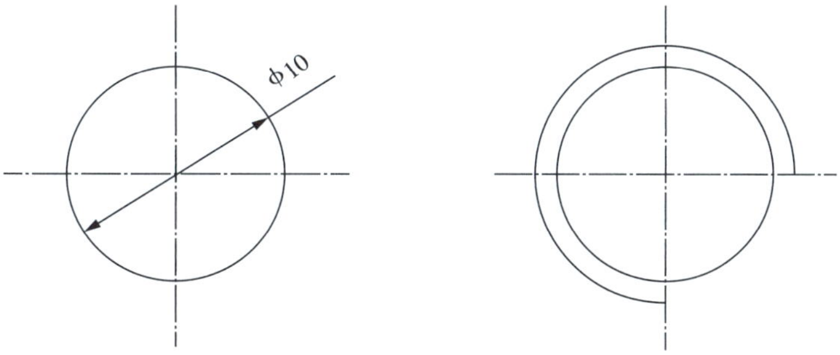

(a)操作前　　(b)操作后

图 4-28 绘制“圆心_半径_起终角”圆弧

注意

起始角和终止角均是从 X 正半轴开始，逆时针旋转为正，顺时针旋转为负。

4.4.5 起点_终点_圆心角

已知起点、终点和圆心角画圆弧。

【例 4-17】以起点_终点_圆心角方式绘制如图 4-30(a)所示以 A、B 点为起点和终点，圆心角为 60 的圆弧。

》操作步骤

扫码看视频

01 打开源文件的“初始文件”→4 →“例 4-17”文件。启动绘制圆弧命令后，则在绘图区左下角弹出绘制圆弧的立即菜单。

02 在立即菜单 1 中选择“起点_终点_圆心角”选项，在立即菜单 2 中输入圆弧的圆心角为 60，如图 4-31 所示。

图 4-31　绘制“起点_终点_圆心角”圆弧的立即菜单

03 根据系统提示输入圆弧的起点坐标，用鼠标单击 A 点，屏幕上会生成一段起点固定、圆心角固定的圆弧，用鼠标拖动圆弧的终点到 B 点单击鼠标左键确定即可，如图 4-30(b)所示。

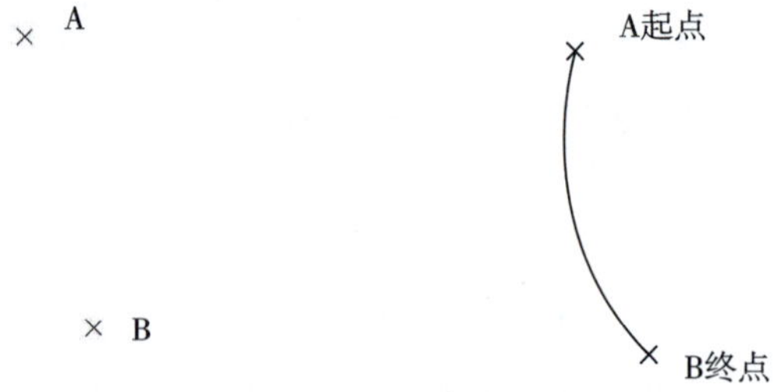

(a)操作前　(b)操作后

图 4-30　绘制“起点_终点_圆心角”圆弧

4.4.6 起点_半径_起终角

由起点、半径和起终角画圆弧。

【例 4-18】以起点_半径_起终角绘制如图 4-32 所示的圆弧。

图 4-32　绘制“起点_半径_起终角”圆弧

》操作步骤

01 启动绘制圆弧命令后，则在绘图区左下角弹出绘制圆弧的立即菜单。

02 在立即菜单 1 中选择“起点_半径_起终角”选项，在立即菜单 2 中输入圆弧半径为 30，在立即菜单 3 中输入圆弧的起始角为 0°、在立即菜单 4 中输入圆弧的终止角为 90°，如图 4-33 所示。

图 4-33　绘制“起点-终点-起终角”圆弧的立即菜单

扫码看视频

03 输入以上条件后，就会生成一段符合以上条件的圆弧，用鼠标拖动圆弧的起点到合适的位置后单击鼠标左键即可，如图 4-32 所示。

任务评价

评价内容	评价标准	分值/分	读者自评	老师评估
三点方式	掌握三点方式绘制圆弧	15		
圆心_起点_圆心角	能够使用圆心_起点_圆心角方式绘制圆弧	15		
两点_半径	能够使用两点_半径方式绘制圆弧	20		
圆心_半径_起终角	熟练使用圆心_半径_起终角方式绘制圆弧	10		
起点_终点_圆心角	熟练使用起点_终点_圆心角方式绘制圆弧	20		
起点_半径_起终角	熟练使用起点_半径_起终角方式绘制圆弧	20		
总分		100		

任务5 绘 制 点

任务描述

本任务主要讲解孤立点、等分点和等距点的使用方法。

任务分析

了解孤立点、等分点和等距点的特性与应用场景。

任务重点与实施

执行方式

(1)命令行：point。

(2)菜单："绘图"→"点"。

(3)工具栏："绘图工具"工具栏→·。

选项说明

用鼠标单击绘图工具栏中的绘制点的图标按钮·，进入绘制点命令后，在屏幕左下角的操作提示区出现绘制点的立即菜单，如图4-34 所示。单击立即菜单1 可转换绘制点的不同方式。

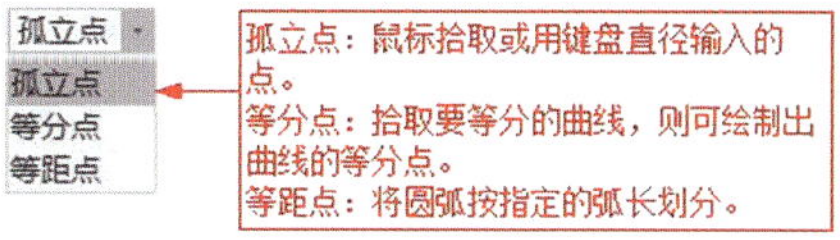

图 4-34 点立即菜单

4.5.1 孤立点

【例 4-19】绘制如图 4-35 所示的孤立点。

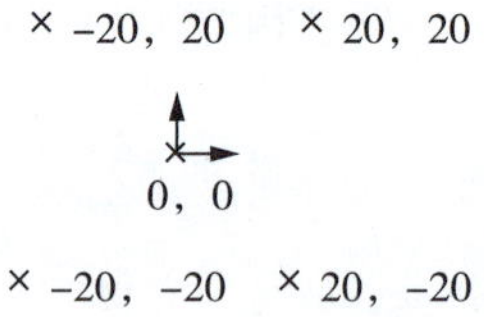

图 4-35　孤立点

操作步骤

01 启动绘制点的命令后，则在绘图区左下角弹出绘制样条的立即菜单。

02 在立即菜单 1 中选择“孤立点”选项。

03 系统提示输入点的坐标，用键盘输入第一点的坐标“0，0”，按【Enter】键，依次输入后面各插值点的坐标，并按【Enter】键确认，最后单击鼠标右键结束操作。绘制结果如图 4-35 所示。

扫码看视频

4.5.2 等分点

【例 4-20】绘制如图 4-36(a)所示圆的等分点。

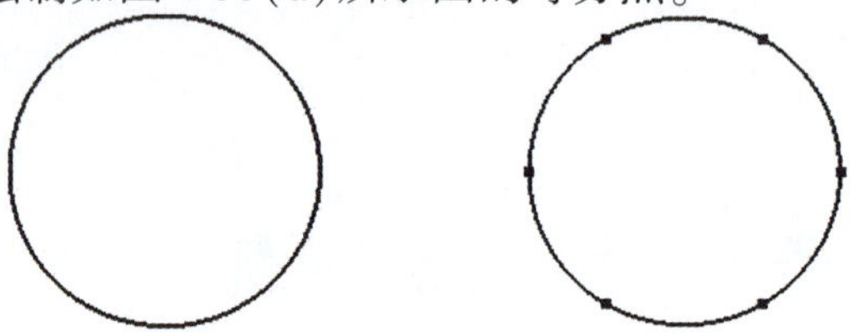

(a)操作前　　(b)操作后

图 4-36　绘制等分点

扫码看视频

操作步骤

01 打开源文件的“初始文件”→4 →“例 4-20”文件。启动绘制点命令后，则在绘图区左下角弹出绘制点的立即菜单。

02 在立即菜单 1 中选择“等分点”选项。在立即菜单 2 中输入曲线将被等分的份数 6，如图 4-37 所示。

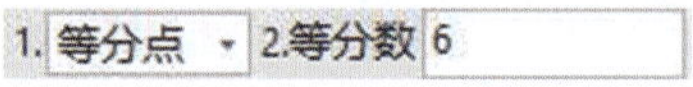

图 4-37　绘制等分点立即菜单

03 系统提示拾取要等分的曲线，这时用鼠标拾取图中的圆，结果如图 4-36(b)所示。

4.5.3 等距点

【例 4-21】绘制如图 4-38(a)中曲线的等距点。

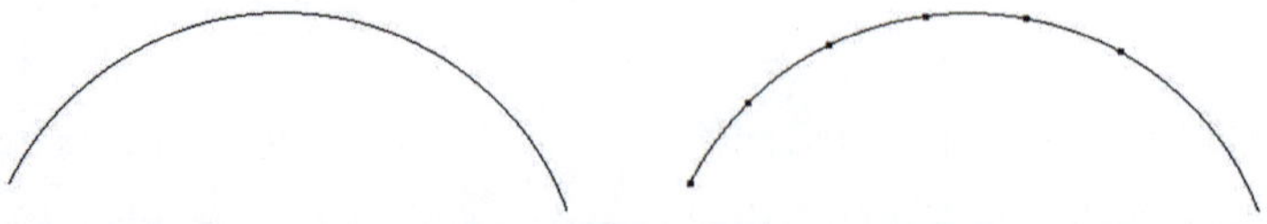

(a)操作前　　(b)操作后

图 4-38　绘制等弧长点

扫码看视频

»操作步骤

01 打开源文件的“初始文件”→4 →“例 4-21”文件。启动绘制点的命令后，则在绘图区左下角弹出绘制样条的立即菜单。

02 在立即菜单 1 中选择“等距点”选项，在立即菜单 2 中选择“指定弧长”，在立即菜单 3 中输入每一份的弧长 7，在立即菜单 4 中输入等分数 5，如图 4-39 所示。

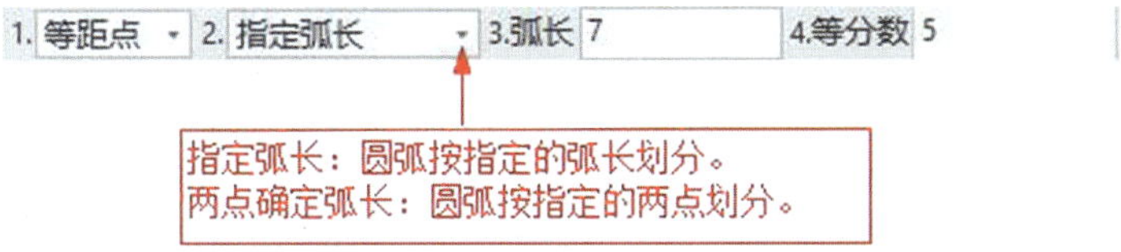

图 4-39 绘制等弧长点的立即菜单

03 系统提示拾取要等分的曲线，这时用鼠标点取图中的曲线，接着系统提示拾取起始点，按下【空格】键，在工具点菜单中选取“端点”选项，用鼠标点取图中曲线左半部分，再根据绘图区出现的提示箭头选择等分方向“向右”，即可绘制出曲线的等弧长点。绘制结果如图 4-38(b)所示。

任务评价

评价内容	评价标准	分值/分	读者自评	老师评估
孤立点	能够绘制孤立点	40		
等分点	能够绘制等分点	30		
等距点	熟练绘制等距点	30		
总分		100		

任务 6 绘 制 椭 圆

任务描述

本任务主要介绍给定长短轴、轴上两点和中心点_起点等 3 种绘制椭圆的方式。

任务分析

想要熟练地绘制椭圆，需要了解绘制椭圆的 3 种方式的适用场景。

任务重点与实施

用鼠标或键盘输入椭圆中心，然后按给定长、短轴半径画任意方向的椭圆或椭圆弧。

执行方式

(1) 命令行：ellipse。

(2) 菜单："绘图"→"椭圆"。

(3) 工具栏："绘图工具"工具栏→。

选项说明

用鼠标单击绘图工具栏中的绘制椭圆的图标按钮，进入绘制椭圆的命令后，在屏幕左下角的操作提示区出现绘制椭圆的立即菜单，单击立即菜单 1 可选择绘制椭圆的方式，如图 4-40 所示。

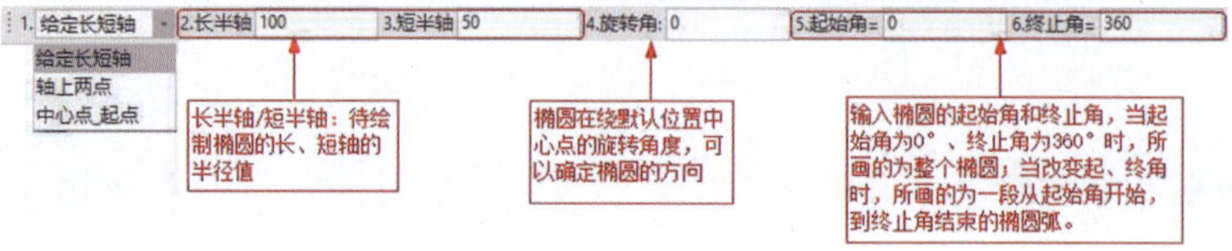

图 4-40　选择绘制椭圆的方式

4.6.1 给定长短轴

【例 4-22】以给定长度短轴的方式绘制一个长轴半径为 120，短轴为 60 的椭圆，如图 4-41 所示。

扫码看视频

操作步骤

01 启动绘制椭圆的命令后，则在绘图区左下角弹出绘制椭圆的立即菜单。

02 在立即菜单 1 中选择"给定长短轴"选项。在 2 中输入长半轴的长度值为 120、在立即菜单 3 中输入短半轴的长度值为 60，在立即菜单 4 中输入旋转角度 0，在立即菜单 5 中输入起始角度 0，在立即菜单 6 中输入终止角度为 360，如图 4-42 所示。

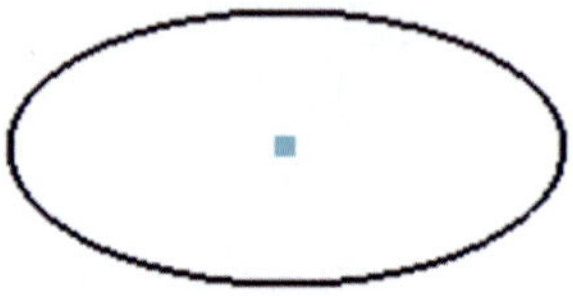

图 4-41　给定长短轴绘制椭圆

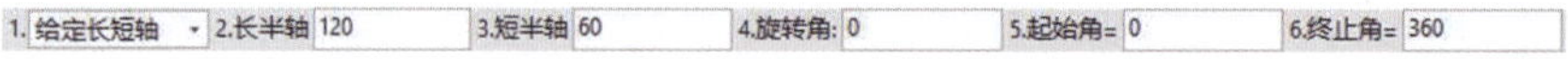

图 4-42　绘制"给定长短轴"椭圆立即菜单

03 输入以上条件后，就会生成一段符合以上条件的椭圆，用鼠标拖动椭圆的中心点到合适的位置后单击鼠标左键确定即可，如图 4-41 所示。

4.6.2 轴上两点

【例 4-23】通过轴上 A，B 两点绘制如图 4-43(a) 所示椭圆。

扫码看视频

操作步骤

01 打开源文件的"初始文件"→4 →"例 4-23"文件。启动绘制椭圆命令后，则在绘图区左下角弹出绘制椭圆的立即菜单。

02 在立即菜单 1 中选择“轴上两点”选项。

03 按系统提示的要求用鼠标单击屏幕中的 A，B 两个端点，屏幕上会生成一轴固定、另一轴随鼠标拖动而改变的动态椭圆，在键盘输入未定轴的半轴长度 50，结果如图 4-43(b) 所示。

(a)操作前　　(b)操作后

图 4-43　通过轴上两点绘制椭圆

4.6.3 中心点_起点

【例 4-24】通过中心点_起点方式绘制如图 4-44(a) 所示的椭圆。

扫码看视频

操作步骤

01 打开源文件的“初始文件”→4 →“例 4-24”文件。启动绘制椭圆的命令后，则在绘图区左下角弹出绘制椭圆的立即菜单。

02 在立即菜单 1 中选择“中心点_起点”选项。

03 按屏幕提示的要求用鼠标单击屏幕中如图 4-44(a) 所示的 A 点为椭圆的中心点，单击 B 点为轴的一个端点，屏幕上会生成一段一轴固定另一轴随鼠标拖动而改变的动态椭圆，键盘输入未定轴的半轴长度为 30，结果如图 4-44(b) 所示。

(a)操作前　　(b)操作后

图 4-44　通过中心点和起点绘制椭圆

任务评价

评价内容	评价标准	分值/分	读者自评	老师评估
给定长短轴	能够以给定长短轴的方式绘制椭圆	40		
轴上两点	能够以轴上两点的方式绘制椭圆	30		

（续表）

评价内容	评价标准	分值/分	读者自评	老师评估
中心点_起点	能够以中心点_起点的方式绘制椭圆	30		
总分		100		

任务 7　绘制特殊曲线

任务描述

本任务主要讲解样条曲线、公式曲线和中心线的用法。

任务分析

理解样条曲线、公式曲线和中心线的用法并加以实践。

任务重点与实施

4.7.1 样条曲线

样条线是指过一些给定点的平滑曲线，样条线的绘制方法就是给定一系列顶点，由计算机根据这些给定点按照插值方式生成一条平滑曲线。

执行方式

（1）命令行：spline。

（2）菜单："绘图"→"样条"。

（3）工具栏："绘图"工具栏→ 。

选项说明

用鼠标单击绘图工具栏中的绘制样条的图标按钮 ，进入绘制样条曲线命令后，在屏幕左下角的操作提示区出现绘制样条的立即菜单，如图 4-45 所示。单击立即菜单 1 可转换绘制样条的不同方式。

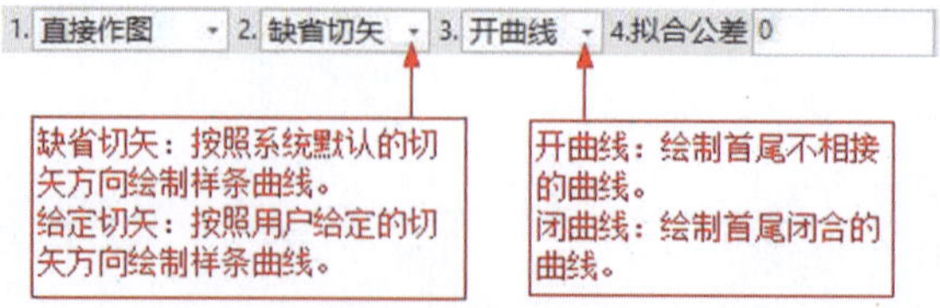

图 4-45　绘制样条曲线的立即菜单

【例 4-25】绘制过点(0，0)，(3，5)，(8，15)，(50，20)的样条曲线。如图 4-46 所示。

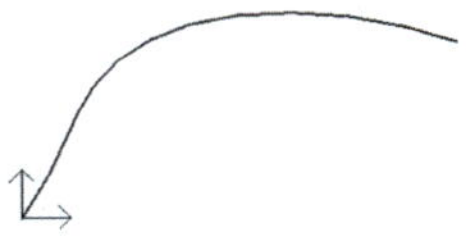

图 4-46　绘制样条曲线结果

》操作步骤

01 启动绘制样条的命令后，在绘图区左下角弹出绘制样条的立即菜单。

02 在立即菜单 1 中选择“直接作图”选项，在立即菜单 2 中选择“默认切矢”选项，在立即菜单 3 中选择“开曲线”选项，如图 4-47 所示。

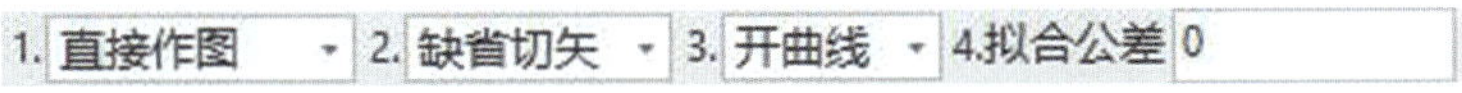

图 4-47　绘制样条曲线的立即菜单

扫码看视频

03 系统提示输入点的坐标，用键盘输入第一点的坐标“0，0”，按下【Enter】键，依次输入后面各插值点的坐标，并按【Enter】键确认，最后单击鼠标右键结束操作。绘制结果如图 4-46 所示。

4.7.2 绘制公式曲线

公式曲线即是数学表达式的曲线图形，也就是根据数学公式(或参数表达式)绘制出相应的数学曲线，公式的给出既可以是直角坐标形式的、也可以是极坐标形式的。公式曲线为用户提供一种更方便、更精确的作图手段，以适应某些精确型腔，轨迹线形的作图设计。用户只要交互输入数学公式，给定参数，计算机便会自动绘制出该公式描述的曲线。

》执行方式

(1)命令行：formula。

(2)菜单：“绘图”→“公式曲线”。

(3)工具栏：“绘图工具”工具栏→。

【例 4-26】绘制 y = 80 * (sin(t/30))的公式曲线，如图 4-48 所示。

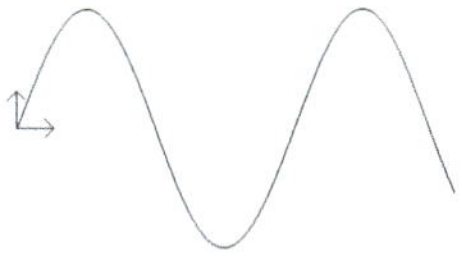

图 4-48　公式曲线绘制结果

》操作步骤

01 启动公式曲线命令。

02 系统弹出绘制公式曲线的对话框，在对话框中，在坐标系一栏中选择直角坐标系，单位选择“弧度”，参变量一栏中填入 t，起始值一栏中填入 0，终止值一栏中填入 300。公式名称中默认为“无名曲线”(也可输入曲线的名称)，“x(t)= ”一栏中填入 t，“y(t)= ”一栏中填入“80 * (sin(t/30))”(可参照图 4-49 所示填写各项内容)，单击“预显”按钮在图形框中观察一下曲线是否合乎要求，如合适，则单击“确定”按钮。

扫码看视频

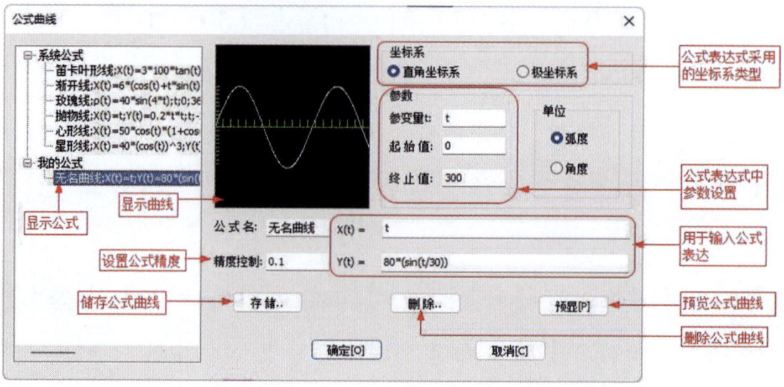

图 4-49 “公式曲线”对话框

4.7.3 绘制中心线

CAXA CAD 可以绘制孔、轴或圆、圆弧的中心线。如果拾取一个圆、圆弧或椭圆，则直接生成一对相互正交的中心线。如果拾取两条相互平行或非平行线（如锥体），则生成这两条直线的中心线。

›› 执行方式

（1）命令行：centerl。

（2）菜单：“绘图”→“中心线”。

（3）工具栏：“绘图工具”工具栏→ 。

›› 选项说明

用鼠标单击绘图工具栏中的绘制中心线的图标按钮 ，进入绘制中心线的命令后，在屏幕左下角出现绘制正中心线的立即菜单，在立即菜单 1 中可输入中心线的延伸长度。

【例 4-27】绘制如图 4-50（a）所示圆的中心线。

扫码看视频

›› 操作步骤

01 打开源文件的“初始文件”→4 →“例 4-27”文件。启动绘制中心线命令后，在立即菜单 1 中输入中心线的延伸长度。

02 根据系统提示拾取图 4-50（a）所示的圆，则生成一对相互正交且按当前坐标系方向的中心线，如图 4-50（b）所示。

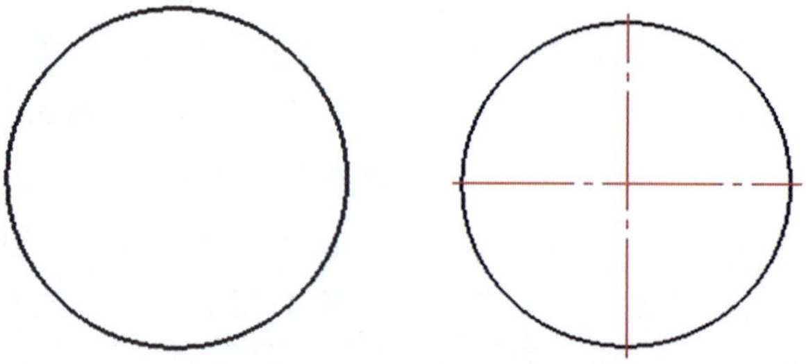

（a）操作前　　（b）操作后

图 4-50 绘制圆的中心线

任务评价

评价内容	评价标准	分值/分	读者自评	老师评估
样条曲线	能够绘制样条曲线	30		
绘制公式曲线	能够绘制公式曲线	20		
中心线	熟练绘制中心线	50		
总分		100		

任务8　绘制矩形

任务描述

本任务主要讲解绘制矩形的两种方式。

任务分析

了解两种绘制矩形方式的适用场景。

任务重点与实施

执行方式

(1)命令行：rect。

(2)菜单：“绘图”→“矩形”。

(3)工具栏：“绘图工具”工具栏→□。

选项说明

用鼠标单击绘图工具栏中的绘制矩形的图标按钮□，进入绘制矩形的命令后，在屏幕左下角的操作提示区出现绘制矩形的立即菜单，如图 4-51 所示，单击立即菜单 1 可选择绘制矩形的不同方式，下面分别予以介绍。

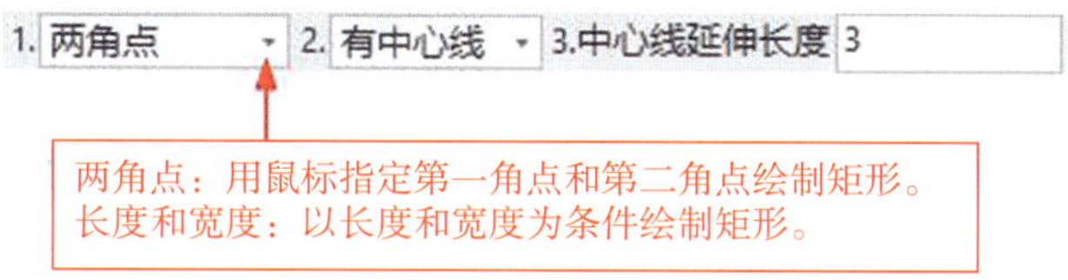

图 4-51　绘制矩形的立即菜单

4.8.1 两角点

【例 4-28】以两角点方式绘制第一角点为(0，0)，第二角点为(50，-20)的矩形，如图 4-52 所示。

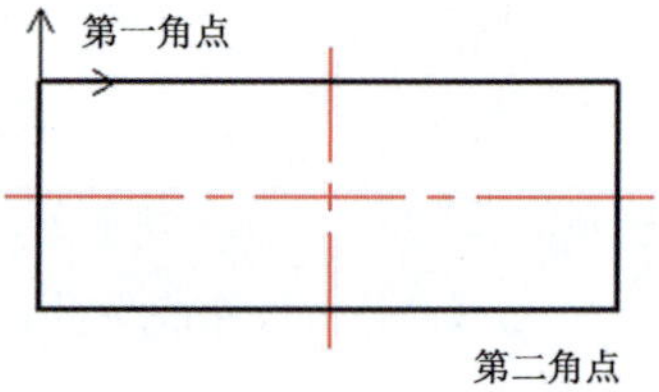

图 4-52 以“两角点”方式绘制的矩形

操作步骤

01 启动绘制矩形的命令后，则在绘图区左下角弹出绘制矩形的立即菜单。

02 在立即菜单 1 中选择“两角点”选项，在立即菜单 2 中选择“有中心线”选项，在立即菜单 3 中输入中心线延长的长度值为 3，如图 4-53 所示。

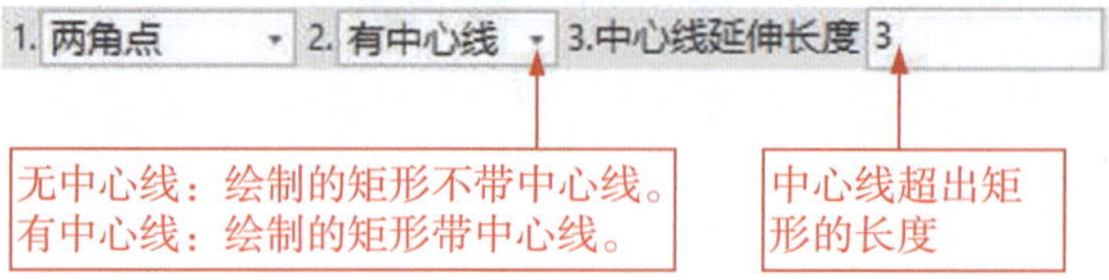

图 4-53 以“两角点”方式绘制矩形的立即菜单

扫码看视频

03 按屏幕提示的要求用鼠标拾取矩形的“第一角点”与“第二角点”，结果如图 4-52 所示。

4.8.2 长度和宽度

【例 4-29】以长度和宽度方式绘制长度为 200，宽度为 100 的矩形，如图 4-54 所示。

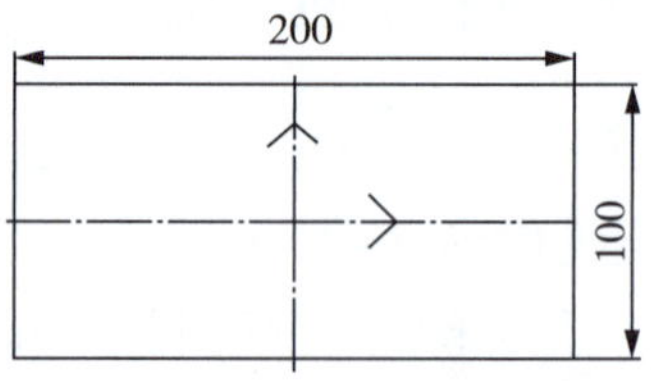

图 4-54 以“长度和宽度”方式绘制的矩形

操作步骤

01 启动绘制矩形的命令后，则在绘图区左下角弹出绘制矩形的立即菜单。

02 在立即菜单 1 中选择“长度和宽度”选项，在立即菜单 2 中选择“中心定位”方式，在立即菜单 3 中输入矩形的旋转角度 0，在立即菜单 4 中输入矩形的长度值 200，在立即菜单 5 中输入矩形的宽度值 100，在立即菜单 5 中选择“有中心线”，在立即菜单 6 中输入中心线的延长长度值 3，如图 4-55 所示。

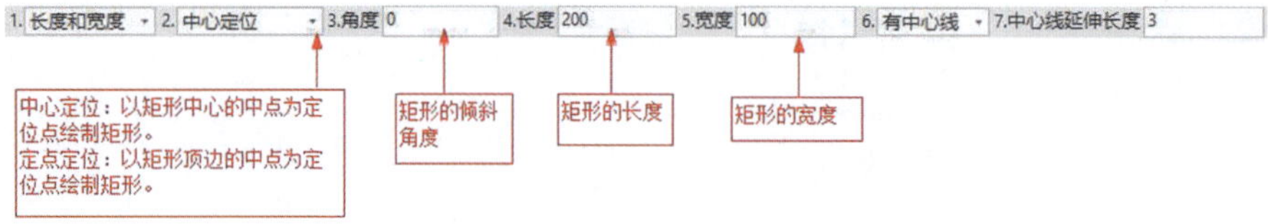

图 4-55 以“长度和宽度”方式绘制矩形的立即菜单

扫码看视频

03 给定上述参数后，屏幕上出现由给定参数生成的动态矩形，系统提示输入矩形的定位点。按屏幕提示输入矩形的定位点(0，0)即可，结果如图 4-54 所示。

任务评价

评价内容	评价标准	分值/分	读者自评	老师评估
两角点	能够使用两角点的方式绘制矩形	50		
长度和宽度	熟练使用长度和宽度的方式绘制矩形	50		
总分		100		

任务9　绘制正多边形

任务描述

本任务主要讲解绘制正多边形的两种方法。

任务分析

了解两种绘制多边形方式的适用场景。

任务重点与实施

在给定点处绘制给定半径和边数的正多边形。

执行方式

(1)命令行：polygon。

(2)菜单："绘图"→"正多边形"。

(3)工具栏："绘图工具"工具栏→⊙。

选项说明

用鼠标单击绘图工具栏中的绘制正多边形的图标按钮⊙，进入绘制正多边形的命令后，在屏幕左下角的操作提示区出现绘制正多边形的立即菜单，如图4-56所示。单击立即菜单1可选择绘制正多边形的不同方式，下面分别予以介绍。

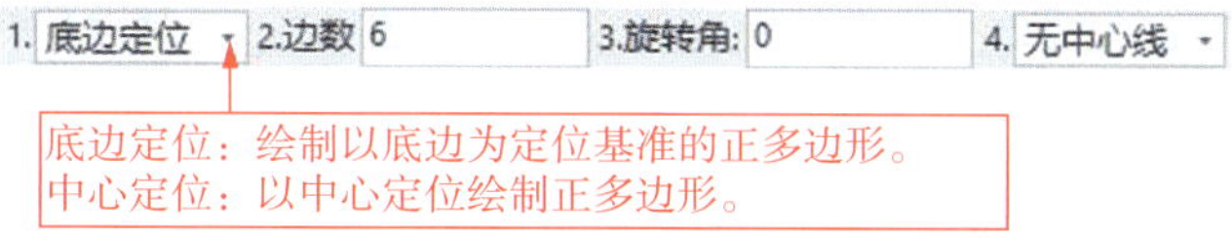

图4-56　正多边形立即菜单

4.9.1 中心定位

【例4-30】以中心定位方式绘制如图4-57所示的正六边形。

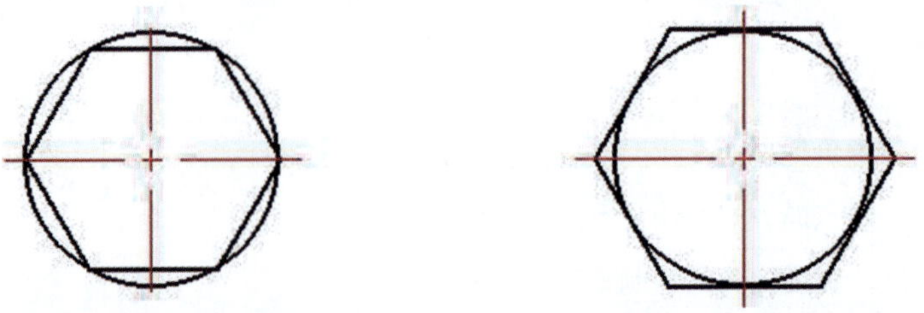

图 4-57　正六边形

扫码看视频

操作步骤

01 安打开源文件的“初始文件”→“4”→“例 4-30”文件启动绘制正多边形的命令后，则在绘图区左下角弹出绘制正多边形的立即菜单。

02 在立即菜单 1 中选择“中心定位”选项，在立即菜单 2 中选择“给定半径”方式，在立即菜单 3 中选择“内接于圆”方式，在立即菜单 4 中输入正多边形的边数 6，在立即菜单 5 中输入正多边形旋转角 0，如图 4-58 所示。

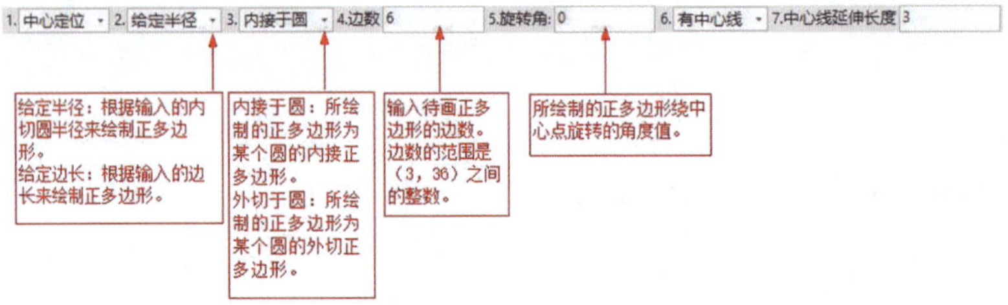

图 4-58　以“中心定位”方式绘制正多边形的立即菜单

03 立即菜单项中的内容全部设定完以后，按照系统提示输入一个中心定位点为圆的圆心，则系统又提示输入“圆上一点或内接圆半径”，这时输入半径值为 20，结果如图 4-57(a)所示。

04 在立即菜单中 3 中选择“外接”方式，生成的正六边形如图 4-57(b)所示。

4.9.2 底边定位

【例 4-31】以底边定位方式绘制如图 4-59 所示的正六边形。

扫码看视频

操作步骤

01 启动绘制正多边形的命令后，则在绘图区左下角弹出绘制正多边形的立即菜单。

02 在立即菜单 1 中选择“底边定位”选项，在立即菜单 2 中输入多边形的边数 6，在立即菜单 3 中输入正多边形的旋转角为 6，如图 4-60 所示。

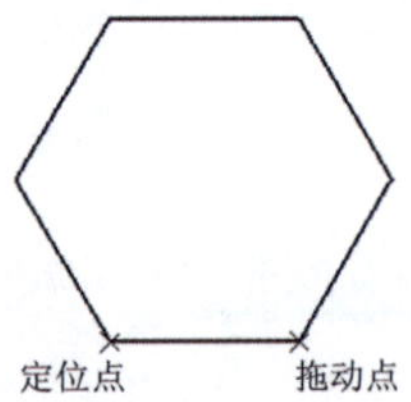

图 4-59　以“底边定位”方式绘制正多边形

图 4-60　以“底边定位”方式绘制正多边形的立即菜单

03 立即菜单项中的内容全部设定完以后，按照系统提示输入第一点，则系统又提示输入“第二点或边长”，输入边长 20，结果如图 4-59 所示。

任务评价

评价内容	评价标准	分值/分	读者自评	老师评估
中心定位	能够利用中心定位的方式绘制正多边形	50		
底边定位	掌握利用底边定位的方式绘制正多边形	50		
总分		100		

任务 10　绘制等距线

任务描述

本任务主要讲解绘制等距线的两种方法。

任务分析

了解绘制等距线两种方式的适用场景。

任务重点与实施

CAXA CAD 可以按等距方式生成一条或同时生成数条给定曲线的等距线。

执行方式

（1）命令行：offset。

（2）菜单：“绘图”→“等距线”。

（3）工具栏：“绘图工具”工具栏→。

选项说明

启动绘制等距线命令后，则在绘图区左下角弹出绘制等距线的立即菜单，如图 4-61 所示。单击立即菜单 1 可选择用不同的拾取方式绘制等距线。

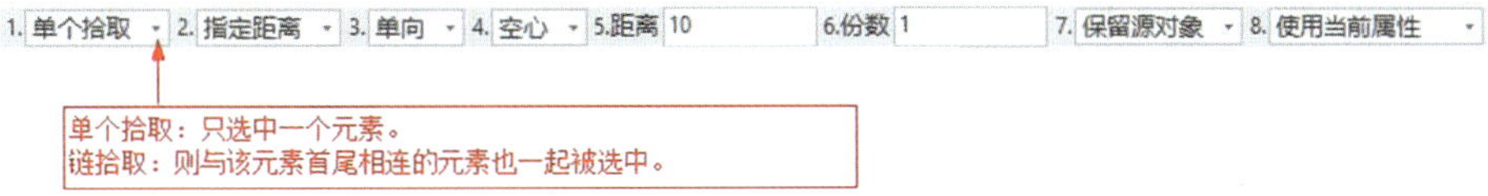

图 4-61　等距线立即菜单

4.10.1 单个拾取

【例 4-32】在图 4-62 的基础上绘制如图 4-63 所示的各种等距线。

扫码看视频

图 4-62 “等距线”操作前的图形

(a)单向空心　　(b)单向实心　　(c)双向空心

图 4-63 “单个拾取”绘制等距线

操作步骤

01 打开源文件的“初始文件”→4 →“例 4-32”文件。启动绘制等距线的命令后，则在绘图区左下角弹出绘制等距线的立即菜单。

02 在立即菜单 1 中选择“单个拾取”选项，在立即菜单 2 中选择“指定距离”，在立即菜单 3 中选择“单向”，在立即菜单 4 中选择“空心”，在立即菜单 5 中输入距离为 10，在立即菜单 6 中输入份数为 1，如图 4-64 所示。

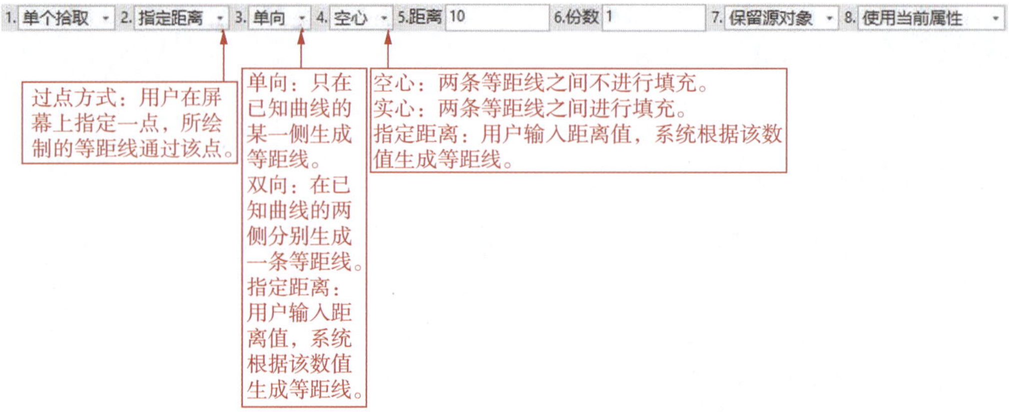

图 4-64 以“单个拾取”方式绘制等距线的立即菜单

03 立即菜单项中的内容全部设定完以后，系统提示拾取曲线，用鼠标单击图 4-62 中的圆弧部分，系统会显示等距方向的箭头，如图 4-65 所示，并提示选择方向，只需用鼠标选择带方向的箭头确认等距方向，用鼠标单击图 4-65 中的下方箭头，即生成如图 4-63(a)所示的等距线。

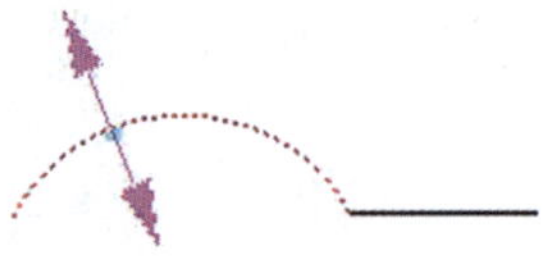

图 4-65 系统提示确认等距方向

04 绘制图 4-63(b) 中的单向实心等距线时，同上述的步骤 1 ~ 步骤 3，只要将步骤 2 中的立即菜单 4 中的选项由“空心”改为“实心”即可。

05 绘制图 4-63(c) 中的双向空心等距线时，同上述的步骤 1 ~ 步骤 3，只要将步骤 2 中的立即菜单 3 中的选项由“单向”改为“双向”即可。菜单 4 中的选项由“空心”改为“实心”即可。

4.10.2 链拾取

【例 4-33】绘制图 4-66 所示的各种等距线。

(a) 单向等距　　(b) 双向等距　　(c) 实心等距

图 4-66 “链拾取”绘制等距线

操作步骤

01 打开源文件的“初始文件”→4 →“例 4-33”文件。启动绘制等距线的命令后，则在绘图区左下角弹出绘制等距线的立即菜单。

扫码看视频

02 在立即菜单 1 中选择“链拾取”选项，在立即菜单 2 中选择“指定距离”，在立即菜单 3 中选择“单向”，在立即菜单 4 中选择“空心”，在立即菜单 5 中输入距离为 10，如图 4-67 所示。

图 4-67 以“链拾取”方式绘制等距线的立即菜单

03 立即菜单项中的内容全部设定完以后，系统提示拾取曲线，用鼠标单击曲线的任意部分，系统会显示等距方向的箭头，并提示选择方向，选择直线的下方，即生成图 4-66(a) 所示的等距线。

04 绘制图 4-66(b) 中的双向等距线时同步骤 1 ~3，只要将步骤 2 中的立即菜单 4 中的选项由“单向”改为“双向”即可。

05 绘制图 4-66(c) 中的实心等距线时同步骤 1 ~3，只要将步骤 2 中的立即菜单 4 中的选项由“空心”改为“实心”即可。

任务评价

评价内容	评价标准	分值/分	读者自评	老师评估
单个拾取	能够使用单个拾取的方法绘制等距线	50		
链拾取	熟练使用链拾取的方法绘制等距线	50		
总分		100		

任务 11　绘制剖面线

任务描述

本任务主要讲解绘制剖面线的两种方法。

任务分析

了解绘制剖面线的基本原理和绘制步骤。

任务重点与实施

执行方式

(1) 命令行：hatch。

(2) 菜单："绘图"→"剖面线"。

(3) 工具栏："绘图工具"工具栏→。

选项说明

用鼠标单击绘图工具栏中的绘制剖面线的图标按钮，进入绘制剖面线的命令后，在屏幕左下角出现绘制剖面线的立即菜单，如图 4-68 所示。单击立即菜单 1 可选择绘制剖面线的方式。系统提供了两种绘制剖面线的方式。

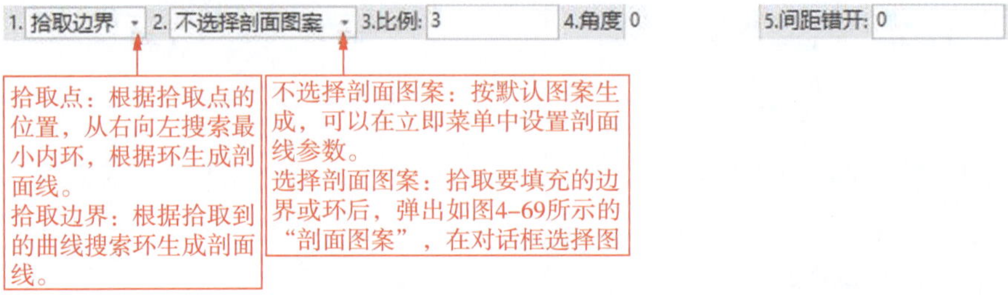

图 4-68　剖面线立即菜单

选择剖面图案，拾取要填充的边界或环后，弹出"剖面图案"对话框，如图 4-69 所示。

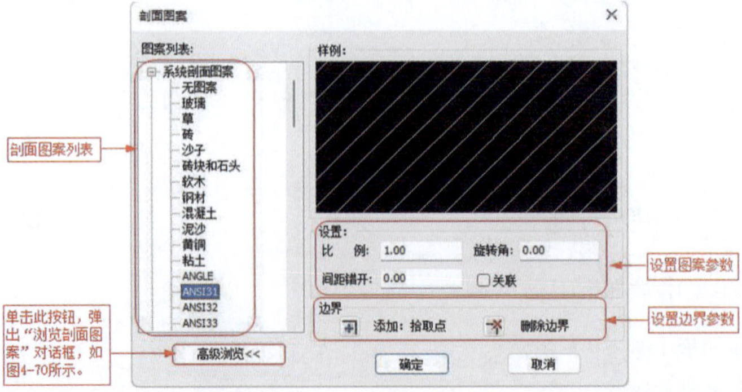

图 4-69　"剖面图案"对话框

单击图 4-69 中的“高级预览”按钮，弹出“浏览剖面图案”对话框，如图 4-70 所示。

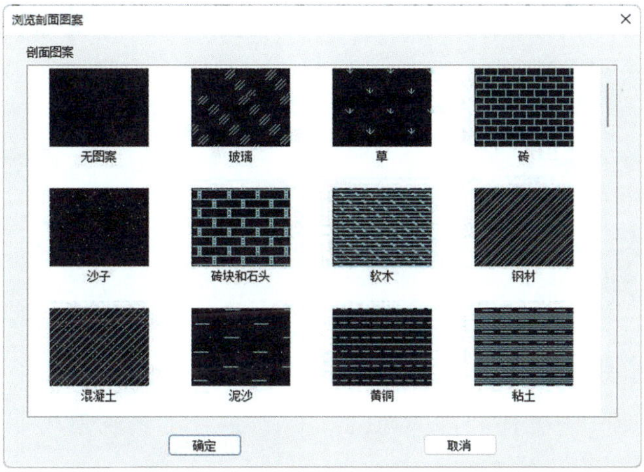

图 4-70 “浏览剖面图案”对话框

4.11.1 通过拾取环内点绘制剖面线

以拾取环内点方式生成剖面线。根据拾取点搜索最小封闭环，根据环生成剖面线。搜索方向为从拾取点向左，如果拾取点在环外，则操作无效。用鼠标左键单击封闭环内任意点，可以同时拾取多个封闭环，如果所拾取的环相互包容，则在两环之间生成剖面线。

【例 4-34】用拾取点方式在图 4-71 的基础上绘制如图 4-72 所示的剖面线。

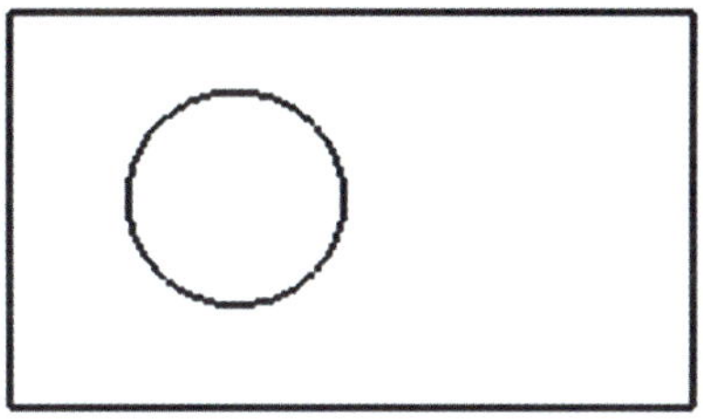

扫码看视频

图 4-71 绘制剖面线前的图形

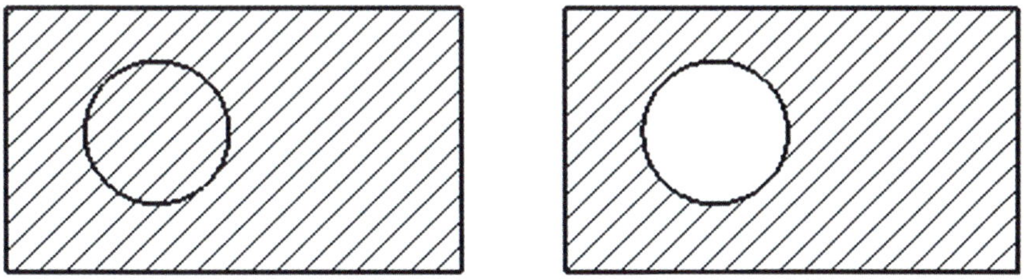

(a) (b)

图 4-72 绘制剖面线后的图形

操作步骤

01 打开源文件的“初始文件”→4 →“例 4-34”文件。启动绘制剖面线的命令后，则在绘图区左下角弹出绘制剖面线的立即菜单。

02 在立即菜单 1 中选择“拾取点”选项，在立即菜单 4 中输入剖面线的间距 3，在立即菜单 5 中输入剖面线的倾斜角度 45，在立即菜单 6 中输入间距错开为 0，如图 4-73 所示。

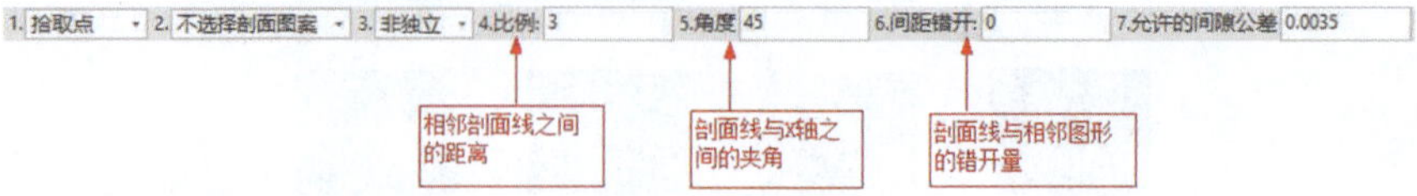

图 4-73　以“拾取点”方式绘制剖面线的立即菜单

03 立即菜单项中的内容全部设定完以后，系统提示拾取环内点，用鼠标单击图 4-71 中矩形内且在圆的左侧的任意一点，图 4-72(a) 所示的剖面线自动生成。

04 图 4-72(b) 所示的剖面线绘制步骤与步骤 1 ~ 步骤 3 相同，只是在步骤 3 中，系统提示拾取环内点时，用鼠标单击图 4-71 中矩形内且在圆的左侧的任意一点后，再用鼠标单击圆内任意一点，使得矩形和圆均成为绘制剖面线区域的边界线，然后系统生成图 4-72(b) 所示的剖面线。

4.11.2 通过拾取封闭环的边界绘制剖面线

以拾取边界方式生成剖面线，根据拾取到的曲线搜索封闭环，根据封闭环生成剖面线。如果拾取到的曲线不能够生成互不相交的封闭环，则操作无效。

【例 4-35】用拾取边界方式在如图 4-74(a) 所示的基础上绘制如图 4-74(b) 所示的剖面线。

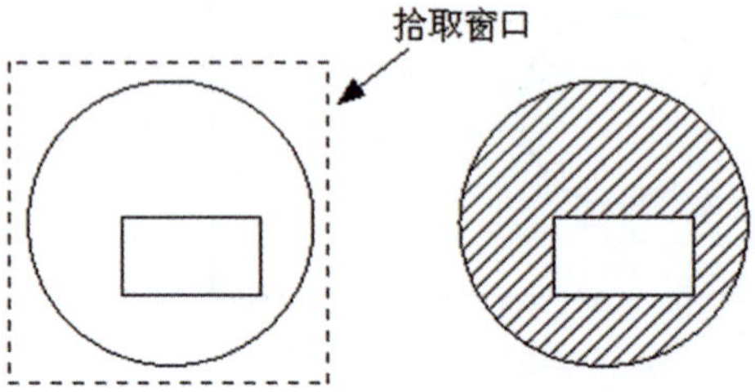

(a) 拾取边界　　(b) 绘制剖面线

扫码看视频

图 4-74　用窗口方式拾取边界

》操作步骤

01 打开源文件的“初始文件”→4→“例 4-35”文件。启动绘制剖面线的命令后，则在绘图区左下角弹出绘制剖面线的立即菜单。

02 在立即菜单 1 中选择“拾取边界”选项，在立即菜单 2 中输入剖面线的间距 3，在立即菜单 3 中输入剖面线的倾斜角度 45，在立即菜单 4 中输入开始绘制处距边界的距离 0，如图 4-75 所示。

图 4-75　以“拾取边界”方式绘制剖面线的立即菜单

03 系统提示拾取边界曲线时，用窗口方式拾取矩形和圆为绘制剖面线的边界线，如图 4-74(a)所示，则生成如图 4-74(b)所示的剖面线。

任务评价

评价内容	评价标准	分值	读者自评	老师评估
通过拾取环内点绘制剖面线	能够通过拾取环内点绘制剖面线	50		
通过拾取封闭环的边界绘制剖面线	熟练通过拾取封闭环的边界绘制剖面线	50		
总分		100		

任务 12　填　　充

任务描述

本任务主要讲解填充命令的使用方法。

任务分析

解填充命令的原理和适用场景。

任务重点与实施

将一块封闭区域用一种颜色填满。根据屏幕提示用鼠标拾取一块封闭区域内的一点，系统即以当前颜色填充整个区域。

填充实际是一种图形类型，其填充方式类似剖面线的填充，对于某些制件剖面需要涂黑时可用此功能。

执行方式

(1)命令行：solid。

(2)菜单："绘图"→"填充"。

(3)工具栏："绘图工具"工具栏→。

系统提供了两种绘制剖面线的方式，下面分别予以说明。

(1)单击绘图工具栏中的填充图标按钮，进入填充的命令后，系统提示拾取环内点。

(2)用鼠标单击要填充区域内的任一点，然后单击鼠标右键即可。

任务评价

评价内容	评价标准	分值/分	读者自评	老师评估
填充	能够较好的使用填充命令	100		
总分		100		

项目小结

本项目主要介绍了多种图形的绘制方法，首先介绍了基础的直线和平行线，其次介绍了复杂的圆、圆弧、点、椭圆和特殊曲线，再次介绍了多边形、等距线和剖面线，最后介绍了填充技巧。通过本项目的学习，读者不仅能够增强对图形绘制工具的熟练程度，也提升了解决实际问题的能力。每个任务都针对特定的图形绘制技能，使读者能够逐步掌握并运用这些技能来完成更复杂的设计任务。

项目习题

绘制如图 4-76 所示的圆弧板图形(不标注尺寸)。

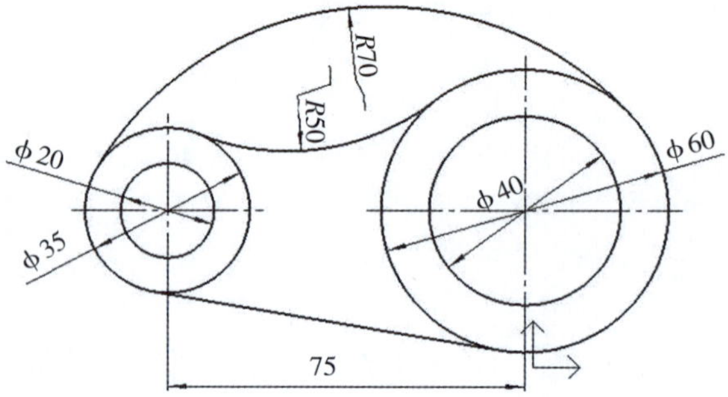

图 4-76　圆弧板

操作提示：

(1)将当前层设置为中心线层。

(2)绘制图中三条中心线(注意利用直线的正交功能，和平行线的偏移方式)。

(3)将当前层设置为 0 层，再绘制 4 个圆(注意使用工具点菜单中的“交点”或“圆心”选项以精确定位)。

(4)利用绘制圆弧中的“两点_半径”方式绘制 $R70$、$R50$ 的圆弧(注意利用工具点菜单中的“切点”选项功能自动捕捉特征点)。

(5)绘制切线(利用直线中的两点线方式，配合使用工具点菜单以“切点”选项精确捕捉特征点)。

05

项目5　工程图形绘制

项目导读

在基本绘图的基础上，本项目主要介绍工程图形的绘制方法，通过本项目的学习，可以使读者能够更快地绘制图形。

学习目标

知识目标

1. 了解文字的标注方法。
2. 了解多段线、波浪线和双折线的绘制。
3. 绘制局部放大图、箭头、齿形、孔和轴的绘制。

能力目标

1. 掌握标注和编辑文字。
2. 能够利用多段线、波浪线和双折线绘制简单图形。
3. 能够完成局部放大图、箭头、齿形、孔和轴的绘制。

素质目标

1. 培养读者熟练掌握工程图形的绘制技巧。
2. 培养读者如何在图纸上正确标注文字和其他必要的信息，确保图纸的专业性。

思政目标

1. 培养读者的社会责任感、服务意识和担当、奉献精神。
2. 弘扬开拓创新、砥砺奋进的时代精神。

任务1　绘制（标注）文字

任务描述

本任务主要讲解3种绘制(标注)文字的方法。

任务分析

想要提高图纸的专业性，需要了解各种场景下文字的标注方法。

任务重点与实施

文字标注用于在图形中标注文字。文字可以是多行、横写或竖写形式，并可以根据指定的宽度进行自动换行。

执行方式

(1)命令行：text。

(2)菜单："绘图"→"文字"。

(3)工具栏："绘图工具"工具栏→A。

选项说明

用鼠标单击绘图工具栏中的标注文字的图标按钮A，进入标注文字的命令后，在屏幕左下角出现标注文字的立即菜单，如图5-1所示。单击立即菜单1可选择标注文字的方式。系统提供了3种标注文字的方式。

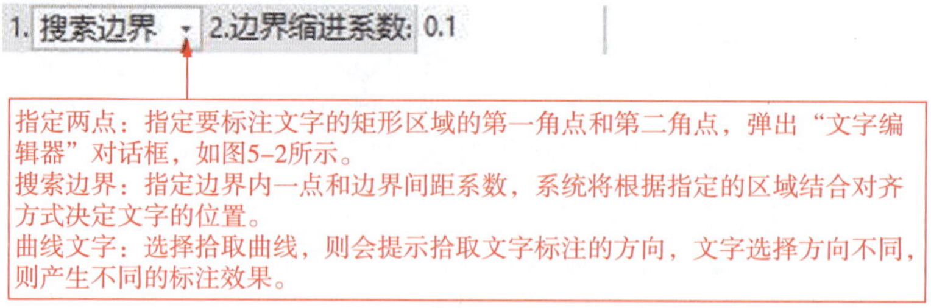

图5-1　标注文字立即菜单

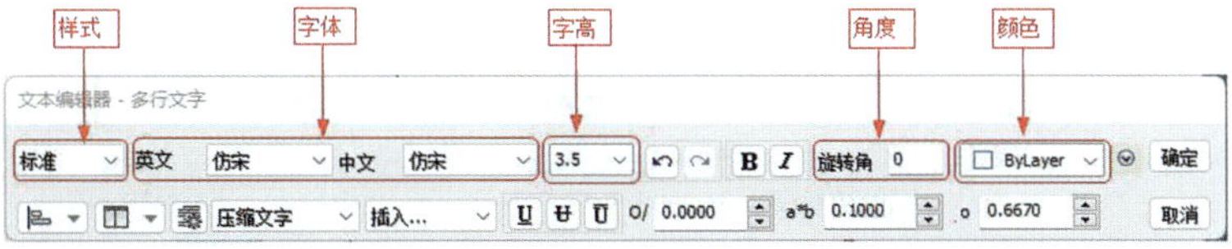

图 5-2 “文本编辑器”对话框

文字编辑器各项参数的含义和用法如下。

(1)**样式**：单击样式选择框可以选择要生成文字的文字样式，文字样式的切换对整段文字有效。如果将新样式应用到当前编辑的文字对象中，用于字体、高度和粗体或斜体属性的字符格式将被替代。下划线和颜色属性将保留在应用了新样式的字符中。

(2)**字体**：单击“英文”和“中文”选择框可以为新输入的文字指定字体或改变选定文字的字体。

(3)**角度**：在“旋转”角输入框可以为新输入的文字设置旋转角度或改变已选定文字的旋转角度。

(4)**颜色**：可以指定新文字的颜色或更改选定文字的颜色。可以为文字指定与被打开的图层相关联的颜色(BYLAYER)或所在块的颜色(BYBLOCK)。也可以从颜色列表中选择一种颜色，或单击“其他”打开“选择颜色”对话框。

(5)**文字高度**：设置新文字的字符高度或修改选定文字的高度。

(6)**粗体**：单击 **B** 打开或关闭新文字或选定文字的粗体格式。此选项仅适用于使用 TrueType 字体的字符。

(7)**倾斜**：单击 *I* 打开或关闭新文字或选定文字的斜体格式。此选项仅适用于使用 TrueType 字体的字符。

(8)**下划线**：单击 U 为新文字或选定文字打开或关闭下划线。

(9)**中划线**：单击 Ʉ 为新文字或选定文字打开或关闭中划线。

(10)**上划线**：单击 Ū 为新文字或选定文字打开或关闭上划线。

(11)**书写方向**：设置文字的书写方向是横写或竖写。

(12)**插入符号**：单击“插入”可以插入各种特殊符号包括直径符号、角度符号、正负号、偏差、上下标、分数、粗糙度、尺寸特殊符号等。

(13)**换行**：可以设置文字自动换行、压缩文字或手动换行。

(14)**对齐方式**：单击  可以设置文字的左上、中上、右上、左中、居中、右中、左下、中下和右下对齐。

在标注横写文字时，文字中可以包含偏差、上下标、分数、粗糙度、上划线、中间线、下划线以及 φ、°、± 等常用符号。对话框右上角的组合框就是用于辅助输入这些符号和格式，如图 5-3 所示。

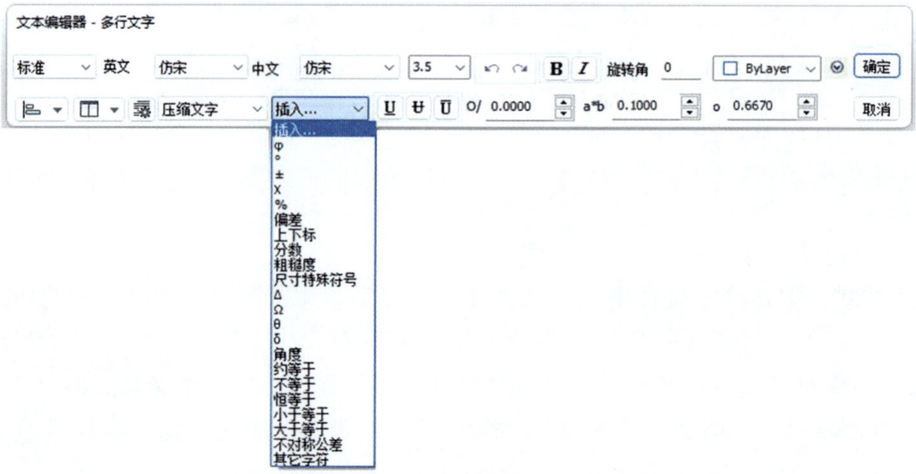

图 5-3　文本编辑器

为方便常用符号和特殊格式的输入，电子图板规定了一些表示方法，这些方法均以“%”作为开始标志。

- 选择下拉列表框中“%”等价于在编辑框中输入“%%”，主要用于输出字符串“%p”“%c”等。例如，输入的字符串是“%%p%%c%%d”，输出为“%p%c%d”。
- 选择下拉列表框中的“j”等价于在编辑框中输入“%c”，用于输出“φ”。
- 选择下拉列表框中的“°”等价于在编辑框中输入“%d”，用于输出“°”。
- 选择下拉列表框中的“±”等价于在编辑框中输入“%p”，用于输出“±”。
- 选择下拉列表框中的“偏差”弹出如图 5-4 所示的“上下偏差”对话框。

在上下偏差编辑框中输入上下偏差，而后按【Enter】键或单击“确定(O)”按钮结束公差输入，输入的上偏差必须大于下偏差。其等价输入格式为：上偏差为“% ∗p”，下偏差为“%b”。上下偏差必须加正负号，等于 0 时可以不输。例如：公差输入对话框中上偏差编辑框中输入 0.005，在下偏差编辑框中输入−0.004，单击“确定”按钮，在文字编辑框的当前位置添加了字符串“% ∗p0.005% ∗p−0.004% ∗b”，假定在这个字符串前面的字符串是 12，后面没有字符，则整个字符串就是“12 % ∗p0.005% ∗p−0.004% ∗b”，生成文字如图 5-5 所示。

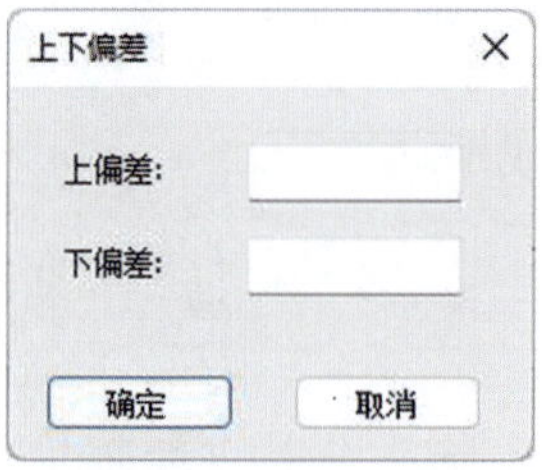

图 5-4　“上下偏差”对话框

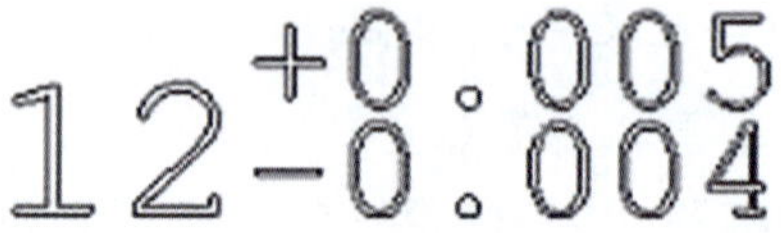

图 5-5　偏差示意图

- 选择下拉框中的“分数”一项，弹出如图 5-6 所示的“分数”对话框。

在分子编辑框输入分子，分母对话框输入分母，按【Enter】键或单击“确定”按钮结束分数输入。其等价输入格式为：“%&分子%/分母%b”。例如，在分数输入对话框中分子编辑框中输入 1，在分母编辑框中输入 10，单击“确定”按钮，在文字编辑框的当前位置添加了字符串“%&1%/10%b”，假定在这个字符串前面的字符串是 12，后面没有字符，整个字符串就是“12%&1%/10%b”，生成文字如图 5-7 所示。

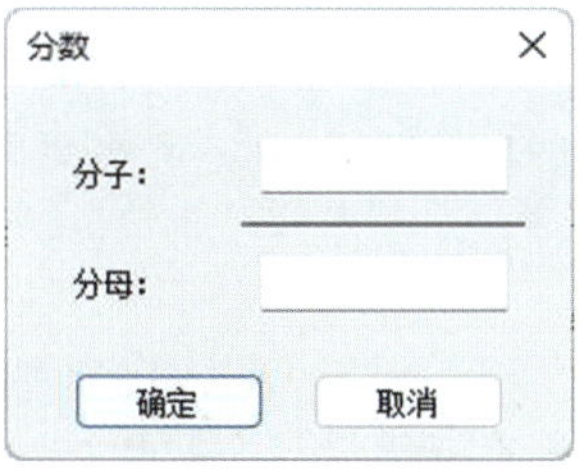

图 5-6 “分数”对话框

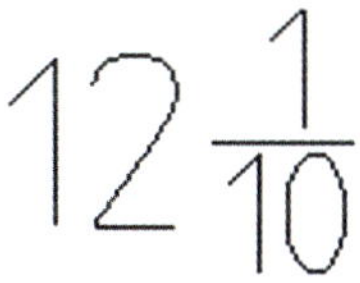

图 5-7 分数示意图

- 选择下拉框中的“粗糙度”一项，弹出如图 5-8 所示的“表面粗糙度”对话框。
- 选择基本符号，输入下限值、上说明和下说明，单击“确定”按钮，回到文字标注与编辑对话框中。继续输入文字，单击“确定”按钮后，可见文字中输入了粗糙度符号。

选择下拉框中的“上下标”一项，弹出如图 5-9 所示的“上下标”对话框。

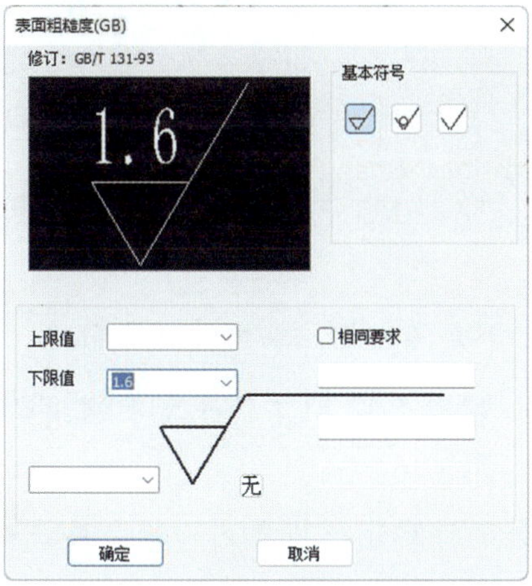

图 5-8 “表面粗糙度”对话框

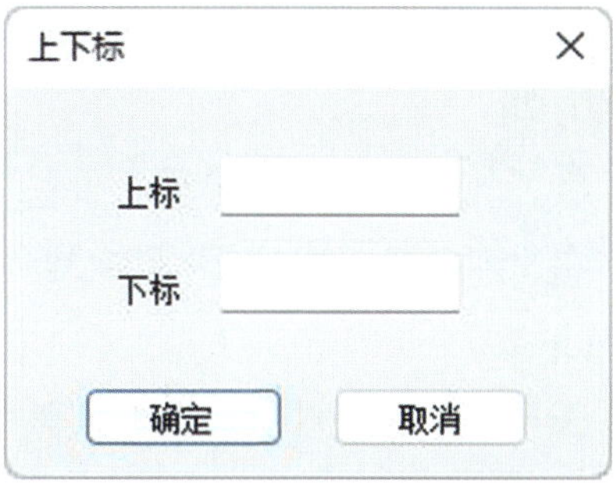

图 5-9 “上下标”对话框

在上标编辑框中输入上标，在下标输入框中输入下标，而后按【Enter】键或单击“确定”按钮结束上下标输入。

- 选择最后一项(“其他字符”)，将弹出字符映射表，可以选择要插入的字符；对于其他项，系统直接将对应的文本插入。也可以不用组合框而按规定格式自行输入上述特殊格式和符号。

在完成了输入和设置后，单击“确定”按钮，系统开始生成相应的文字并插入到指定的位置；单击“取消”按钮则取消操作。

5.1.1 在指定两点的矩形区域内标注文字

操作步骤

01 启动标注文字的命令后，则在绘图区左下角弹出标注文字的立即菜单。

02 在立即菜单 1 中选择“指定两点”选项，如图 5-10 所示。

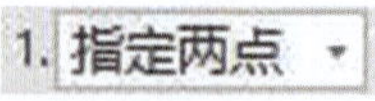

图 5-10　标注文字的立即菜单

03 立即菜单项设定完成以后，根据系统提示依次指定标注文字的矩形区域的第一角点和第二角点。系统弹出“文字编辑器”对话框(图 5-11)。

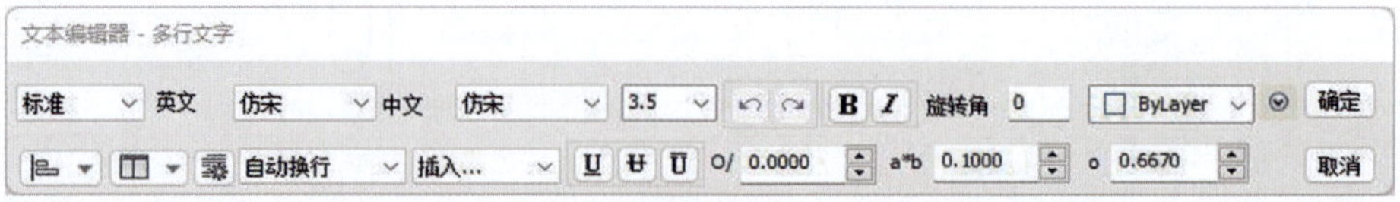

图 5-11　“文本编辑器”对话框

04 对话框下部的编辑框用于输入文字，文本编辑器中显示出当前的文字参数设置。

05 单击“确定”按钮。系统开始生成相应的文字并将其插入到指定位置；单击“取消”按钮则取消操作。

5.1.2　在已知封闭矩形内部标注文字

操作步骤

01 启动标注文字的命令后，则在绘图区左下角弹出标注文字的立即菜单。

02 在立即菜单 1 中选择“搜索边界”选项，如图 5-12 所示，在立即菜单 2 中输入边界间距系数。

03 立即菜单项设定完成以后，根据系统提示指定矩形边界内一点，系统弹出“文字编辑器”对话框(图 5-11)。

04 以后的步骤与 5.1.1 节中的步骤 4 和步骤 5 相同。

5.1.3　曲线上标注文字

操作步骤

01 启动标注文字的命令后，则在绘图区左下角弹出标注文字的立即菜单。

02 在立即菜单 1 中选择“拾取曲线”选项，如图 5-13 所示。

图 5-12　标注文字的立即菜单

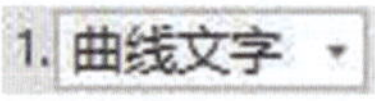

图 5-13　标注文字的立即菜单

03 根据系统提示拾取曲线，然后指定文字所在的方向。在曲线上拾取要标注文字的起点位置和终点位置。系统弹出“曲线文字参数”对话框(图 5-14)。

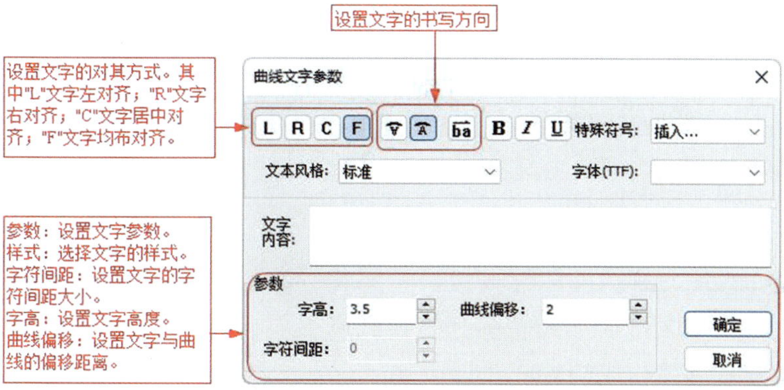

图 5-14 “曲线文字参数”对话框

任务评价

评价内容	评价标准	分值	读者自评	老师评估
在指定两点的矩形区域内标注文字	能够在指定两点的矩形区域内标注文字	40		
在已知封闭矩形内部标注文字	能够在已知封闭矩形内部标注文字	30		
曲线上标注文字	能够在曲线上标注文字	30		
总分		100		

任务 2　绘制多段线、波浪线与双折线

任务描述

本任务主要讲解多段线、波浪线和双折线的绘制。

任务分析

想要熟练地绘制多段线、波浪线和双折线，需要理解它们在不同绘图场景下的应用。

任务重点与实施

5.2.1　绘制多段线

CAXA CAD 可以生成由直线和圆弧构成的首尾相接或不相接的一条轮廓线。

›› 执行方式

(1)命令行：contour。

(2)菜单："绘图"→"多段线"。

(3)工具栏："绘图工具"工具栏→。

›› 选项说明

用鼠标单击绘制轮廓线的图标按钮，系统弹出绘制轮廓线立即菜单，如图 5-15 所示。单击立即菜单 2 可以选择轮廓为直线或圆弧。在绘制过程中两种方式可交替进行，生成由直线和圆弧构成的轮廓线。

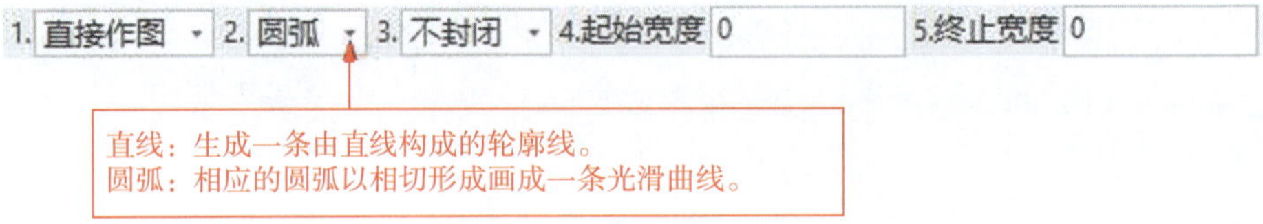

图 5-15 轮廓线立即菜单

【例 5-1】绘制如图 5-16 所示的轮廓线。

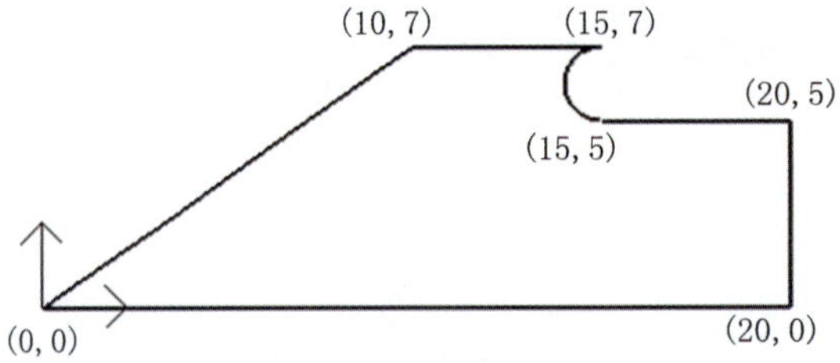

扫码看视频

图 5-16 绘制轮廓线

›› 操作步骤

01 启动绘制多段线命令后，系统弹出绘制多段线的立即菜单。在此立即菜单 1 中选择"直线"，在立即菜单 3 中选择"不封闭"选项，如图 5-17 所示。

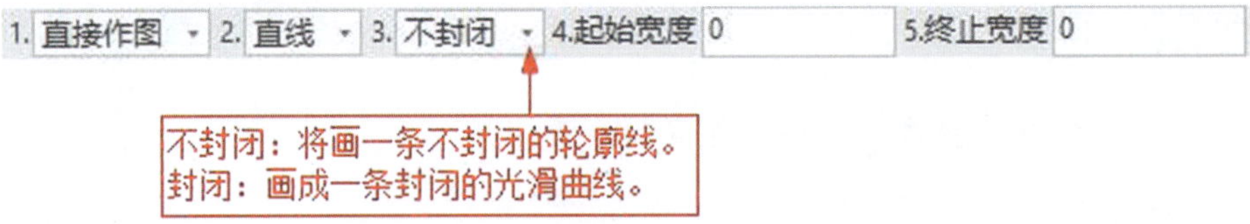

图 5-17 绘制直线轮廓线的立即菜单

02 系统提示输入轮廓线的"第一点"，在操作提示区输入(0，0)，系统又提示输入"下一点"，在操作提示区输入(20，0)，依次根据提示输入坐标(20，5)，(15，5)。

03 单击立即菜单 1，选择"圆弧"轮廓线绘制方式，在立即菜单 2 中选择"不封闭"，如图 5-18 所示，再根据系统提示输入坐标(15，7)。

图 5-18 绘帛圆弧轮廓线的立即菜单

04 再次单击立即菜单1转换为“直线”绘制方式，在立即菜单2中选择“封闭”，根据系统提示输入点的坐标“10，7”，然后单击鼠标右键轮廓线自动封闭，绘制完成。

5.2.2 绘制波浪线

CAXA CAD电子图板可以按给定方式生成波浪曲线。此功能常用于绘制剖面线的边界线，一般用细实线。

执行方式

(1)命令行：waved。

(2)菜单：“绘图”→“波浪线”。

(3)工具栏：“绘图工具Ⅱ”工具栏→。

选项说明

用鼠标单击绘制波浪线的图标按钮，系统弹出绘制波浪线立即菜单。立即菜单1中可以输入波浪线的波峰高度(即波峰到平衡位置的垂直距离)。

操作步骤

01 启动绘制波浪线命令后，系统弹出绘制波浪线的立即菜单。在立即菜单1中输入波浪线的波峰高度。

02 根据系统提示输入第一点和以后各点的坐标。

03 单击鼠标右键，结束绘制波浪线操作。

5.2.3 绘制双折线

基于图幅的限制，有些图形元素无法按比例画出，可以用双折线表示。用户可通过两点画出双折线，也可以直接拾取一条现有的直线将其改为双折线。

执行方式

(1)命令行：condup。

(2)菜单：“绘图”→“双折线”。

(3)工具栏：“绘图工具Ⅱ”工具栏→。

选项说明

用鼠标单击绘制双折线的图标按钮，系统弹出绘制双折线立即菜单。单击立即菜单1可以选择“折点个数”或“折点距离”方式。如图5-19所示。

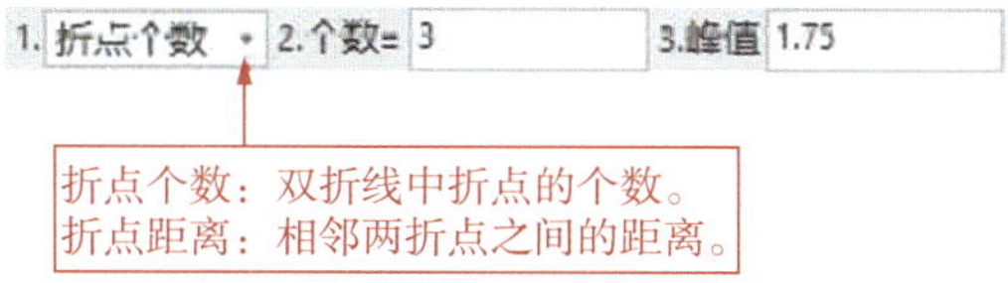

图5-19 “双折线”立即菜单

操作步骤

01 启动绘制双折线命令后，系统弹出绘制双折线的立即菜单。

02 如果在立即菜单1中选择“折点距离”，在立即菜单2中输入距离的值，则生成给定折点距离的双折线。如果在立即菜单1中选择“折点个数”，在立即菜单2中输入折点个数的值，则生成给定折点个数的双折线。

03 根据系统提示拾取直线或输入第一点坐标。如拾取直线则直线按照步骤2中的参数变为双折线。如依次输入两点坐标，系统将按照步骤2中参数在两点之间生成双折线。

任务评价

评价内容	评价标准	分值/分	读者自评	老师评估
绘制多段线	能够绘制多段线	40		
波浪线	能够绘制波浪线	30		
双折线	能够绘制双折线	30		
总分		100		

任务3　绘制局部放大图、箭头、齿形和孔/轴

任务描述

本任务主要讲解局部放大图、箭头、齿形、孔和轴的绘制。

任务分析

想要熟练地绘制局部放大图、箭头、齿形、孔和轴，需要掌握各自基本操作与使用场景。

任务重点与实施

5.3.1 局部放大图

执行方式

(1)命令行：enlarge。

(2)菜单：“绘图”→“局部放大图”。

(3)工具栏：“标注”工具栏→。

选项说明

用鼠标单击绘制局部放大图的图标按钮，系统弹出绘制局部放大图立即菜单，如图 5-20 所示。单击立即菜单 1 可以选择绘制局部放大图的方式。

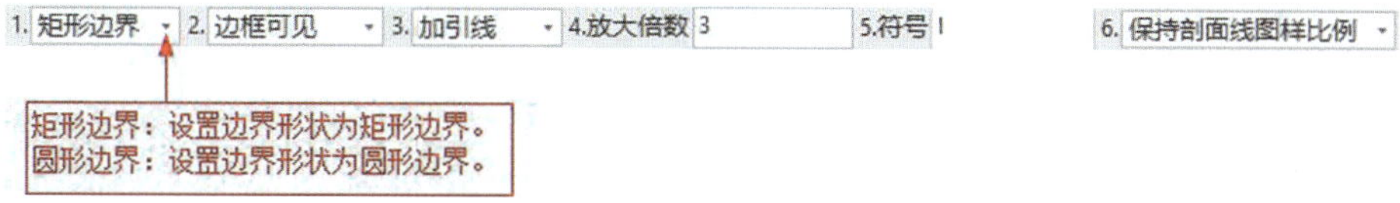

图 5-20　局部放大图立即菜单

【例 5-2】绘制如图 5-21 所示齿轮图中齿形的局部放大图。

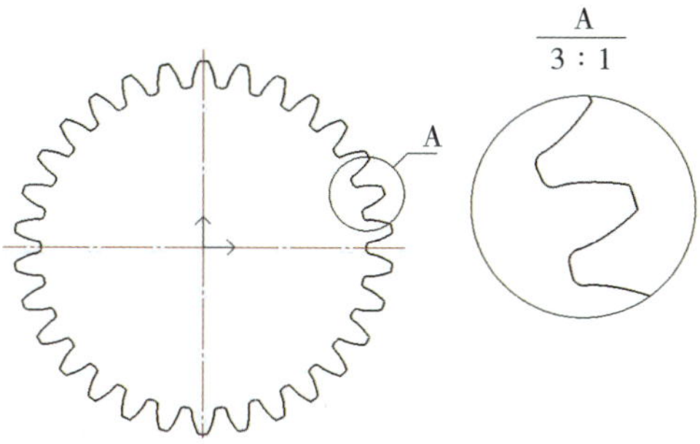

扫码看视频

图 5-21　齿轮齿形及其局部放大图

操作步骤

01 打开源文件的“初始文件”→5→“例 5-2”文件。启动绘制局部放大图命令后，系统弹出绘制局部放大图的立即菜单。在此立即菜单中第 1 项选择“圆形边界”，在第 3 项中输入放大倍数 3，在第 4 项中输入此局部放大图的符号 A，如图 5-22 所示。

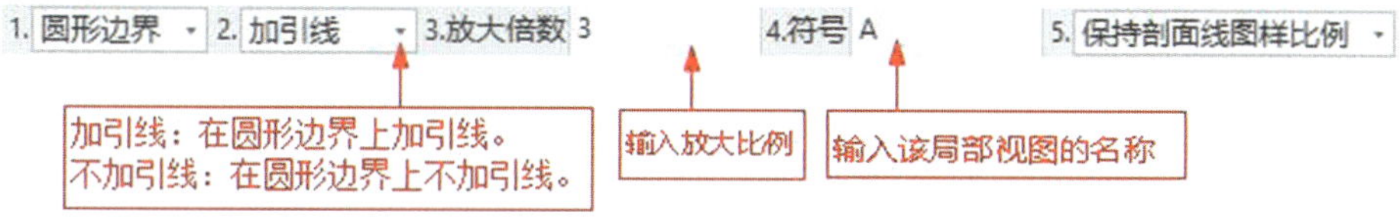

图 5-22　绘制局部放大图的立即菜单

02 用鼠标在绘图区齿形的合适位置单击以输入局部放大图形的圆心点；然后输入圆形边界上的一点或输入圆形边界的半径以确定要放大区域的大小。

03 在第 2 项中选择“加引线”，并按照系统提示选择符号插入点，移动光标在屏幕上选择好合适的符号文字插入位置后，按鼠标左键插入符号文字（如果不需要标注符号文字，则按鼠标右键），如图 5-23 所示。

04 此时系统提示指定实体插入点。已放大的局部放大图形虚像随着光标的移动动态显示。在屏幕上选取合适的位置输入实体插入点后，系统提示

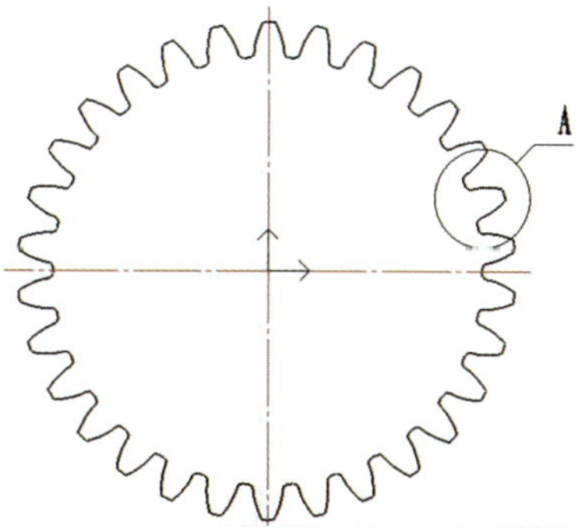

图 5-23　指定圆形放大区域的位置

输入图形的旋转角度，此时可以在操作提示区输入局部放大图的旋转角 0（注：鼠标右键也是默认旋转角为零度），局部放大图生成。移动光标在屏幕上合适的位置输入符号文字插入点，生成符号文字（若此时按下鼠标右键，则不生成符号文字，按下【Esc】键，则取消整个操作，不生成放大图形），结果如图 5-21 所示。

【例 5-3】用矩形边界绘制如图 5-24 所示齿轮局部放大图。

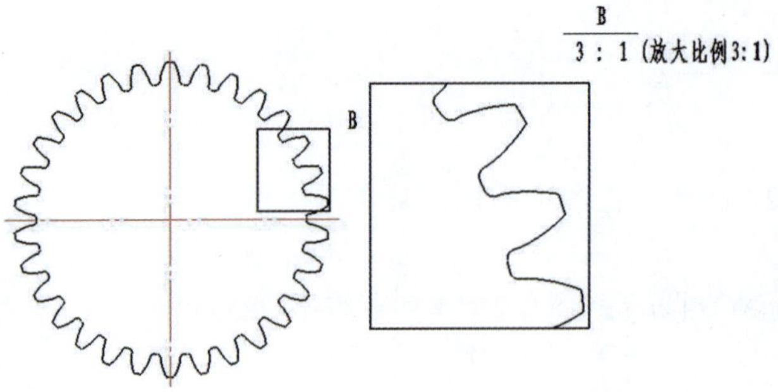

扫码看视频

图 5-24　矩形边界绘制齿轮齿形及局部放大图

» 操作步骤

01 打开源文件的“初始文件”→5→“例 5-3”文件。启动绘制局部放大图命令后，系统弹出绘制局部放大图立即菜单。在此立即菜单 1 中选择“矩形边界”，在立即菜单 2 中选择“边框可见”，在立即菜单 3 中选择“不加引线”，在立即菜单 4 中输入放大倍数 3，在立即菜单 5 中输入此局部放大图的符号“B”，如图 5-25 所示。

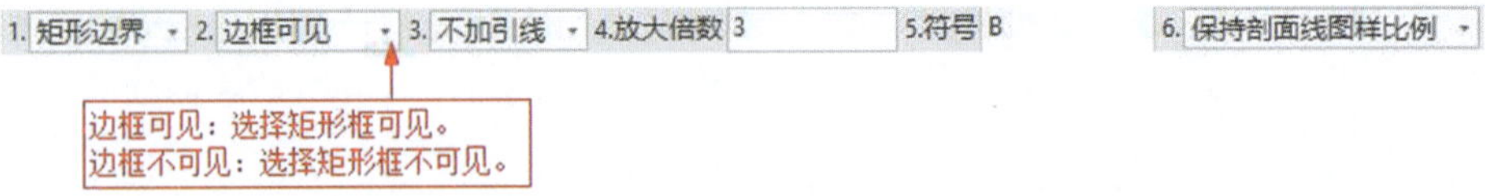

图 5-25　绘制局部放大图的立即菜单

02 以后的操作与例 5-2 中步骤 2 到步骤 4 基本相同，结果如图 5-24 所示。

5.3.2 箭头

» 执行方式

（1）命令行：arrow。

（2）菜单：“绘图”→“箭头”。

（3）工具栏：“绘图工具Ⅱ”工具栏→↗。

» 选项说明

用鼠标单击绘制箭头的图标按钮↗，系统弹出绘制箭头立即菜单。单击立即菜单 1 可以选择“正向”或“反向”方式。

» 操作步骤

01 启动绘制箭头命令后，系统弹出绘制箭头的立即菜单。

02 单击立即菜单1选择箭头的方向。

03 系统提示拾取直线、圆弧、样条或第一点，如果先用鼠标拾取箭头第一点，再用鼠标拾取第二点，即可作出带引线的实心箭头(如果在立即菜单中选择了“正向”，则箭头指向第一点，否则指向第二点)。如果拾取了弧或直线，系统自动生成正向或反向的动态箭头，用鼠标拖动箭头到需要的位置单击即可。

5.3.3 齿形

执行方式

(1)命令行：gear。

(2)菜单：“绘图”→“齿形”。

(3)工具栏：“绘图工具Ⅱ”工具栏→ 。

【例5-4】绘制中心点在坐标原点的齿轮，如图5-26所示。

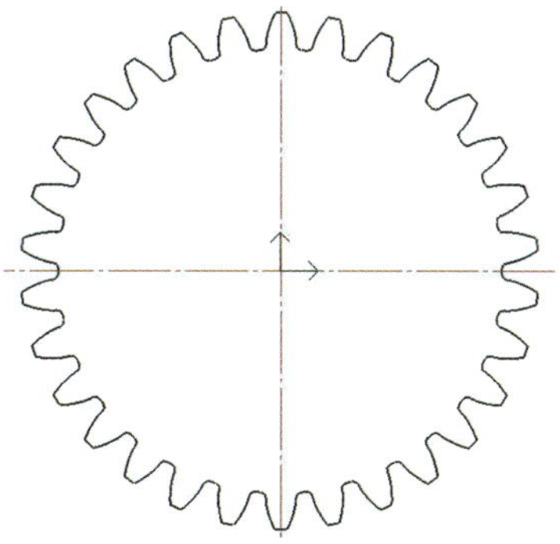

图5-26 齿轮固定在坐标系原点

操作步骤

01 启动齿形绘制命令后，系统弹出“渐开线齿轮齿形参数”对话框。在此对话框中设置齿轮的齿数、模数、压力角、变位系数等，如图5-27所示。用户还可改变齿轮的齿顶高系数和齿顶隙系数来改变齿轮的齿顶圆半径和齿根圆半径，也可直接指定齿轮的齿顶圆直径和齿根圆直径。

02 确定完齿轮的参数后，按“下一步”按钮，系统弹出“齿轮预显”对话框，如图5-28所示。在此对话框中，设置齿形的齿顶过渡圆角的半径为0，齿根过渡圆弧半径为0.76以及齿形的精度为0.01，生成的齿数为42，起始齿相对于齿轮圆心的角度为0，确定完参数后可按“预显”按钮观察生成的齿形。(如果要修改前面的参数，按“上一步”按钮可回到前一对话框。)。

扫码看视频

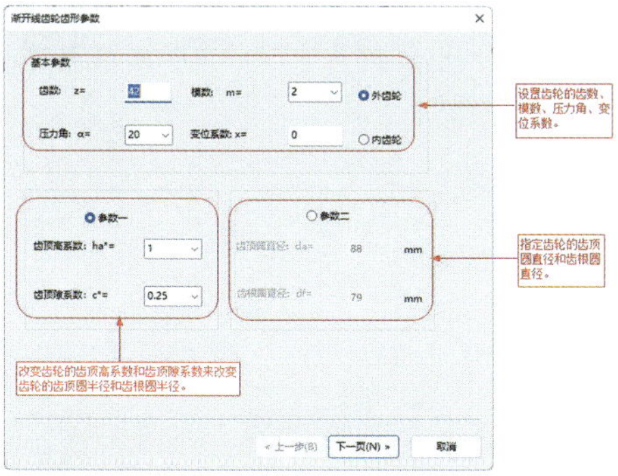

图5-27 “齿轮齿形参数”对话框

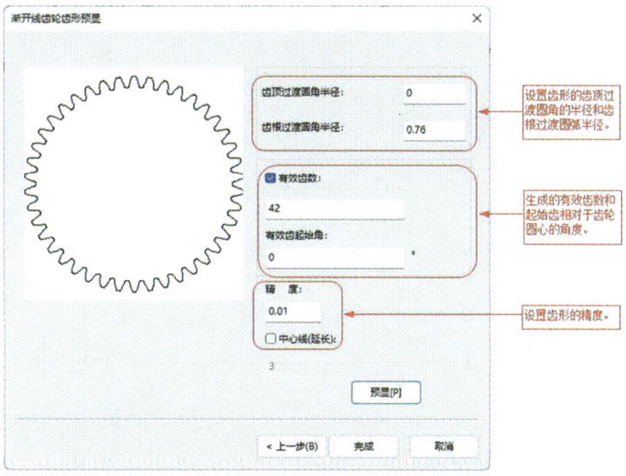

图5-28 “齿轮齿形预显”对话框

03 当图5-28中的预览框中的齿形合乎要求后，按“完成”按钮。这时系统提示输入齿轮的定位点，在操作提示区输入齿轮的中心点坐标为(0，0)，按下【Enter】键，齿轮中心固定在定位点，绘制完成后如图 5-26 所示。

5.3.4 孔和轴

CAXA CAD 可以在给定位置画出带有中心线的孔和轴或带有中心线的圆锥孔或圆锥轴。

执行方式

(1)命令行：hole。

(2)菜单：“绘图”→“孔/轴”。

(3)工具栏：“绘图工具Ⅱ”工具栏→。

选项说明

用鼠标单击绘制孔/轴的图标按钮，系统弹出绘制孔/轴立即菜单，如图 5-29 所示。单击立即菜单 1 可以选择绘制“孔”或“轴”，单击立即菜单 2 可以选择“直接给出角度”或“两点确定角度”。

【例 5-5】绘制如图 5-30 所示的阶梯轴(不标注尺寸，轴的中心线与 X 轴的夹角为 20°)。

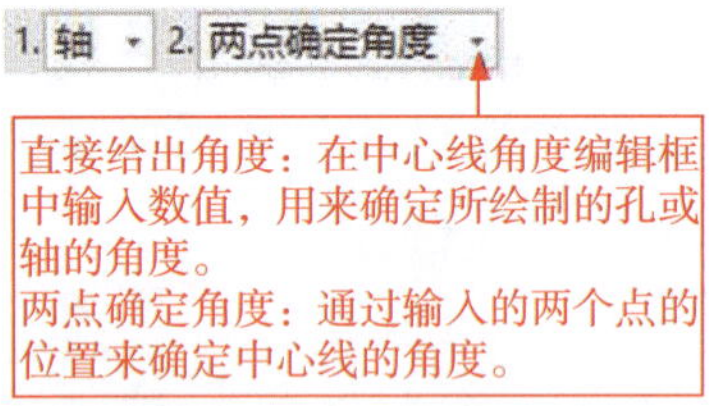

图 5-29　绘制孔/轴的立即菜单

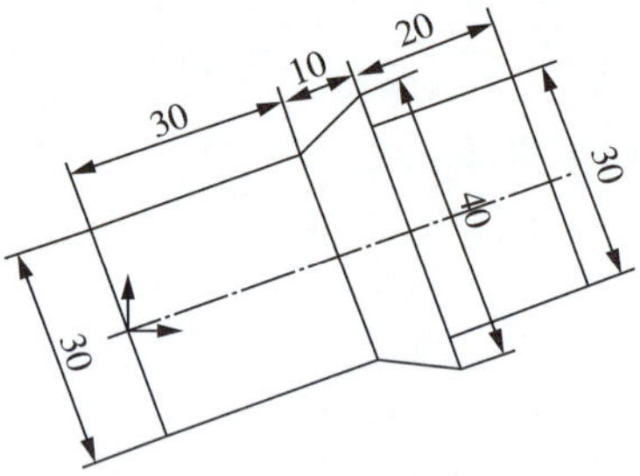

图 5-30　绘制轴的实例图

扫码看视频

操作步骤

01 启动绘制孔/轴命令后，则在绘图区左下角弹出绘制孔/轴的立即菜单，在立即菜单 1 中选择“轴”选项；在立即菜单 2 中选择“直接给出角度”选项，在立即菜单 3 中输入角度值 30，如图 5-31 所示。

图 5-31　绘制轴的立即菜单

02 按照系统提示，在操作提示区输入轴的插入点坐标(0，0)，并按下【Enter】键，向右拉动鼠标，一个直径为默认值的动态轴出现在屏幕上，这时在变化后的立即菜单 2 和立即菜单 3 中输入 30，在立即菜单 4 中选择“有中心线”选项，再在操作提示区输入轴的长度 30，如图 5-32 所示。按下【Enter】键，第一段轴绘制完毕，如图 5-33 所示。

图 5-32 绘制轴的立即菜单

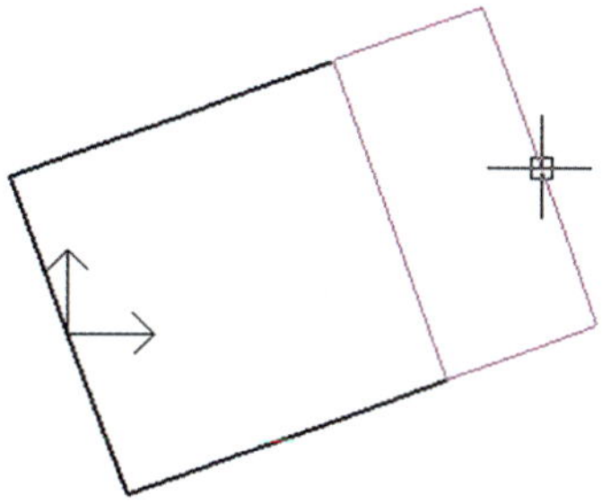

图 5-33 第一段轴绘制结束

03 继续向右上方拉动鼠标，重新填写立即菜单，并在操作提示区中输入轴的长度 10，如图 5-34 所示。按下【Enter】键，第二段轴绘制完毕，如图 5-35 所示。

图 5-34 绘制轴的立即菜单

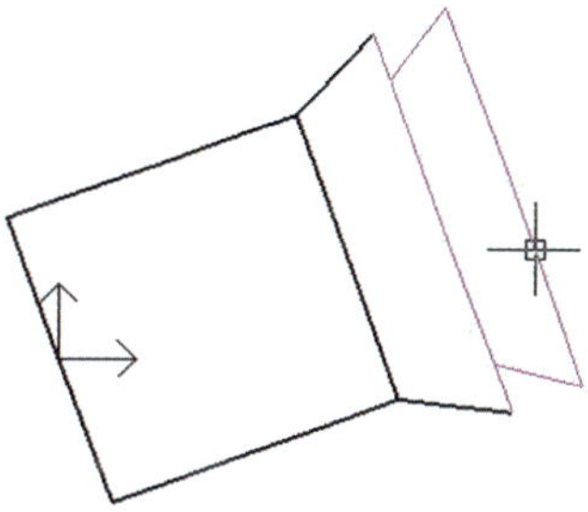

图 5-35 第二段轴绘制结束

04 继续向右上方拉动鼠标，重新填写立即菜单，并在操作提示区中输入轴的长度 20，如图 5-36 所示，按下【Enter】键，第三段轴绘制完毕。单击鼠标右键结束绘制孔/轴命令。绘制结果如图 5-37 所示。

图 5-36 绘制轴的立即菜单

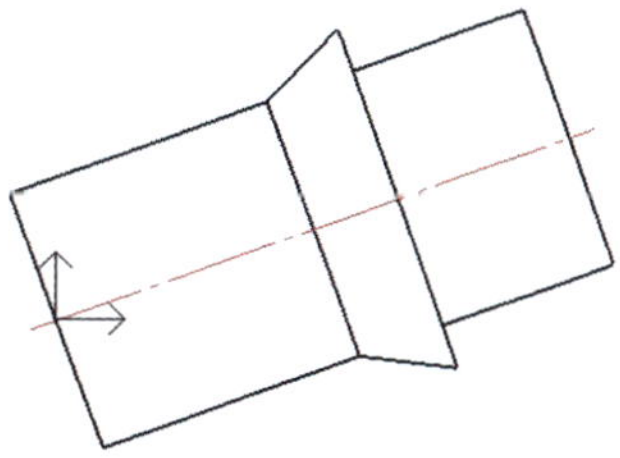

图 5-37 阶梯轴绘制结束

【例 5-6】绘制如图 5-38 所示的阶梯孔图(不标注尺寸，孔的中心线与 X 轴的夹角为 30°)。

扫码看视频

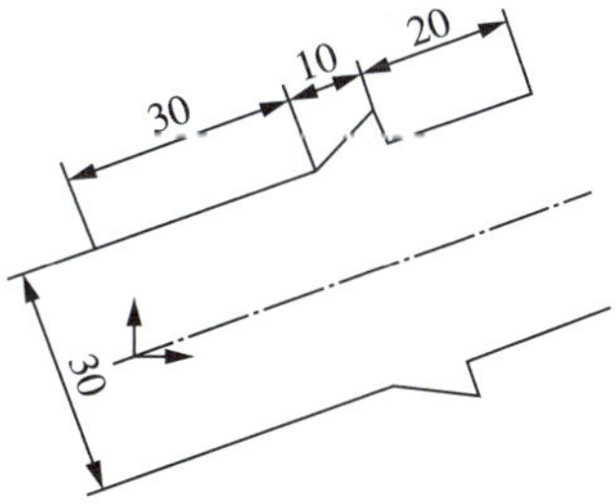

图 5-38 绘制孔的实例图

操作步骤

01 启动绘制孔/轴命令后，在绘图区左下角弹出绘制孔/轴的立即菜单，在立即菜单 1 中选择“孔”选项；在立即菜单 2 中选择“直接给出角度”选项，在立即菜单 3 中输入角度值 30，按照系统提示，在操作提示区输入轴的插入点坐标“0，0”，并按下【Enter】键，如图 5-39 所示。

图 5-39　绘制孔的立即菜单

02 向右拉动鼠标，一个直径为默认值的动态轴出现在屏幕上，这时在变化后的立即菜单 2 和立即菜单 3 中均输入 30，在立即菜单 4 中选择“有中心线”选项，再在操作提示区输入孔的长度 30，如图 5-40 所示，按下【Enter】键，第一段孔绘制完毕，如图 5-41 所示。

图 5-40　绘制孔的立即菜单

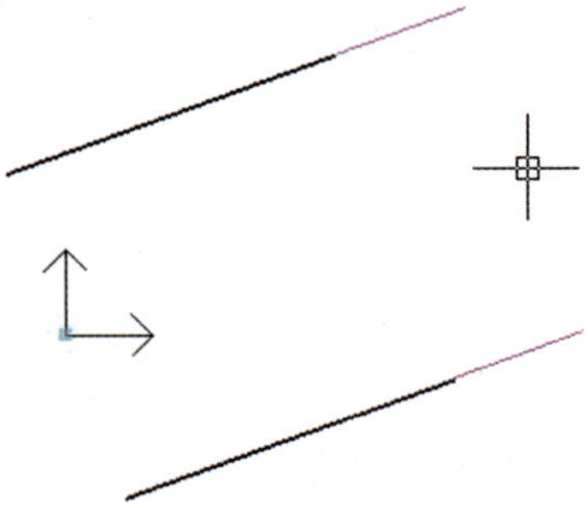

图 5-41　第一段孔绘制结束

03 继续向右上方拉动鼠标，重新填写立即菜单，并在操作提示区中输入轴的长度 10，如图 5-42 所示，按下【Enter】键，第二段孔绘制完毕，如图 5-43 所示。

图 5-42　绘制孔的立即菜单

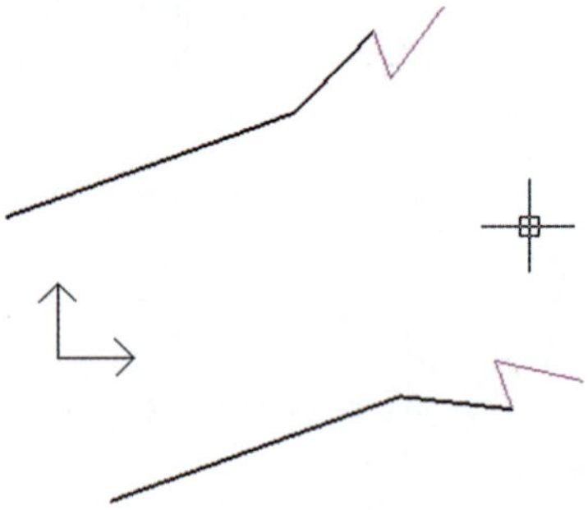

图 5-43　第二段孔绘制结束

04 继续向右上方拉动鼠标，重新填写立即菜单，并在操作提示区中输入孔的长度 20，如图 5-44 所示，按下【Enter】键，第三段孔绘制完毕。单击鼠标右键结束绘制孔/轴命令，绘制结果如图 5-45 所示。

图 5-44　绘制轴的立即菜单

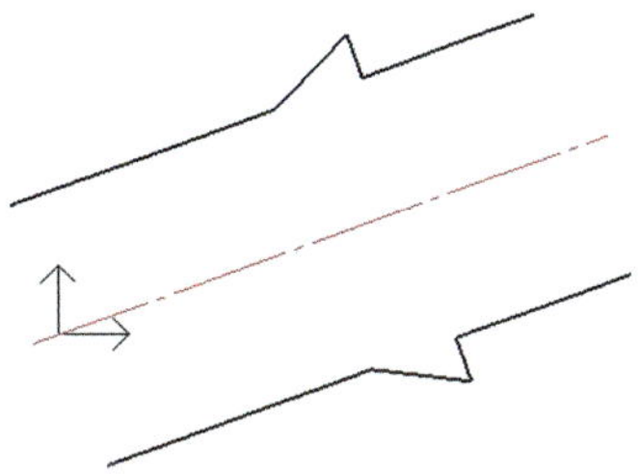

图 5-45　阶梯孔绘制结束

任务评价

评价内容	评价标准	分值/分	读者自评	老师评估
局部放大图	能够绘制局部放大图	25		
箭头	能够绘制箭头	25		
齿形	能够绘制齿形	25		
孔/轴	能够绘制孔/轴	25		
总分		100		

项目小结

本项目主要介绍了工程图形绘制的方法。首先介绍了对文字标注的准确绘制，这是工程图中传达信息的基础；其次介绍了如何绘制多段线、波浪线与双折线等，这些线条类型是表达不同材料和结构特性的关键；最后介绍了局部放大图的绘制。通过本项目的学习，读者能够训练对细节的关注能力，进一步加深了对机械零件和装配关系的理解。

项目习题

1. 绘制如图 5-46 所示的机床手柄 1 的图形(不标注尺寸)。

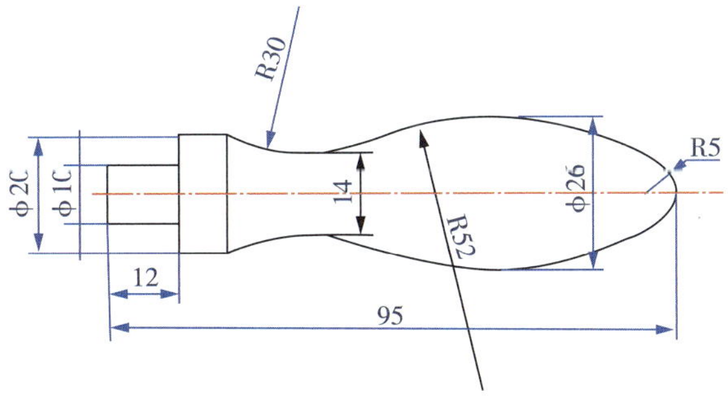

图 5-46　机床手柄 1

操作提示：

(1)将当前层设置为 0 层。

(2)利用“孔/轴”命令绘制图 5-46 中左端的阶梯轴。

(3)将当前层设置为中心线层，并利用平行线偏移的方式找到 *R*52 的圆心。

(4)再次将当前层设置为 0 层，并绘制两个 *R*52 的圆。

(5)利用绘制圆弧中的“两点_半径”方式绘制两个 *R*30 的圆弧，再利用此命令绘制最右侧的 *R*5 的小圆弧(注意利用工具点菜单中的“切点”选项功能自动捕捉特征点)。

(6)利用“编辑”工具栏中的裁剪命令(图标)，裁剪多余部分。

2. 绘制如图 5-47 所示的连接盘图形(不标注尺寸)。

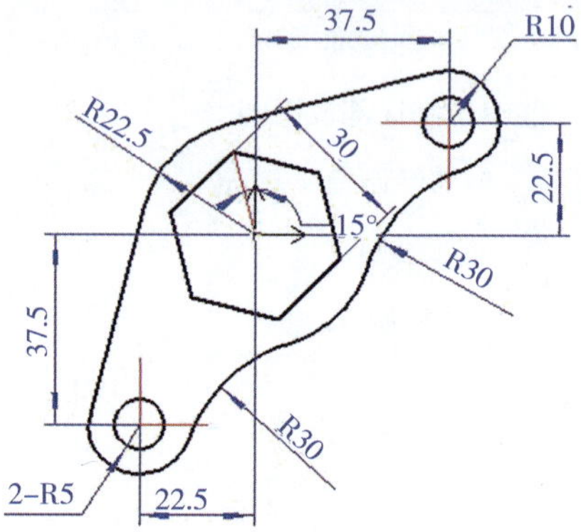

图 5-47　连接盘

操作提示：

(1)将 0 层设置为中心线层。

(2)绘制图中 3 个圆(输入圆心坐标定位)。

(3)绘制多边形(注意使用工具点菜单中的“圆心点”选项以精确定位)。

(4)绘制两条切弧(利用圆弧中的“两点_半径”方式，配合使用工具点菜单以“切点”选项精确定位)。

(5)绘制两条切线(利用直线中的两点线方式，配合使用工具点菜单以“切点”选项精确定位)。

(6)利用“编辑”工具栏中的裁剪命令(图标)，裁剪多余部分。

06

项目6 曲线编辑

项目导读

对当前的图形进行编辑修改，是交互式绘图软件不可缺少的功能，它对提高绘图速度和质量都具有至关重要的作用，CAXA CAD 电子图板充分考虑了用户的需求，提供了功能齐全、操作灵活的编辑修改功能。对曲线进行编辑的主要目的是为了提高作图效率以及删除在作图过程中产生的多余线条。

学习目标

知识目标

1. 了解删除、齐边与打断的使用。
2. 了解图形的平移、平移复制、旋转、镜像、比例缩放和阵列。
3. 掌握裁剪、过渡、拉伸和特性匹配的使用。

能力目标

1. 能够删除图纸中不需要的元素。
2. 能够对图形进行平移、平移复制、旋转、镜像、比例缩放和阵列等操作。
3. 熟练对图形进行裁剪。

✣ 素质目标

读者应掌握图形编辑的基本技能，从而提升在图形编辑方面的综合能力，满足不同的设计需求和项目要求。

思政目标

1. 培养读者守正创新和科技强国的信念。
2. 培养读者敬业奉献、精益求精的工匠精神。

任务1　删除、齐边与打断

任务描述

本任务主要讲解删除、齐边和打断命令的操作步骤。

任务分析

为了提升图纸的美观性和专业性，需要熟练使用删除、齐边与打断命令来清理和优化图纸内容。

任务重点与实施

6.1.1　删除图形

删除拾取到的实体。

»执行方式

(1)命令名：Del。
(2)菜单："修改"→"删除"。
(3)工具栏："编辑工具"→ 。

»操作步骤

单击"修改"子菜单中的"删除"菜单或单击"编辑工具"工具栏中的按钮。再按操作提示要求拾取想要删除的若干个实体，拾取到的实体呈红色显示状态。待拾取结束后，右击确认，被确认后的实体从当前屏幕中被删除掉。如果想中断本命令，可按【Esc】键退出。

6.1.2　齐边

齐边功能是以一条曲线为边界对一系列曲线进行裁剪或延伸。

执行方式

(1)命令行：edge。

(2)菜单："修改"→"延伸"。

(3)工具栏："编辑工具"工具栏→![]。

操作步骤

01 进入齐边操作命令后，根据屏幕提示用鼠标选取一条曲线作为边界。

02 选取一系列曲线进行编辑修改。

6.1.3 打断

打断功能是将一条曲线在指定点处打断成两条曲线，以便于分别操作。

执行方式

(1)命令行：break。

(2)菜单："修改"→"打断"。

(3)工具栏："编辑工具"工具栏→![]。

操作步骤

01 进入打断操作命令后，根据屏幕提示用鼠标选取一条待打断的曲线。

02 用鼠标选取曲线的打断点即可。

打断点最好选在需打断的曲线上，为作图准确，可充分利用智能点、导航点、栅格点和工具点菜单。

任务评价

评价内容	评价标准	分值/分	读者自评	老师评估
删除图形	能够删除图形	40		
齐边	能够使用齐边命令裁剪或延伸曲线	30		
打断	能够使用打断命令打断曲线	30		
总分		100		

任务2 平移图形

任务描述

本任务讲解平移图形的两种方式。

任务分析

想要更加快速精准地平移图形，需要了解平移图形两种方式的区别与用法。

任务重点与实施

平移图形是指对拾取到的实体进行平移的操作。

执行方式

(1)命令行：move。

(2)菜单："修改"→"平移"。

(3)工具栏："编辑工具"工具栏→![]。

选项说明

进入平移操作命令后，在屏幕左下角的操作提示区出现平移快捷菜单，如图 6-1 所示。单击立即菜单 1 可选择不同的平移方式。

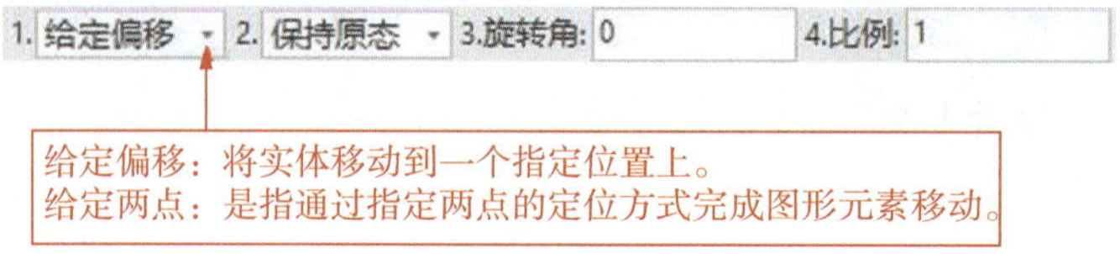

图 6-1　平移立即菜单

6.2.1 以给定偏移的方式平移图形

CAXA CAD 可以用给定偏移量的方式进行平移实体。

操作步骤

01 启动平移命令后，在立即菜单 1 中选择"给定偏移"方式；在立即菜单 2 中选择"保持原态"或"平移为块"，在立即菜单 3 中设置"旋转角度"，在立即菜单 4 中设置"比例"，如图 6-2 所示。

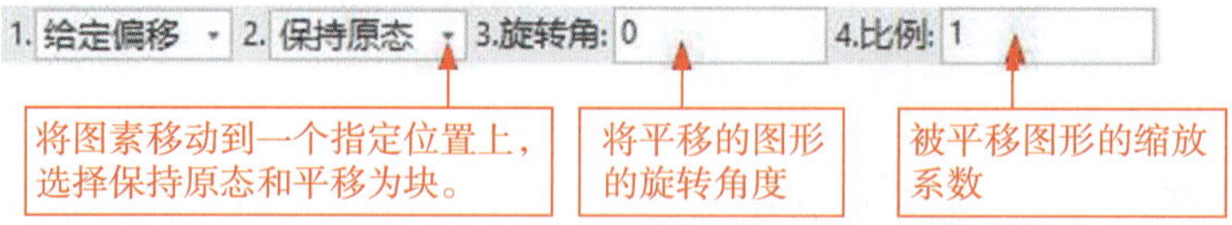

图 6-2　以"给定偏移"方式平移立即菜单

02 根据系统提示依次拾取要拾取的元素(或用窗口拾取)，按下鼠标右键确认。

03 根据系统提示在操作提示区输入 X 和 Y 方向的偏移量后按下【Enter】键或直接用鼠标在选择的位置点单击即可。

6.2.2 以给定两点的方式平移图形

CAXA CAD 可以用给定两点方式进行拷贝或平移实体。用指定两点作为拷贝或平移的位置依据，可以在任意位置输入两点，系统会将两点间距离作为偏移量进行平移操作。

【例 6-1】将如图 6-3(a)所示矩形中的六边形平移到如图 6-3(b)所示的位置。

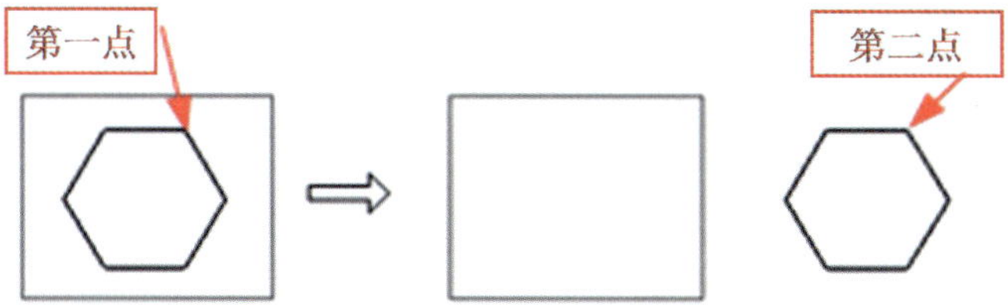

(a)操作前　　(b)操作后

扫码看视频

图 6-3　平移六边形

操作步骤

01 打开源文件的“初始文件”→6→“例 6-1”文件。启动平移命令后，在立即菜单 1 中选择“给定两点”方式；其他选项与“给定平移”方式相同，如图 6-4 所示。

图 6-4　以“给定两点”方式平移立即菜单

02 根据系统提示依次拾取图 6-3(a)中的六边形，按鼠标右键确认。

03 根据系统提示拾取第一点，然后在适当位置拾取第二点，结果如图 6-3(b)所示。

任务评价

评价内容	评价标准	分值/分	读者自评	老师评估
以给定偏移的方式平移图形	能够以给定偏移的方式平移图形	50		
以给定两点的方式平移图形	能够以给定偏移的方式平移图形	50		
总分		100		

任务 3　平移复制

任务描述

本任务主要讲解平移复制的两种方式。

任务分析

想要在绘图过程中减少重复作图的所消耗的时间，需要熟悉了解平移复制命令的两种方式。

任务重点与实施

平移复制是指对拾取到的实体进行复制粘贴。

执行方式

(1)命令行：copy。

(2)菜单：“修改”→“平移复制”。

(3)工具栏：“编辑工具”工具栏→。

选项说明

进入复制选择到操作命令后，在屏幕左下角的操作提示区出现旋转立即菜单，如图 6-5 所示。单击立即菜单 1 可选择不同的复制方式。

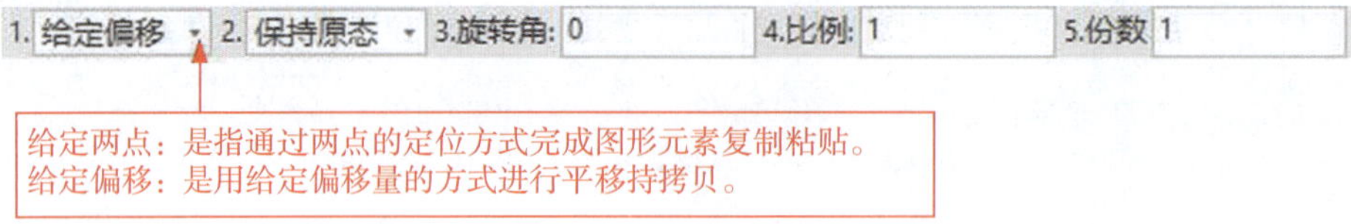

图 6-5　旋转立即菜单

6.3.1　给定两点复制图形

CAXA CAD 可以通过两点的定位方式完成图形元素复制粘贴。

操作步骤

01 启动复制命令后，在立即菜单 1 中选择“给定两点”方式；立即菜单 2 中选择“保持原态”或“粘贴为块”，在立即菜单 3 中选择“正交”或“非正交”，立即菜单 3 中输入旋转角度，立即菜单 4 中输入比例，如图 6-6 所示。

图 6-6　以“给定两点”方式复制的立即菜单

02 根据系统提示依次拾取要拾取的元素(或用窗口拾取)，按下鼠标右键确认。

03 根据系统提示输入第一点和第二点，或直接用鼠标在选择的位置点单击即可。

6.3.2　给定偏移复制图形

CAXA CAD 可以通过两点的定位方式完成图形元素复制粘贴。

操作步骤

01 启动复制命令后，在立即菜单 1 中选择“给定偏移”方式；其他选项与给定“给定两点”方式相同，如图 6-7 所示。

图 6-7　以“给定偏移”方式复制的立即菜单

02 根据系统提示依次拾取要拾取的元素(或用窗口拾取)，按下鼠标右键确认。

03 根据系统提示输入 X 或 Y 方向的偏移量，或直接用鼠标在选择的位置点单击即可。

任务评价

评价内容	评价标准	分值/分	读者自评	老师评估
给定两点复制图形	能够使用给定两点复制图形的方式平移复制图形	50		
给定偏移复制图形	能够使用给定偏移复制图形的方式平移复制图形	50		
总分		100		

任务4 旋转图形

任务描述

本任务主要讲解旋转图形的两种方式。

任务分析

想要图形快速准确地旋转指定的角度，需要了解旋转图形命令的两种方式的使用场景。

任务重点与实施

旋转图形是指对拾取到的实体进行旋转或拷贝的操作。

执行方式

(1)命令行：rotate。

(2)菜单：“修改”→“旋转”。

(3)工具栏：“编辑工具”工具栏→⊙。

选项说明

进入旋转操作命令后，在屏幕左下角的操作提示区出现旋转立即菜单，如图 6-8 所示。单击立即菜单 1 可选择不同的旋转方式。

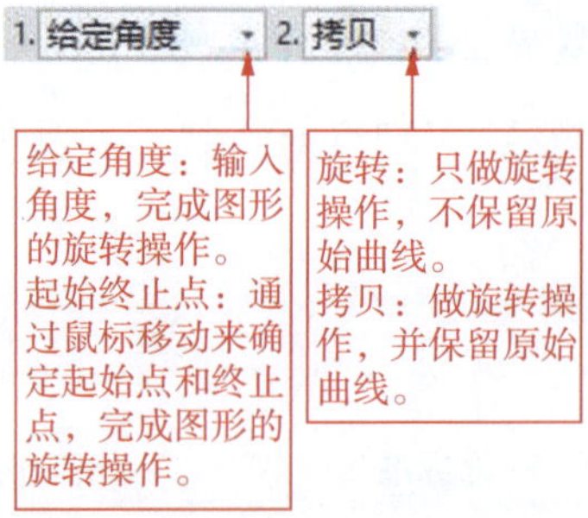

图 6-8　旋转立即菜单

6.4.1 给定旋转角旋转图形

CAXA CAD 可以给定的基准点和角度将图形进行拷贝或旋转。

操作步骤

01 启动旋转命令后，在立即菜单 1 中选择“旋转角度”方式；立即菜单 2 中选择“旋转”或“拷贝”；如图 6-9 所示。

图 6-9　以给定“旋转角度”方式旋转的立即菜单

02 根据系统提示依次拾取要拾取的元素(或用窗口拾取)，按下鼠标右键确认。

03 根据系统提示输入基准点(旋转的中心)。

04 系统提示输入旋转角，此时可按提示输入需要的角度，或用光标在屏幕上动态旋转所选取的图素至需要的角度后按鼠标左键确认。

6.4.2 给定起始点和终止点旋转图形

CAXA CAD 可以根据给定的两点和基准点之间的角度将图形进行拷贝或旋转。

操作步骤

01 启动旋转命令后，在立即菜单 1 中选择“起点终止点”方式；其他选项与给定“旋转角度”方式相同，如图 6-10 所示。

图 6-10　以给定“起点终止点”方式旋转的立即菜单

02 根据系统提示依次指定基点、起始点和终止点，所选实体将旋转三点所决定的夹角。

任务评价

评价内容	评价标准	分值/分	读者自评	老师评估
给定旋转角旋转图形	能够使用给定旋转角旋转图形的方式旋转图形	50		
给定起始点和终止点旋转图形	能够使用给定起始点和终止点旋转图形的方式旋转图形	50		
总分		100		

任务5　镜像图形

任务描述

本任务主要讲解镜像图形的两种方式。

任务分析

想要在某些对称结构的图纸中节省大量的时间，需要利用镜像图形命令来完成绘制。

任务重点与实施

镜像图形是对拾取到的图形元素进行镜像拷贝或镜像位置移动的操作，作镜像的轴可利用图上已有的直线，也可由用户交互给出两点作为镜像用的轴。

执行方式

(1)命令行：mirror。

(2)菜单："修改"→"镜像"。

(3)工具栏："编辑工具"工具栏→。

选项说明

进入镜像操作命令后，在屏幕左下角的操作提示区出现镜像立即菜单，如图6-11所示。单击立即菜单1可选择不同的镜像方式。

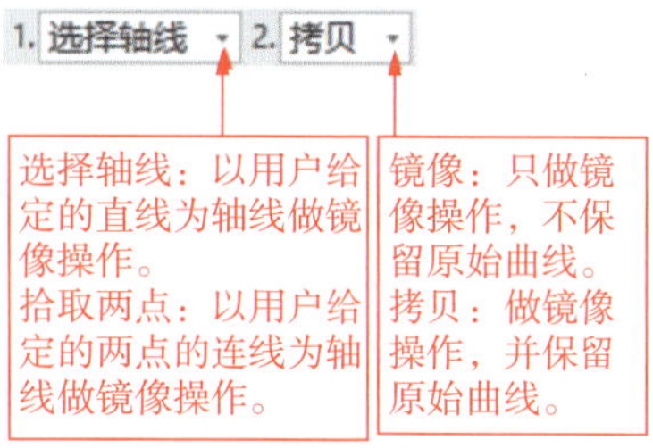

图6-11　镜像立即菜单

6.5.1　选择轴线

CAXA CAD 可以拾取的直线为镜像轴生成镜像图形。

【例6-2】如图6-12所示的轴线为镜像轴，将图形进行镜像处理。

扫码看视频

图 6-12 “选择轴线”“拷贝”方式镜像图形

» 操作步骤

01 打开源文件的“初始文件”→6→“例 6-2”文件。启动镜像命令后，在立即菜单 1 中选择“选择轴线”方式；立即菜单 2 中选择“镜像”或“拷贝”，如图 6-13 所示。

图 6-13 以“选择轴线”方式镜像的立即菜单

02 根据系统提示依次拾取图 6-12 中的图形，按下鼠标右键确认。

03 根据系统提示拾取图 6-12 中已有直线作为镜像的轴线，系统生成以该直线为镜像轴的新图形，结果如图 6-12 所示。

6.5.2 拾取两点

CAXA CAD 也可以拾取两点的连线为镜像轴生成镜像图形。

【例 6-3】如图 6-14 所示两点的连线为镜像轴，将图形进行镜像处理。

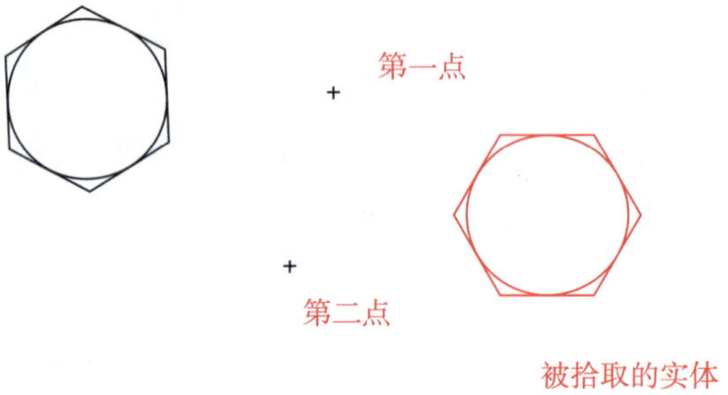

扫码看视频

图 6-14 “拾取两点”“拷贝”方式下的镜像图形

» 操作步骤

01 打开源文件的“初始文件”→6→“例 6-3”文件。启动镜像命令后，在立即菜单 1 中选择“拾取两点”方式；其他选项与“选择轴线”方式相同，如图 6-15 所示。

图 6-15 以“拾取两点”方式镜像的立即菜单

02 根据系统提示依次拾取图 6-14 中的图形，按下鼠标右键确认。

03 根据系统提示拾取两点，系统生成以两点连线为镜像轴的图形，结果如图 6-14 所示。

任务评价

评价内容	评价标准	分值	读者自评	老师评估
选择轴线	能够使用选择轴线的方式镜像图形	50		
选取两点	能够使用选取两点的方式镜像图形	50		
总分		100		

任务 6　比例缩放图形

任务描述

本任务主要讲解比例缩放图形命令。

任务分析

想要在制图过程中调整图形的大小以适应不同的设计要求，需要熟悉比例缩放图形命令的操作步骤。

任务重点与实施

比例缩放图形是指对拾取到的实体按给定比例进行缩小或放大的操作，也可以用光标在屏幕上直接拖动比例缩放，系统会动态显示被缩放的图形，当用户认为满意时，可单击左键确认。

执行方式

(1) 命令行：scale。

(2) 菜单："修改"→"比例缩放"。

(3) 工具栏："编辑工具"工具栏→。

扫码看视频

【例 6-4】如图 6-16 所示的图形为例，讲述比例缩放的操作步骤。

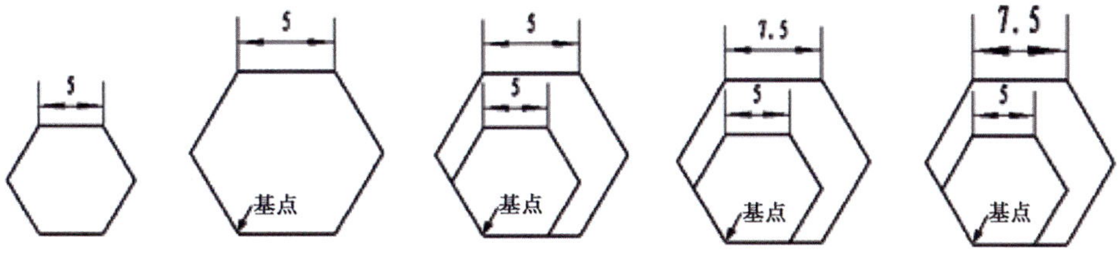

(a) 操作前　(b)　(c)　(d)　(e)

图 6-16　拉伸样条的实例

操作步骤

01 打开源文件的"初始文件"→6→"例 6-4"文件。启动比例缩放命令，根据系统提示拾取要缩放的元素，按鼠标右键确认。

02 在立即菜单 1 中选择“平移”选项，立即菜单 3 中选择“尺寸值不变”选项；立即菜单 4 中选择“比例不变”，如图 6-17 所示。

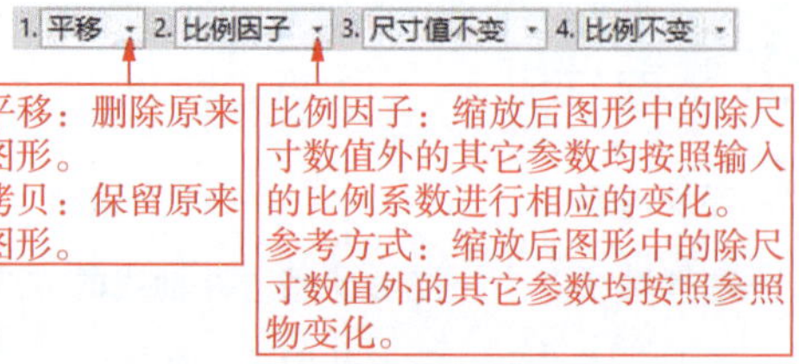

图 6-17　比例缩放的立即菜单

03 根据系统提示选择图 6-16(b) 中的基点为缩放基准点。

04 系统提示输入比例系数为 1.5，按下【Enter】键或用光标在屏幕上直接拖动缩放，直到大小合适时单击鼠标，结果如图 6-16(b) 所示。

05 如果在立即菜单 1 中选择“拷贝”选项，重复步骤 3 和步骤 4，结果如图 6-16(c) 所示。

06 如果在立即菜单 1 中选择“拷贝”选项，3 中选择“尺寸值变化”选项，重复步骤 3 和步骤 4，结果如图 6-16(d) 所示。

07 如果在立即菜单 1 中选择“平移”选项，立即菜单 3 中选择“尺寸值变化”选项，立即菜单 4 中选择“比例变化”选项，重复步骤 3 和步骤 4，结果如图 6-16(e) 所示。

任务评价

评价内容	评价标准	分值/分	读者自评	老师评估
比例缩放图形	能够比例缩放图形	100		
总分		100		

任务 7　图 形 阵 列

任务描述

本任务主要讲解图形阵列的 3 种方式。

任务分析

想要快速创建规则排列的图形，需要熟悉图形阵列的 3 种方式的使用场景。

任务重点与实施

阵列的目的是通过一次操作可同时生成若干个相同的图形，以提高作图速度。

›› 执行方式

(1) 命令行：array。

(2) 菜单：“修改”→“阵列”。

(3) 工具栏：“编辑工具”工具栏→。

选项说明

进入阵列操作命令后，在屏幕左下角的操作提示区出现阵列立即菜单，如图 6-18 所示。单击立即菜单 1 可选择阵列方式。

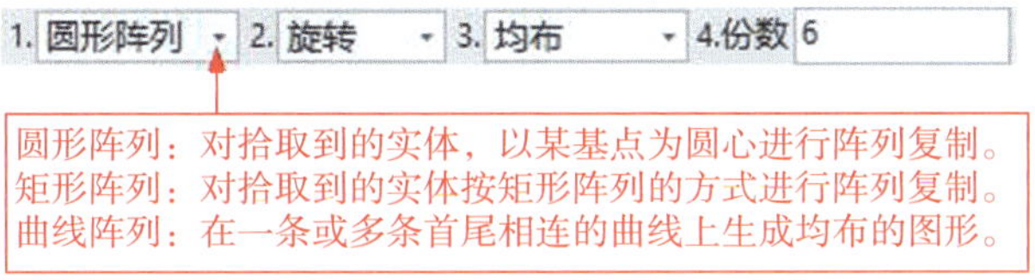

图 6-18　阵列立即菜单

6.7.1　圆形阵列

圆形阵列是指以指定点为圆心，以指定点到实体图形的距离为半径，将拾取到的图形在圆周上进行阵列拷贝。

【例 6-5】将如图 6-19 所示的图形进行阵列操作。

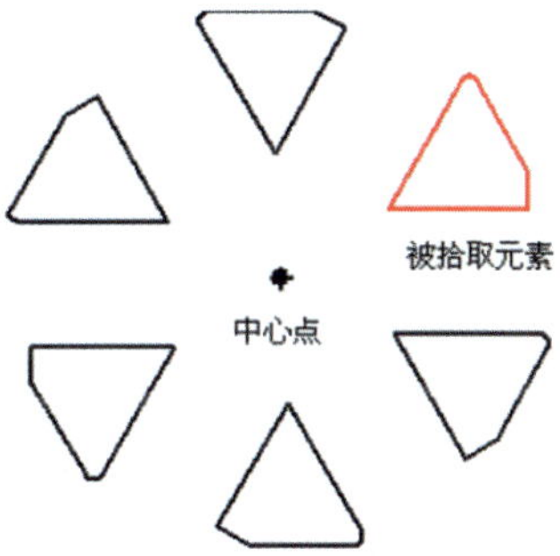

图 6-19　圆形阵列操作实例

操作步骤

01 打开源文件的“初始文件”→6→“例 6-5”文件。启动阵列命令后，在立即菜单 1 中选择“圆形阵列”方式；在立即菜单 2 中选择“旋转”，在立即菜单 3 中选择“均布”，在立即菜单 4 中输入份数 6，如图 6-20 所示。

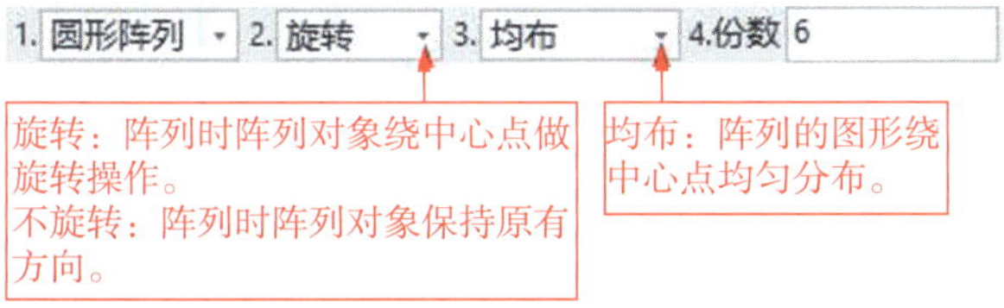

图 6-20　圆形阵列的立即菜单

扫码看视频

02 根据系统提示依次拾取图 6-19 中的图形，按下鼠标右键确认。

03 根据系统提示选取图 6-19 中的中心点作为旋转阵列的中心点，阵列完成。

【例 6-6】将如图 6-21 所示的图形进行阵列操作。

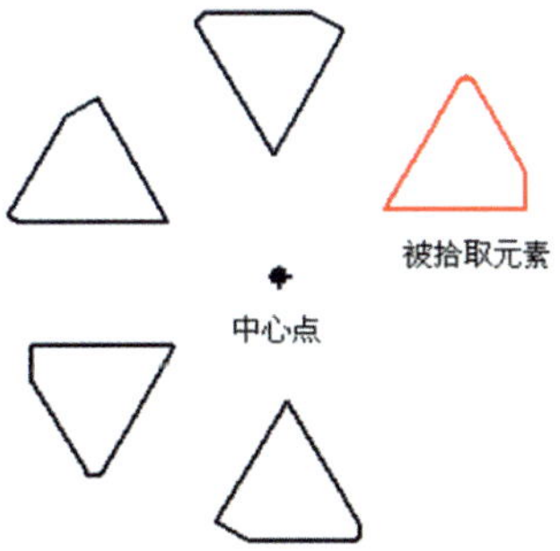

图 6-21　圆形阵列操作实例

操作步骤

01 打开源文件的“初始文件”→6→“例 6-6”文件。启动阵列命令后，在立即菜单 1 中选择“圆形阵列”方式；在立即菜单 2 中选择“旋转”，在立即菜单 3 中选择“给定夹角”，在立即菜单 4 中输入相邻夹角 60，在立即菜单 5 中输入阵列的总角度 240，如图 6-22 所示。

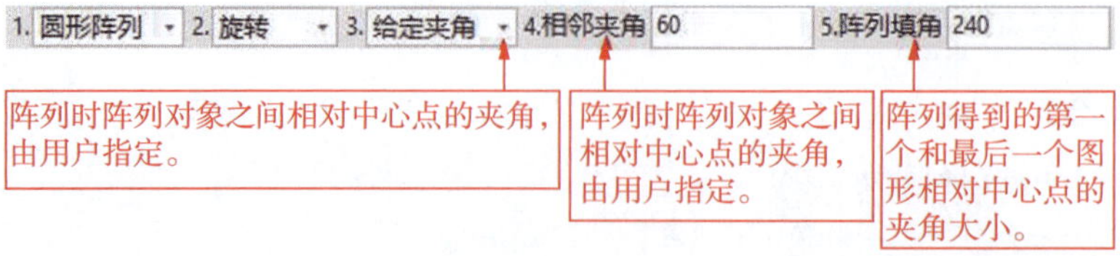

扫码看视频

图 6-22　圆形阵列的立即菜单

02 根据系统提示依次拾取要阵列的六边形，按下鼠标右键确认。

03 根据系统提示选取图 6-21 中的圆心作为旋转阵列的中心点，阵列完成。

6.7.2 矩形阵列

矩形阵列是指将拾取到的图形按矩形阵列的方式进行阵列拷贝。

【例 6-7】将如图 6-23 所示的圆进行矩形阵列操作。

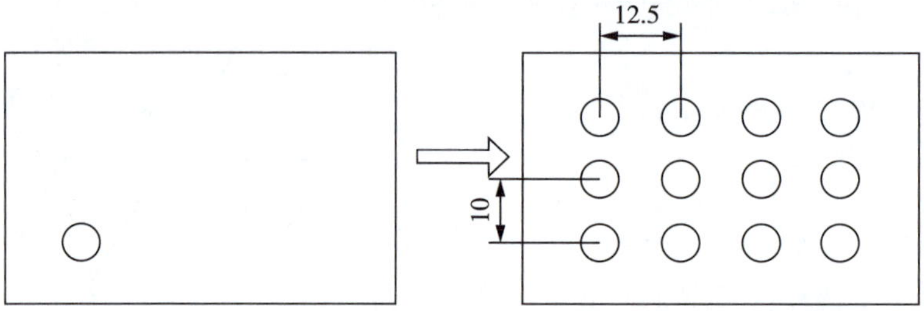

扫码看视频

图 6-23　矩形阵列操作实例

操作步骤

01 打开源文件的"初始文件"→6→"例 6-7"文件。启动阵列命令后，在立即菜单 1 中选择"矩形阵列"方式；2 中行数输入 3，在立即菜单 3 行间距输入 10，在立即菜单 4 列数输入 4，在立即菜单 5 列间距输入 12.5，在立即菜单 6 旋转角输入 0，如图 6-24 所示。

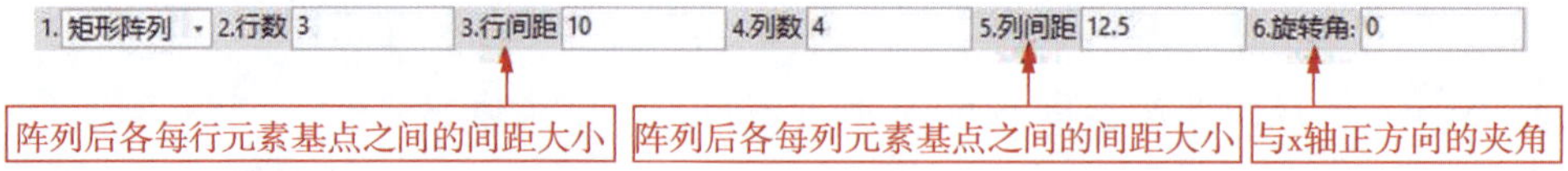

图 6-24　矩形阵列的立即菜单

02 根据系统提示拾取要阵列的圆，按下鼠标右键确认，矩形阵列操作完成。

6.7.3 曲线阵列

曲线阵列是在一条或多条首尾相连的曲线上生成均布的图形选择集。

【例 6-8】将如图 6-25 所示的多边形沿样条曲线进行阵列。

扫码看视频

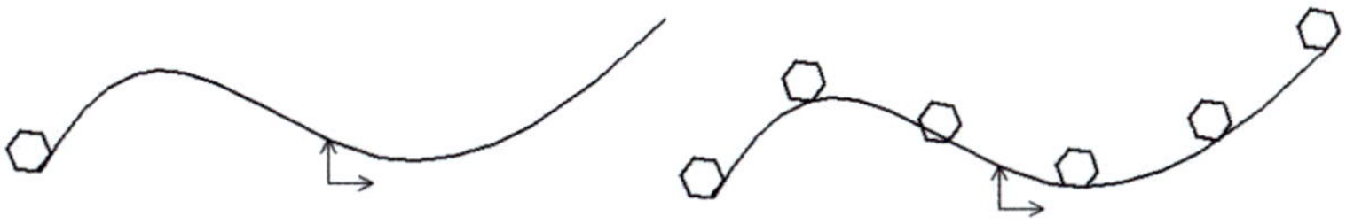

(a)操作前　　(b)操作后

图 6-25　曲线阵列操作实例

›› 操作步骤

01 打开源文件的“初始文件”→6→“例 6-8”文件。启动阵列命令后，在立即菜单 1 中选择“曲线阵列”选项；在立即菜单 2 中选择“单个拾取母线”选项，在立即菜单 3 中选择“不旋转”选项，在立即菜单 4 中输入份数 6，如图 6-26 所示。

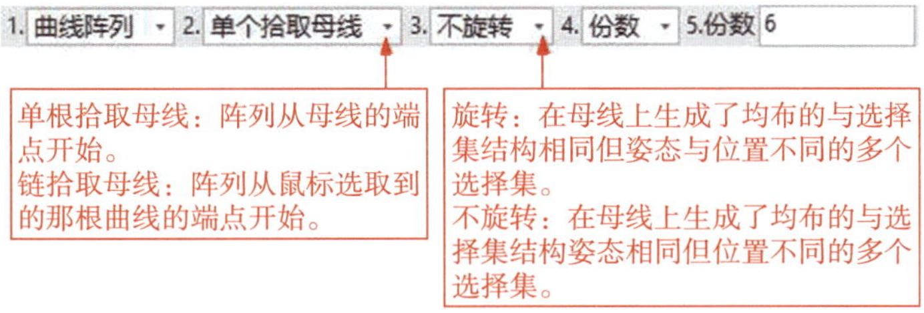

图 6-26　矩形阵列的立即菜单

02 根据系统提示拾取要阵列的多边形，按下鼠标右键确认。

03 根据系统提示拾取样条曲线的左端点位基点。

04 根据系统提示拾取样条曲线为母线，曲线阵列操作完成，结果如图 6-25（b）所示。

任务评价

评价内容	评价标准	分值/分	读者自评	老师评估
圆形阵列	能够圆形阵列图形	30		
矩形阵列	能够矩形阵列图形	40		
曲线阵列	能够曲线阵列图形	30		
总分		100		

任务 8　裁　　剪

任务描述

本任务主要讲解裁剪功能的 3 种模式。

任务分析

想要在机械制图中去除多余的线条或者填补线条缺口，需要熟悉裁剪的 3 种模式的运用场景。

任务重点与实施

裁剪功能用于被裁剪线进行修整，删除不需要的部分，得到新的曲线。

执行方式

（1）命令行：trim。

（2）菜单："修改"→"裁剪"。

（3）工具栏："编辑工具"工具栏→

选项说明

进入裁剪操作命令后，在屏幕左下角的操作提示区出现裁剪的立即菜单，单击立即菜单 1 可选择裁剪的不同方式，如图 6-27 所示。

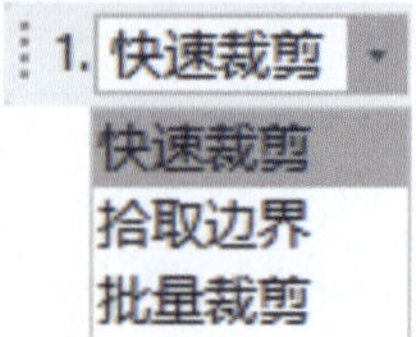

图 6-27　裁剪立即菜单

6.8.1　快速裁剪

用鼠标直接点取被裁剪的曲线，系统自动判断边界并做出裁剪响应，系统视裁剪边为与该曲线相交的曲线。快速裁剪一般用于比较简单的边界情况（如一条线段只与两条以下的线段相交）。

【例 6-9】将如图 6-28（a）所示的图形修剪成如图 6-28（b）所示的图形。

（a）操作前　　（b）操作后

图 6-28　快速裁剪实例

扫码看视频

操作步骤

01 打开源文件的"初始文件"→6→"例 6-9"文件。启动裁剪操作命令，从立即菜单 1 中选取"快速裁剪"方式。

02 根据系统提示用鼠标拾取如图 6-28（a）所示的位置，结果如图 6-28（b）所示。

6.8.2　拾取边界裁剪

CAXA CAD 允许以一条或多条曲线作为剪切线，对一系列被裁剪的曲线进行裁剪。

【例 6-10】通过拾取边界裁剪的方式修剪直线，如图 6-29 所示。

扫码看视频

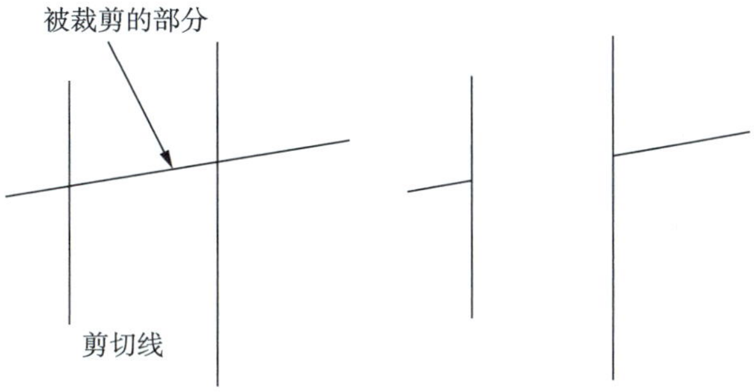

图 6-29　拾取边界裁剪

»操作步骤

01 打开源文件的“初始文件”→6→“例 6-10”文件。启动裁剪操作命令，从立即菜单 1 中选取“拾取边界”方式。

02 系统提示拾取剪刀线，用鼠标依次拾取剪刀线 1 和剪刀线 2，单击鼠标右键确认。

03 系统提示拾取另一条直线，按鼠标左键确认。点取的曲线段至边界部分被裁剪，而边界另一侧的部分被保留。

6.8.3　批量裁剪

当曲线较多时，可以采用对曲线或曲线组用批量裁剪方式裁剪。

【例 6-11】通过批量裁剪的方式裁剪直线，如图 6-30 所示。

扫码看视频

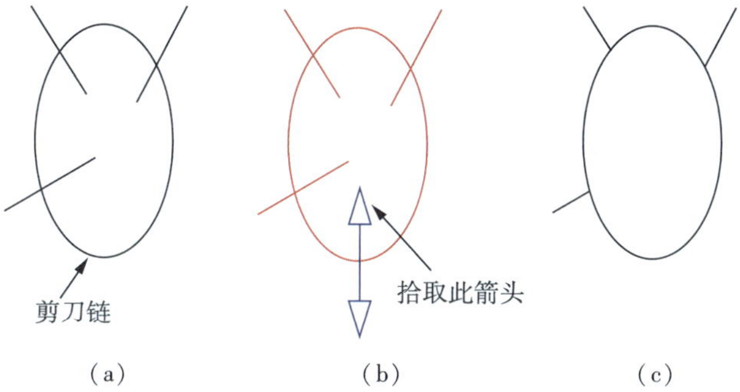

图 6-30　批量裁剪

»操作步骤

01 打开源文件的“初始文件”→6→“例 6-11”文件。启动裁剪操作命令，从立即菜单 1 中选取“批量裁剪”方式。

02 根据系统提示用鼠标单击拾取圆，(剪刀链可以是一条曲线，也可以是首尾相连的多条曲线)。

03 系统提示拾取要裁剪的曲线，用鼠标单击依次拾取要裁剪的直线(用窗口方式拾取也可)，单击鼠标右键确认。

04 选择要裁减的方向，如图 6-30(b)所示。结果如图 6-30(c)所示。

任务评价

评价内容	评价标准	分值/分	读者自评	老师评估
快速裁剪	能够使用快速裁剪裁剪多余线条	40		
通过拾取边界裁剪	能够使用通过拾取边界裁剪方式裁剪多余线条	30		
批量裁剪	能够使用批量裁剪方式裁剪多余线条	30		
总分		100		

任务9　过　　渡

任务描述

本任务主要讲解包括圆角过渡、多圆角过渡和倒角过渡在内的7种过渡方式。

任务分析

想要灵活的在两个图形之间创建平滑的过渡，需要熟悉各种过渡方式的使用场景。

任务重点与实施

过渡功能包含了一般CAD软件的圆角、尖角、倒角等功能。

»执行方式

(1)命令行：corner。

(2)菜单："修改"→"过渡"。

(3)工具栏："编辑工具"工具栏→□。

»选项说明

进入过渡操作命令后，在屏幕左下角的操作提示区出现过渡的立即菜单，单击立即菜单1可选择不同的过渡方式，如图6-31所示。

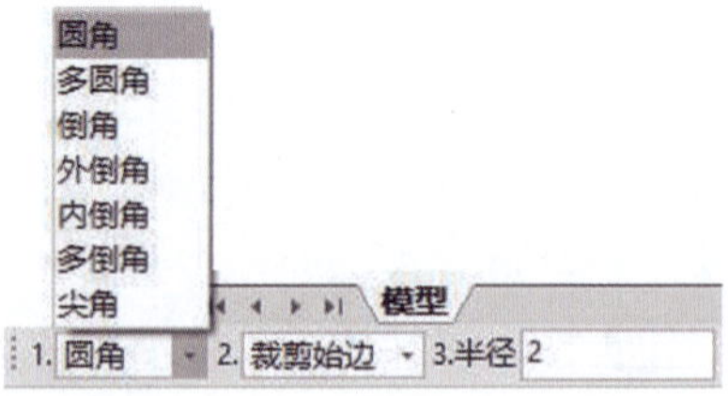

图6-31　过渡操作的立即菜单

6.9.1　圆角过渡

圆角过渡用于对两曲线(直线、圆弧、圆)进行圆弧光滑过渡。曲线可以被裁剪或往角的方向延伸。

>> 执行方式

(1)命令行：fillet。

(2)菜单：“修改”→“过渡”→“圆角”。

(3)工具栏：“过渡”工具栏→。

(4)立即菜单：“过渡” →“圆角”。

扫码看视频

【例 6-12】将如图 6-32 所示的两直线进行圆角过渡处理。

(a)操作前　(b)裁剪　(c)裁剪始边　(d)不裁剪

图 6-32　圆角过渡

>> 操作步骤

01 打开源文件的“初始文件”→6→“例 6-12”文件。启动圆角操作命令，从立即菜单 1 中可以选择“裁剪”方式，在立即菜单 2 中可以输入过渡圆角的半径为 3，如图 6-33 所示。

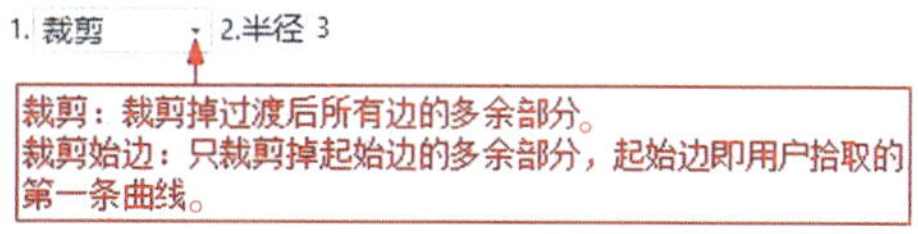

图 6-33　圆角过渡的立即菜单

02 根据系统提示用鼠标依次拾取要进行圆角过渡的两条直线，结果如图 6-32(b)所示。

03 在立即菜单 1 中选择裁剪始边方式，根据系统提示拾取左边直线为起始边，结果如图 6-32(c)所示。

04 在立即菜单 1 中选择不裁剪方式，根据系统提示用鼠标依次拾取要进行圆角过渡的两条直线，结果如图 6-32(d)所示。

6.9.2 多圆角过渡

多圆角过渡用于对多条首尾相连的直线进行圆弧光滑过渡。

>> 执行方式

(1)命令行：fillets。

(2)菜单：“修改”→“过渡”→“多圆角”。

(3)工具栏：“过渡”工具栏→。

【例 6-13】将图 6-34(a)中的五边形进行圆角处理。

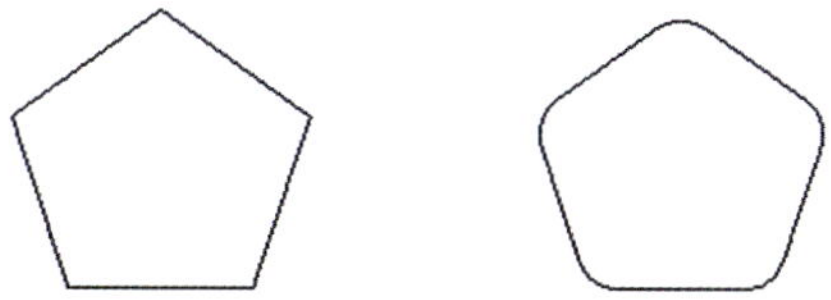

(a)操作前　(b)操作后

扫码看视频

图 6-34　多圆角过渡的实例

>> 操作步骤

01 打开源文件的“初始文件”→6→“例 6-13”文件。启动多圆角操作命令，从立即菜单 1 中可以输入过渡圆角的半径 3，如图 6-35 所示。

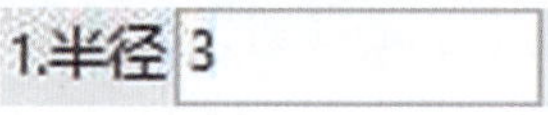

图 6-35　多圆角过渡的立即菜单

02 根据系统提示再用鼠标拾取要进行过渡的五边形的各边，结果如图 6-34(b)所示。

6.9.3　倒角过渡

倒角过渡用于对两直线之间进行直线倒角过渡。直线可以被裁剪或往角的方向延伸。

》执行方式

(1)命令行：chamfer。

(2)菜单："修改"→"过渡"→"倒角"。

(3)工具栏："过渡"工具栏→。

扫码看视频

【例 6-14】将图 6-36(a)中的直线进行倒角处理。

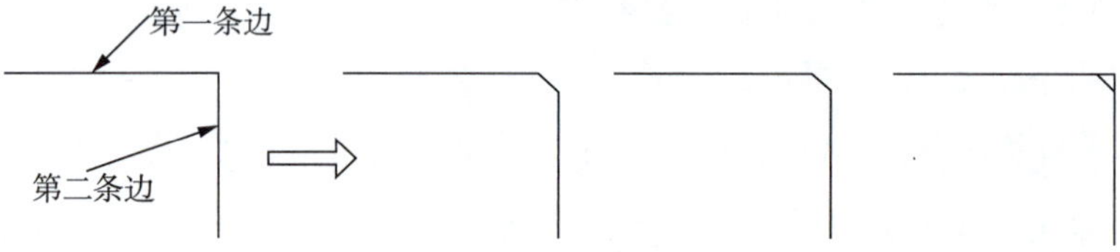

(a)操作前　(b)裁剪　(c)裁剪始边　(d)不裁剪

图 6-36　多圆角过渡的实例

》操作步骤

01 打开源文件的"初始文件"→6→"例 6-14"文件。启动倒角操作命令，从立即菜单 2 中可以选择裁剪；在立即菜单 3 中输入倒角的长度 2；在立即菜单 4 中输入倒角的角度 45，如图 6-37 所示。

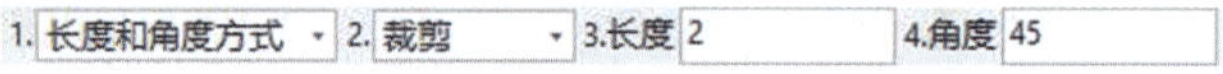

图 6-37　多圆角过渡的立即菜单

02 根据系统提示拾取图 6-36(a)中两条直线，结果如图 6-36(b)所示。

03 在立即菜单 1 中选择裁剪始边方式，根据系统提示拾取图 6-36(a)中的第一条边为始边，然后拾取第二条边，结果如图 6-36(c)所示。

04 在立即菜单 1 中选择不裁剪方式，根据系统提示拾取图 6-36(a)中两条直线，结果如图 6-36(c)所示。

6.9.4　外倒角过渡

外倒角过渡用于对轴端等有三条两两垂直的直线进行倒角过渡。

》执行方式

(1)命令行：chamferaxle。

(2)菜单：“修改”→“过渡”→“外倒角”。

(3)工具栏：“过渡”工具栏→。

【例 6-15】将如图 6-38(a)所示的轴进行外倒角处理，长度为 2，倒角为 45°。

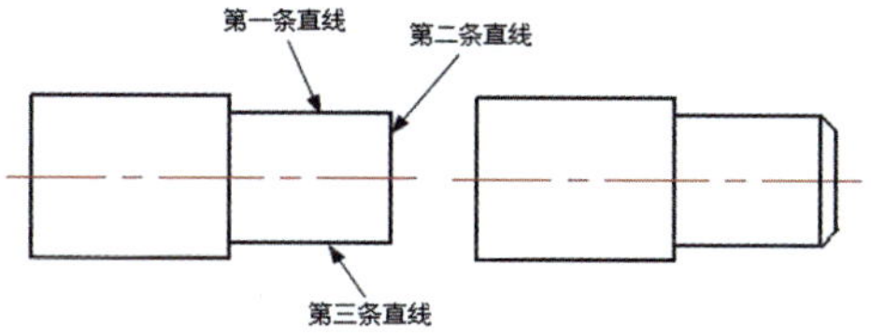

扫码看视频

(a)原始图形　　(b)外倒角结果

图 6-38　外倒角过渡

操作步骤

01 范打开源文件的“初始文件”→6→“例 6-15”文件。启动外倒角操作命令，从立即菜单 2 中可以输入倒角的长度 2，在立即菜单 3 中输入倒角的角度 45，如图 6-39 所示。

02 根据系统提示再用鼠标拾取图 6-38(a)中的三条直线，结果如图 6-38(b)所示。

图 6-39　外倒角过渡的立即菜单

6.9.5 内倒角过渡

内倒角过渡用于对孔端等有三条两两垂直的直线进行倒角过渡。

执行方式

(1)命令行：chamferhole。

(2)菜单：“修改”→“过渡”→“内倒角”。

(3)工具栏：“过渡”工具栏→。

【例 6-16】对图 6-40(a)中的孔进行内倒角处理。长度为 2，倒角为 45°。

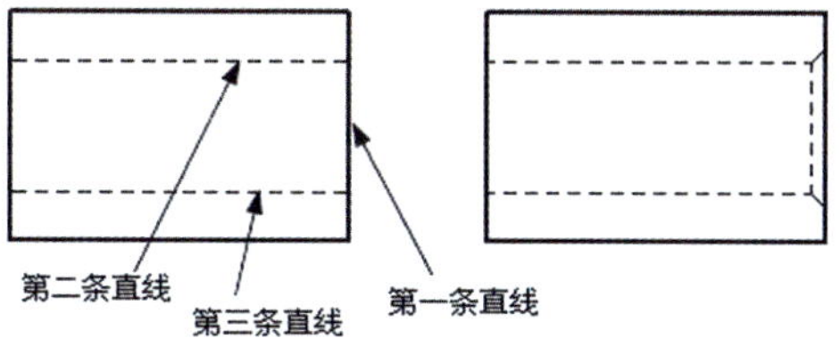

扫码看视频

(a)操作前　　(b)操作后

图 6-40　内倒角过渡

操作步骤

01 打开源文件的“初始文件”→6→“例 6-16”文件。启动内倒角操作命令，从立即菜单 2 中可以输入倒角的长度 2，在立即菜单 3 中输入倒角的角度 45，如图 6-41 所示。

1.	长度和角度方式	2.长度	2	3.角度	45

图 6-41　内倒角过渡的立即菜单

02 根据系统提示依次拾取图 6-40(a)的三条直线，结果如图 6-40(b)所示。

6.9.6 多倒角过渡

多倒角过渡用于对多条首尾相连的直线进行倒角过渡。

》执行方式

(1)命令行：chamfers。

(2)菜单："修改"→"过渡"→"多倒角"。

(3)工具栏："过渡"工具栏→。

扫码看视频

【例 6-17】对图 6-42(a)中的直线进行多倒角处理。

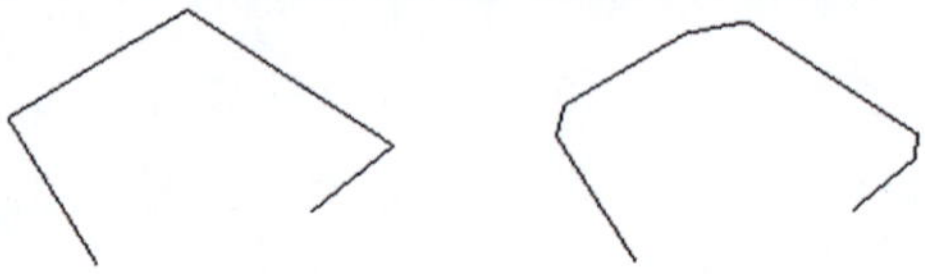

(a)操作前　(b)操作后

图 6-42　多倒角过渡

》操作步骤

01 打开源文件的"初始文件"→6→"例 6-17"文件。启动多倒角操作命令，从立即菜单 1 中输入倒角的长度 4，在立即菜单 2 中输入倒角的角度 45(图 6-43)。

1.长度 4　　2.倒角 45

图 6-43　多倒角过渡的立即菜单

02 根据系统提示拾取图 6-42(a)中所有直线，结果如图 6-42(b)所示。

6.9.7 尖角过渡

尖角过渡在第一条曲线与第二条曲线(直线、圆弧、圆)的交点处形成尖角过渡。曲线在尖角处可被裁剪或往角的方向延伸。

》执行方式

(1)命令行：sharp。

(2)菜单："修改"→"过渡"→"尖角"。

(3)工具栏："过渡"工具栏→。

扫码看视频

【例 6-18】对图 6-44(a)中的两直线进行尖角过渡处理。

(a)操作前　(b)操作后

图 6-44　尖角过渡

操作步骤

01 打开源文件的“初始文件”→6→“例 6-18”文件。启动尖角操作命令。

02 根据系统提示依次拾取图 6-44(a)中的两条直线，结果如图 6-44(b)所示。

任务评价

评价内容	评价标准	分值	读者自评	老师评估
圆角过渡	能够使用圆角过渡	10		
多圆角过渡	能够使用多圆角过渡	20		
倒角过渡	能够使用倒角过渡	20		
外倒角过渡	能够使用外倒角过渡	20		
内倒角过渡	能够使用内倒角过渡	10		
多倒角过渡	能够使用多倒角过渡	10		
尖角过渡	能够使用尖角过渡	10		
总分		100		

任务 10　拉　　伸

任务描述

本任务主要讲解拉伸命令的两种运用方式。

任务分析

在绘制机械零件图时，可能需要对几条线段或者轴的长度进行调整，需要熟悉拉伸命令的两种运用方式来进行调整。

任务重点与实施

拉伸功能是对曲线或曲线组进行拉伸的操作。

执行方式

(1)命令行：stretch。

(2)菜单：“修改”→“拉伸”。

(3)工具栏：“编辑工具”工具栏→。

选项说明

进入拉伸操作命令后，在屏幕左下角的操作提示区出现拉伸立即菜单，单击立即菜单 1 可选择不同的拉伸方式（系统提供单个曲线和曲线组的两种拉伸功能）。

6.10.1 单条曲线拉伸

单条曲线拉伸是用单个拾取鼠标拾取直线、圆、圆弧或样条进行拉伸的操作。

【例 6-19】对如图 6-45 所示的直线进行拉伸。

扫码看视频

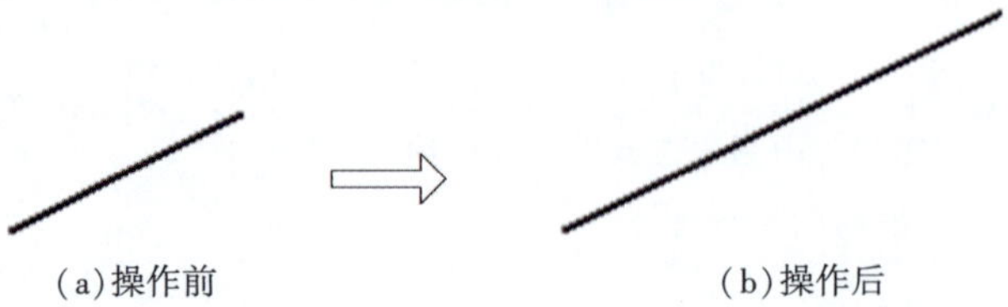

图 6-45　拉伸直线

›› 操作步骤

01 打开源文件的“初始文件”→6→“例 6-19”文件。启动拉伸命令后，在立即菜单 1 中选择“单个拾取”方式，如图 6-46 所示。

图 6-46　拉伸操作的立即菜单

02 系统提示拾取曲线，用鼠标单击图 6-45(a) 中直线的右上部，立即菜单变为如图 6-47 所示，在立即菜单 2 中选择“轴向拉伸”，在立即菜单 3 中选择“点方式”。

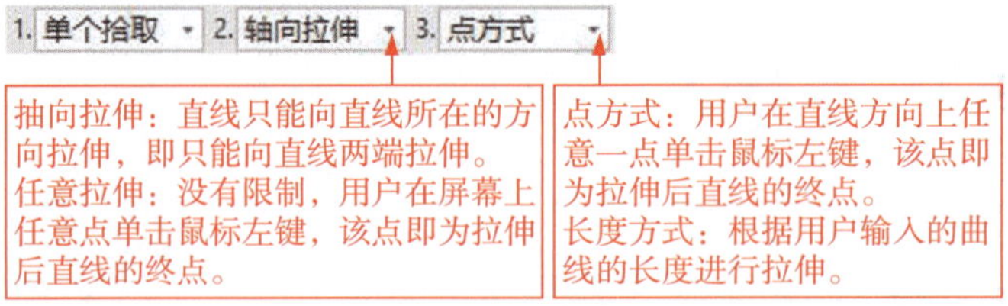

图 6-47　直线拉伸的立即菜单

03 用鼠标拉动直线到所需位置单击鼠标左键，结果如图 6-45(b) 所示。

当拾取直线时，有两种拉伸方式，轴向拉伸和任意拉伸，单击图 6-47 的立即菜单 2 可以切换。

轴向拉伸即保持直线的方向不变，只改变靠近拾取点的直线端点的位置。轴向拉伸又分点方式和长度方式，由图 6-47 的立即菜单 3 中的选项决定。点方式时拉伸后的端点位置是鼠标位置在直线方向上的垂足；长度方式时需要输入拉伸长度，直线将延伸指定的长度，如果输入的是负值，直线将反向延伸。

任意拉伸时靠近拾取点的直线端点位置完全由鼠标位置决定。

6.10.2 曲线组拉伸

曲线组拉伸是指移动窗口内图形的指定部分，即将窗口内的图形一起拉伸。

【例 6-20】对图 6-48 中图形以窗口方式拉伸。

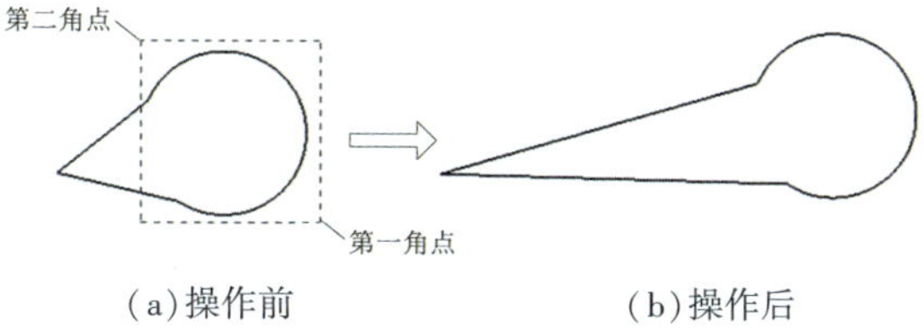

扫码看视频

图 6-48　拉伸样条的实例

操作步骤

01 打开源文件的“初始文件”→6→“例 6-20”文件。启动拉伸命令后，在立即菜单 1 中选择“窗口拾取”方式。

02 根据系统提示依次拾取窗口的第一角点和第二角点，如图 6-48(a)所示。

03 在图 6-49 所示的立即菜单 2 中选择“给定偏移”。系统提示输入“X 或 Y 方向偏移量或位置点”，用鼠标拖动图形到合适位置时单击，结果如图 6-48(b)所示。

图 6-49　窗口拉伸的立即菜单

任务评价

评价内容	评价标准	分值	读者自评	老师评估
单条曲线拉伸	能够运用单条曲线拉伸	50		
曲线组拉伸	能够运用曲线组拉伸	50		
总分		100		

任务 11　特性匹配

任务描述

本任务主要讲解特性匹配命令。

任务分析

想要将所有线条的颜色和线宽设置为一致，需要掌握特性匹配的具体步骤。

任务重点与实施

特性匹配功能使目标对象依照源对象的属性进行变化。通过格式刷功能，用户可以大批量更改软件中的图形元素属性。

执行方式

(1)命令行：match。

(2)菜单："修改"→"特性匹配"。

(3)工具栏："修改"工具栏→。

操作步骤

01 启动特性匹配命令。

02 按照系统提示依次拾取源对象、目标对象。则目标对象依照源对象的属性进行变化。

任务评价

评价内容	评价标准	分值/分	读者自评	老师评估
特性匹配	能够运用特性匹配命令将不同颜色的线条设为一致	100		
总分		100		

项目小结

本项目主要介绍了对曲线进行编辑的方法。首先介绍了删除、齐边和打断操作；其次介绍了平移、旋转、镜像、比例缩放、图形阵列、裁剪、过渡以及拉伸等操作；最后介绍了特性匹配操作。通过本项目的学习，读者能够掌握对曲线的各种处理方法，每一项任务都旨在提升读者对图形处理的熟练程度和理解深度。

项目习题

1. 绘制如图6-50所示的挡圈图形，不标注尺寸。

操作提示：

(1)在不同的层中分别绘制相应的同心圆。

(2)在0层绘制一个F7的孔，然后阵列。

(3)在0层绘制一个中间宽度为12的槽，再用旋转拷贝和镜像拷贝命令绘制其余两个。

2. 绘制图6-51所示的手轮图形，不标注尺寸。

操作提示：

(1)在相应层中分别绘制F100、F80、F64、F30、F26的同心圆。

(2)绘制F100的中心线。

(3)在0层中利用绘制平行线中的“偏移”方式绘制尺寸为16的两条竖直边线，并绘制过渡圆角。

(4)在圆周方向阵列为三组。

(5)裁剪、删除多余线段，修整图形。

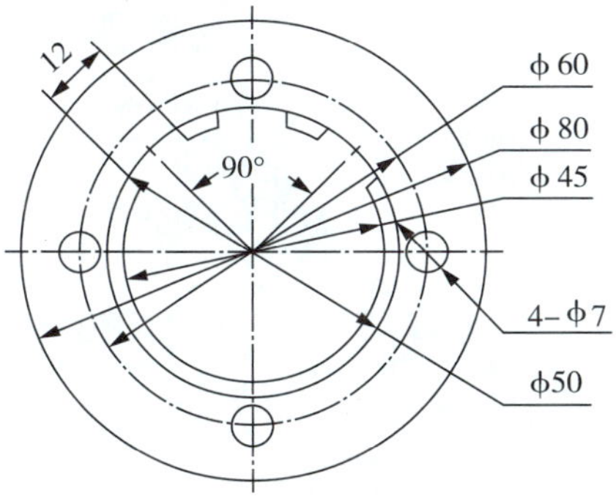

图6-50 挡圈

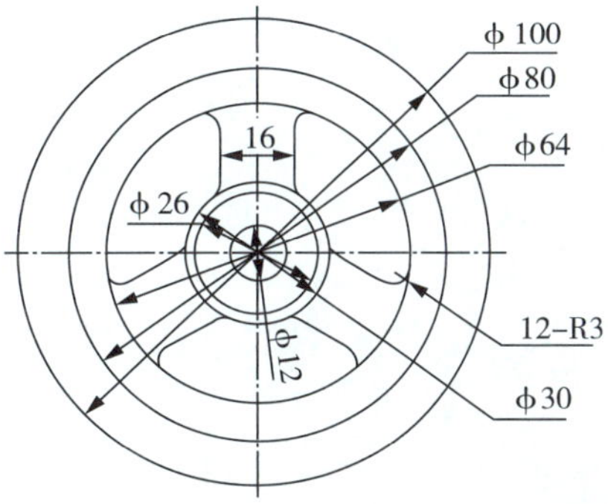

图6-51 手轮

07

项目7　图形编辑

项目导读

图形编辑内容是曲线编辑命令的继续，在应用范围上比曲线编辑更广。

学习目标

知识目标

1. 了解撤销与恢复命令的用法。
2. 了解剪切板的各种应用。
3. 掌握插入和删除所有命令用法。

能力目标

1. 能够撤销操作和恢复操作。
2. 熟练复制粘贴图形。
3. 能够插入对象和删除对象。

素质目标

培养读者对CAXA CAD电子图板的操作熟练度，能够灵活使用撤销和恢复功能来修正错误或尝试不同的设计方案。

思政目标

1. 培养读者守正创新，培养读者科技强国的信念。
2. 培养读者敬业奉献、精益求精的工匠精神。

任务 1　撤销操作与恢复操作

任务描述

本任务主要讲解如何高效地执行撤销与恢复操作。

任务分析

撤销操作是指撤回之前完成的操作，使系统回到操作前的状态；而恢复操作则是将系统恢复到之前某个特定的点，通常是撤销操作后的状态，要确定可以撤销和恢复的操作范围，制定详细的实施步骤。

任务重点与实施

7.1.1　取消操作

»执行方式

(1)命令行：undo。

(2)菜单："编辑"→"撤销"。

(3)工具栏："标准"工具栏→。

(4)快捷键：【Ctrl+Z】。

撤销操作用于取消最近一次发生的编辑动作。例如，绘制图形、编辑图形、删除实体、修改尺寸风格和文字风格等等。常用于取消一次误操作。例如，错误地删除了一个图形。即可使用本命令取消删除操作。撤销操作命令具有多级回退功能，可以回退至任意一次操作的状态。

7.1.2　恢复操作

»执行方式

(1)命令行：redo。

(2)菜单："编辑"→"恢复"。

(3)工具栏："标准"工具栏→。

(4)快捷键：【Ctrl+Y】。

恢复操作用来取消最近一次的撤销操作，即把撤销操作恢复。恢复操作也具有多级重复功能，能够退回(恢复)到任意一次撤销操作的状态。

任务评价

评价内容	评价标准	分值	读者自评	老师评估
撤销	能够撤销操作	50		
恢复	能够恢复撤销的操作	50		
总分		100		

任务2 剪切板应用

任务描述

本任务主要讲解剪切板应用的多个操作。

任务分析

想要掌握剪切板的各种应用，首先需要选定对象以及执行剪切命令。其次将讨论复制功能，这涉及到将选中的对象复制到剪切板以便后续粘贴。再次还将探讨带基点复制的高级功能，它允许用户在复制对象时保留其相对于原始位置的偏移量。然后将深入了解图形粘贴的过程，包括如何在新的位置插入之前剪切或复制的对象。最后将讨论选择性粘贴的特性，这一功能使得用户可以更精确地控制粘贴内容。

任务重点与实施

掌握剪切板的应用具有诸多好处，这些好处主要体现在提高工作效率、简化操作流程以及增强设计灵活性等方面。

7.2.1 图形剪切

图形剪切是将选中的图形或 OLE 对象送入剪贴板中，以供粘贴图形时使用。

»执行方式

(1)命令行：cut。

(2)菜单："编辑"→"剪切"。

(3)工具栏："标准"工具栏→。

(4)快捷键：【Ctrl+X】。

7.2.2 复制

图形拷贝是将选中的图形或 OLE 对象送入剪贴板中，以供图形粘贴时使用。

执行方式

(1)命令行：copylip。

(2)菜单："编辑"→"复制"。

(3)工具栏："标准"工具栏→。

(4)快捷键：【Ctrl+C】。

操作步骤

01 单击"编辑"子菜单中的"复制"菜单项，或直接单击"复制"按钮。

02 用鼠标拾取需要复制的实体。被拾取的实体呈红色显示状态，单击鼠标右键确认。

03 接下来根据系统提示输入图形的定位基点。

7.2.3 带基点复制

带基点复制是将选中的图形或 OLE 对象送入剪贴板中，以供图形粘贴时使用。

执行方式

(1)命令行：copywb。

(2)菜单："编辑"→"带基点复制"。

(3)工具栏："标准"工具栏→。

(4)快捷键：【Ctrl+Shift+C】。

带基点复制与复制的区别是：带基点复制操作时要指定图形的基点，粘贴时也要指定基点放置对象；而复制命令执行时不需要指定基点，粘贴时默认的基点是拾取对象的左下角点。

7.2.4 图形粘贴

图形粘贴是指将剪贴板中存储的图形或 OLE 对象粘贴到文档中的操作，如果剪贴板中的内容是由其他支持 OLE 的软件的拷贝命令送入的，则粘贴到文件中的为对应的 OLE 对象。

执行方式

(1)命令行：paste。

(2)菜单："编辑"→"粘贴"。

(3)工具栏："标准"工具栏→。

(4)快捷键：【Ctrl+V】。

操作步骤

01 单击“编辑”子菜单中的“粘贴”菜单项，或直接单击“粘贴”按钮。

02 复制操作时用户拾取的图形重新出现，同时系统要求输入插入定位点。

03 图形随鼠标的移动而移动。在合适位置单击鼠标左键，即可以把该图形粘贴到当前的图形中。

04 在粘贴的过程中还可以根据如图 7-1 所示的立即菜单和系统提示改变粘贴方式，可以选择“拷贝为块”或者“保持原态”，以及图形 X、Y 方向的比例和旋转角度。在粘贴为块命令中，用户可以选择是否消隐。

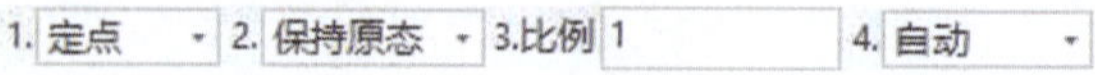

图 7-1　粘贴立即菜单

7.2.5 选择性粘贴

选择性粘贴是将 Windows 剪贴板中的内容按照所需的类型和方式粘贴到文件中。

执行方式

(1) 命令行：specialpaste。

(2) 菜单：“编辑”→“选择性粘贴”。

(3) 工具栏：“标准”工具栏→。

操作步骤

01 在其他支持 OLE 的 Windows 软件中选取一部分内容复制到剪贴板中，比如可以在 Microsoft Word 中复制一行文字。

02 在选择“对象”单击鼠标右键出现的快捷菜单中选择“选择性粘贴”选项，弹出如图 7-2 所示“选择性粘贴”对话框。

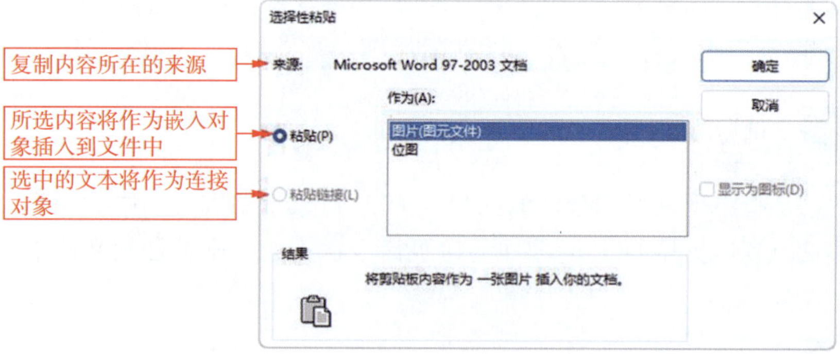

图 7-2　“选择性粘贴”对话框

03 如果选择了 Word 文档，则选中的文本将作为一个对象被粘贴到文件中。如果选择了纯文本，则选中的文字将以电子图板自身的矢量字体方式粘贴到文件中。如果选择了图片，则选中的文字将转化为与设备无关的图片插入到文件中。

任务评价

评价内容	评价标准	分值/分	读者自评	老师评估
图形剪切	能够进行图形剪切	20		
复制	能够复制图形	20		
带基点复制	能够进行带基点复制	20		
图形粘贴	能够进行图形粘贴	20		
选择性粘贴	能够进行选择性粘贴	20		
总分		100		

任务3　对象编辑

任务描述

本任务主要讲解插入对象与删除所有两个命令的使用。

任务分析

对于插入操作，需确保新对象不会与现有对象产生冲突，并考虑与其他对象的关系。在进行删除操作时，要注意避免误对象，可能需要备份或确认，并考虑对其他对象的影响。

任务重点与实施

7.3.1 插入对象

CAXA CAD 允许在文件中插入一个 OLE 对象。可以新创建对象，也可以从现有文件创建；新创建的对象可以是嵌入的对象，也可以是链接的对象。

»执行方式

(1)命令行：insertobject。

(2)菜单："编辑"→"插入对象"。

(3)工具栏："对象"工具栏→。

»操作步骤

01 在"编辑"子菜单中单击"插入对象"选项，弹出"插入对象"对话框，如图 7-3 所示。

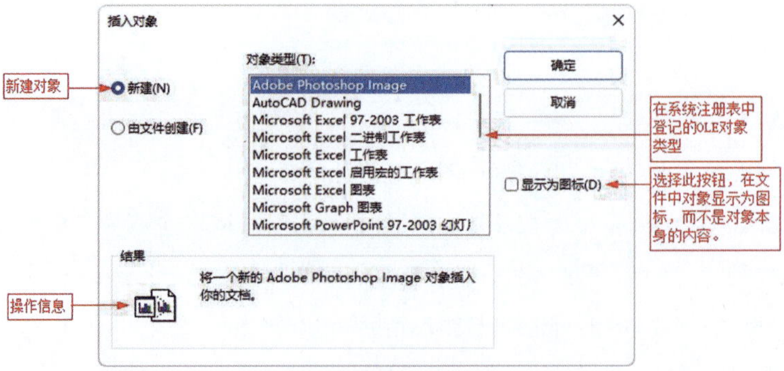

图 7-3 “插入对象”之“新建”对话框

02 弹出时默认以创建新对象的方式插入对象从对话框的对象类型列表中选取所需的对象，单击“确定”按钮后，将弹出相应的对象编辑窗口对插入对象进行编辑，例如选择 BMP 图像，则会弹出应用程序“画笔”进行编辑。

03 若在对话框中选择“由文件创建”，则对话框如图 7-4 所示。

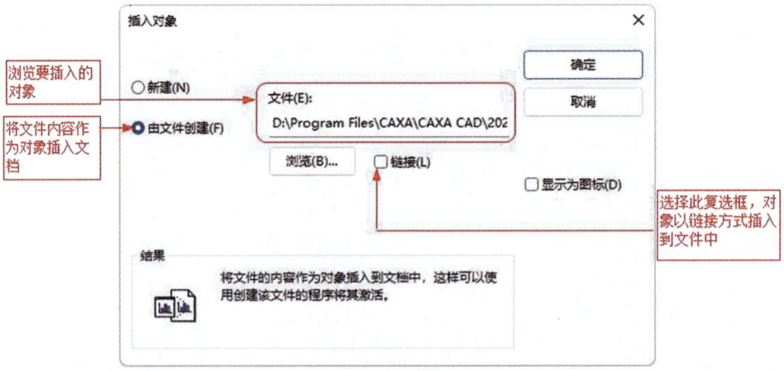

图 7-4 “插入对象”之“由文件创建”对话框

04 单击“浏览”按钮，打开“浏览”对话框，从文件列表中选取所需的文件。单击“确定”按钮后，该文件将以对象的方式嵌入到文件中。

7.3.2 删除所有

利用清除所有功能将所有已打开图层上的符合拾取过滤条件的实体全部删除。

执行方式

(1)命令行：delall。

(2)菜单：“编辑”→“删除所有”。

操作步骤

01 单击子菜单中的“删除所有”命令，即可执行本命令。

02 系统弹出如图 7-5 所示警告对话框。

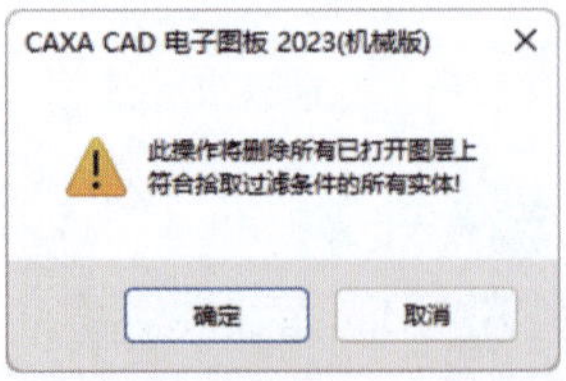

图 7-5 警告对话框

03 系统以对话框的形式对用户的“删除所有”操作提出警告，若认为所有打开层的实体均已无用，则可单击“确定”按钮，所有实体被删除。

04 若认为某些实体不应删除或本操作有误，则单击“取消”按钮，对话框消失后屏幕上图形保持原样不变。

任务评价

评价内容	评价标准	分值/分	读者自评	老师评估
插入对象	能够插入对象	50		
删除所有	能够使用删除所有命令	50		
总分		100		

项目小结

本项目通过从基础的撤销与恢复操作到剪切板应用，再到对象编辑技巧等一系列任务，逐步引导读者掌握核心功能，使读者能够灵活应对各种编辑需求，提高作图质量。

项目习题

绘制如图 7-6 所示的图形，并对各图形元素的属性进行修改。

操作提示：

(1)绘制图形。

(2)用鼠标单击选中图形中的组成矩形的粗实线，单击鼠标右键，系统弹出“特性”对话框，在该对话框中改变图形的图层、线型和颜色。

(3)按照(2)中的方法依次对中心线和剖面线进行特性修改，观察图形的变化情况。

(4)在操作过程中重复执行“取消操作”与“重复操作”命令，观察图形的变化情况。

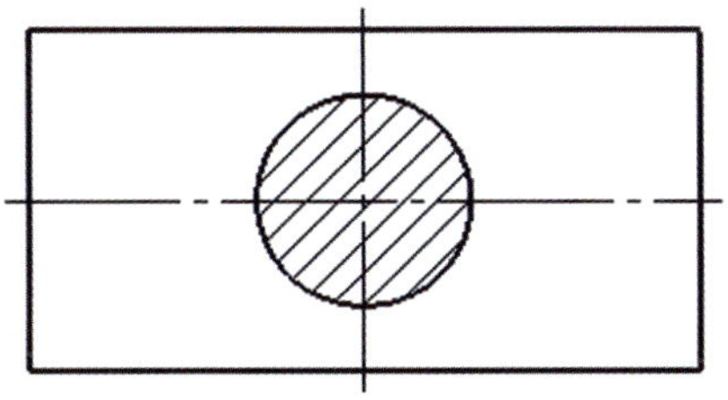

图 7-6　示例图形

08

项目8 视图控制

项目导读

为了便于绘图操作，CAXA CAD 电子图板提供了一些控制图形显示的命令，一般这些命令只能改变图形在屏幕上的显示方式，可以按操作者所期望的位置、比例和范围进行显示，以便于观察，但不能使图形产生实质性的改变，既不改图形的实际尺寸，也不影响实体间的相对关系。

学习目标

知识目标

1. 了解图形的动态平移与动态缩放命令的用法。
2. 了解图形缩放和平移的各种命令。

能力目标

1. 能够熟练地使用动态平移和动态缩放命令。
2. 能够熟练地使用图形缩放和平移的各种命令。

素质目标

培养读者实现图形的移动和大小调整，增强读者对图形变换概念的理解。

思政目标

1. 完善读者人格修养，增强读者文化创新意识。
2. 培养读者成为创新驱动发展的践行者。

任务 1　图形动态平移与动态缩放

任务描述

本任务将介绍图形的动态平移与动态缩放的操作方式。

任务分析

为了实现平滑且响应迅速的图形动态平移与缩放功能，需要熟悉动态平移与动态缩放的使用方式。

任务重点与实施

CAXA 软件的动态平移和动态缩放功能为用户提供了更加灵活和高效的绘图体验。

8.1.1 动态平移

执行方式

(1)命令行：dyntrans。

(2)菜单："视图"→"动态平移"。

(3)工具栏："常用工具"工具栏→。

(4)快捷键：【Shift+鼠标左键】。

操作步骤

01 光标显示为，按住鼠标左键，移动鼠标即可任意平移图纸。

02 单击鼠标右键，退出动态平移显示。

另外，按住【Shift】键的同时按住鼠标左键拖动鼠标也可以实现动态平移，而且这种方法更加快捷、方便。

8.1.2 动态缩放

执行方式

(1)命令行：dynscale。

（2）菜单："视图"→"动态缩放"。

（3）工具栏："常用工具"工具栏→ 。

（4）快捷键：【Shift+鼠标右键】。

操作步骤

01 光标显示为 ，按住鼠标左键，向上方拖动为放大显示，向下方拖动为缩小显示。

02 单击鼠标右键，退出动态缩放显示。

另外，按住【Shift】键的同时按住鼠标右键拖动鼠标也可以实现动态缩放，而且这种方法更加快捷、方便。

任务评价

评价内容	评价标准	分值/分	读者自评	老师评估
动态平移	能够动态平移图纸	50		
动态缩放	能够动态缩放图纸	50		
总分		100		

任务 2　图形缩放与平移

任务描述

本任务主要指导用户通过一系列缩放与平移命令实现对图形的精准缩放与平移操作。

任务分析

想要在制图过程中更好地展示数据或者图形，需要熟练运用各种缩放与平移命令。

任务重点与实施

图形的缩放和平移是两项基本的视图操作功能，它们能够帮助用户更好地查看和编辑图形的不同部分。

8.2.1 显示窗口

显示窗口功能提示用户输入窗口的上角点和下角点，系统将两个角点所包含的图形充满屏幕绘图区加以显示。

执行方式

(1)命令行：zoom。

(2)菜单："视图"→"显示窗口"。

(3)工具栏："常用工具"工具栏→🔍。

操作步骤

01 执行命令后，会弹出系统提示，显示窗口第一角点，在所需位置单击鼠标左键指定显示窗口的第一个角点。

02 移动鼠标，出现一个大小可随鼠标的移动而改变的矩形窗口，使需要放大显示的区域位于矩形窗口内。

03 根据系统提示，单击鼠标左键指定第二个角点，第一角点和第二角点为矩形窗口的对角点。矩形窗口区域的中心成为新的屏幕显示中心，其中图形按照充满屏幕的方式重新显示出来。

【例 8-1】放大两圆相交部分。

扫码看视频

操作步骤

01 绘制相交两圆，如图 8-1(a)所示。

02 光标标位于两圆相交区域的左上角，单击鼠标左键，如图 8-1(b)所示。

03 向右下角移动鼠标，出现矩形窗口区域，选定光标位置，单击鼠标左键确定，如图 8-1(c)所示。

04 矩形窗口内的区域被放大显示，如图 8-1(d)所示。

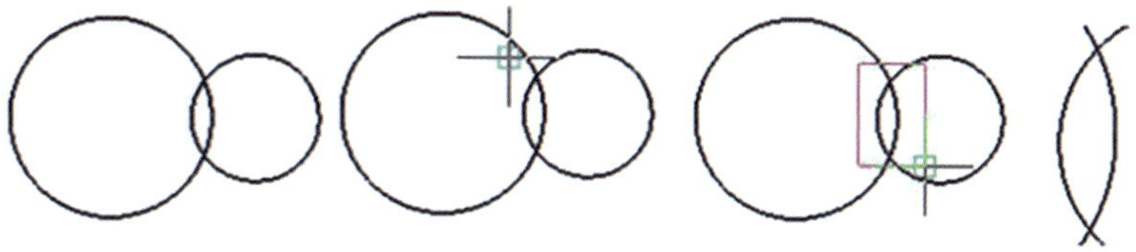

(a) (b) (c) (d)

图 8-1 例 8-1 显示窗口

8.2.2 显示平移

显示平移功能提示用户输入一个新的显示中心点，系统将以该点为屏幕显示的中心，平移待显示的图形。

执行方式

(1)命令行：pan。

(2)菜单："视图"→"显示平移"。

操作步骤

进入显示平移命令后，根据系统提示拾取屏幕的中心点，拾取点变为屏幕显示的中心。图8-2为窗口平移的实例。

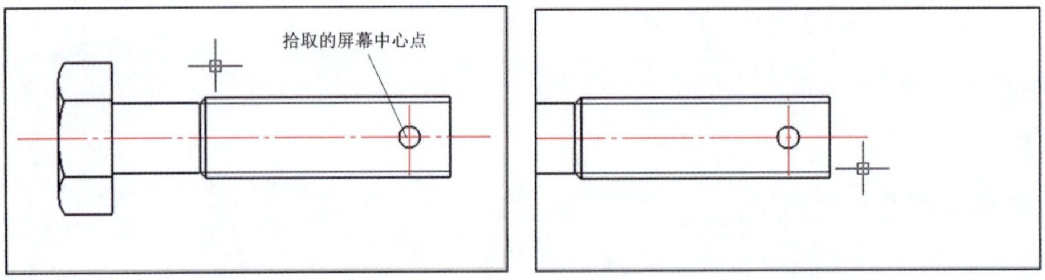

(a)操作前　　(b)操作后

图8-2　窗口平移的实例

8.2.3 显示全部

显示全部功能可将当前所绘制的图形全部显示在屏幕绘图区内。

执行方式

(1)命令行：zoomall。

(2)菜单："视图"→"显示全部"。

(3)工具栏："常用工具"工具栏→。

操作步骤

进入显示全部命令后，系统将当前所绘制的图形全部显示在屏幕绘图区内。图8-3为显示全部的实例。

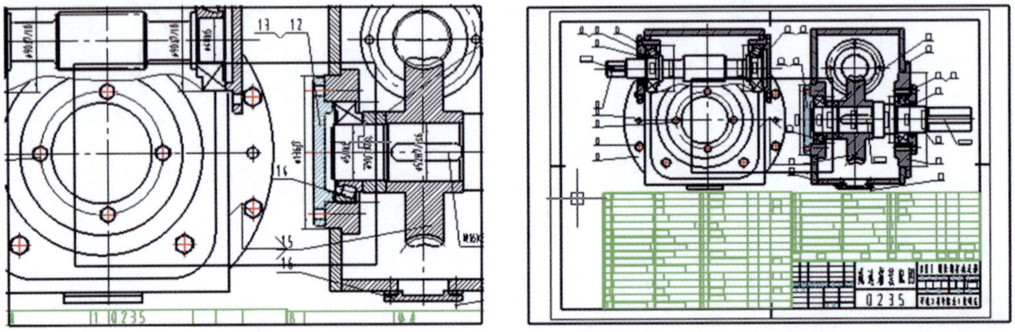

(a)操作前　　(b)操作后

图8-3　显示全部的实例

8.2.4 显示复原

显示复原功能可恢复初始显示状态，即当前图纸大小的显示状态。

执行方式

(1)命令行：home。

(2)菜单：“视图”→“显示复原”。

(3)快捷键：【home】。

操作步骤

进入显示复原命令后，系统立即将屏幕内容恢复到初始显示状态。

8.2.5 显示比例

显示比例功能按用户输入的比例系数，将图形缩放后重新显示。

执行方式

(1)命令行：vscale。

(2)菜单：“视图”→“显示比例”。

操作步骤

01 立即菜单提示：在“比例系数：文本框中输入一个(0，1 000)范围内的数值，该数值为图形缩放的比例系数，并按【Enter】键确定。按照输入数值决定放大(或缩小)比例的图形被显示出来。

02 单击【Esc】键退出“显示比例”状态。

8.2.6 显示回溯

显示回溯功能将取消当前显示，返回到上一次显示变换前的状态。

执行方式

(1)命令行：prev。

(2)菜单：“视图”→“显示上一步”。

(3)工具栏：“常用工具”工具栏→。

操作步骤

进入“显示上一步”命令后，系统立即将图形按上一次显示的状态显示出来。

8.2.7 显示向后

显示向后功能返回到下一次显示变换后的状态，同显示回溯配套使用。

执行方式

(1)命令行：next。

(2)菜单：“视图”→“显示下一步”。

操作步骤

进入“显示下一步”操作后，系统将图形按下一次显示状态显示出来。此操作与显示回溯操作配合使用可以方便灵活地观察新绘制的图形。例如，图 8-4(a)为原图，图 8-4(b)为经过显示放大后的图形。如果对图 8-4(b)进行“显示上一步”操作，系统将重新显示图 8-4(a)，如果将重新显示的图 8-4(a) 进行“显示下一步”操作，系统又将图 8-4(b) 再次显示出来。

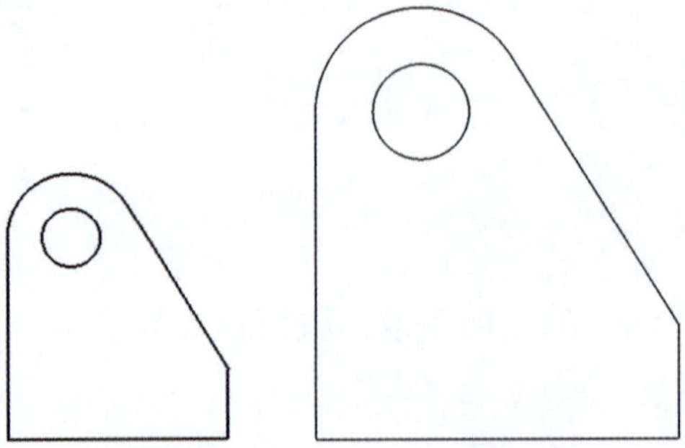

(a) 操作前　　(b) 操作后

图 8-4　显示回溯和显示向后

8.2.8　显示放大

执行方式

(1) 命令行：zoomin。

(2) 菜单：“视图”→“显示放大”。

(3) 快捷键：【pageup】。

操作步骤

01 光标显示为🔍，单击鼠标左键一次，系统将所有图形按固定比例放大一次，可连续操作。

02 单击【Esc】键或鼠标右键退出本命令。

8.2.9　显示缩小

执行方式

(1) 命令行：zoomout。

(2) 菜单：“视图”→“显示缩小”。

(3) 快捷键：【pagedown】。

操作步骤

01 光标显示为🔍，单击鼠标左键一次，系统将所有图形按固定比例缩小一次，可连续操作。

02 单击【Esc】键或鼠标右键退出本命令。

另外，按键盘的【PageDown】键，同样可以实现按固定比例显示缩小的效果。

任务评价

评价内容	评价标准	分值/分	读者自评	老师评估
显示窗口	掌握显示窗口命令	10		
显示平移	能够使用显示平移命令平移图形	10		
显示全部	能够将所绘制的图形全部显示在屏幕绘图区内	20		
显示复原	能够恢复初始显示状态	10		
显示比例	能够使用显示比例命令	10		
显示回溯	能够返回到上一次显示变换前的状态	10		
显示向后	能够将图形按上一次显示的状态显示出来	10		
显示放大	熟练使用显示放大命令放大图形	10		
显示缩小	熟练使用显示缩小命令缩小图形	10		
总分		100		

项目小结

本项目通过两个主要任务来提升读者在图形操作方面的技能。首先，图形的动态平移与动态缩放这一任务的学习目标是使读者能够熟练地对图形进行实时的位置调整和尺寸变换，从而更好地理解和控制图形在屏幕上的表现。其次，深入了解图形的缩放与平移技巧，这不仅要求读者掌握基本的图形操作，还要能够在更复杂的场景中灵活应用这些技能。整个项目不仅增强了读者对视图控制的理解，还提高了读者在实际操作中的应变能力。

项目习题

打开已绘制的图形，练习显示控制命令的使用。

操作提示：

(1)打开已绘制的图形。

(2)依次执行下列命令：显示窗口、显示平移、显示全部、显示复原、显示比例、显示回溯、显示向后、显示放大、显示缩小、动态平移、动态缩放。

(3)注意观察图形的显示变化。

项目9 图纸幅面

项目导读

国标中对机械制图的图样的大小作了统一规定，图样尺寸大小共分为 A0、A1、A2、A3、A4 等 5 个规格，CAXA CAD 电子图板按照国标的规定，在系统内部设置了上述 5 种标准图幅以及相应的图框、标题栏和明细表。系统还允许用户自定义图幅和图框，并可将自定义的图幅、图框制成模板文件，以备其他文件调用。

学习目标

知识目标

1. 了解图幅、图框、标题栏和参数栏的设置。
2. 了解零件序号的生成、删除与编辑等操作。
3. 了解明细表的编辑。
4. 了解背景的设置。

能力目标

1. 能够生成与编辑图幅、图框、标题栏和参数栏。
2. 能够生成与编辑零件序号。

3. 能够编辑明细表。

4. 能够将图片设置为绘图区背景。

素质目标

培养读者学习图纸幅面设置、标题栏和参数栏的配置，以及零件序号的管理，掌握创建和维护明细表的技能，提升解决复杂工程问题的能力。

思政目标

1. 培养读者专业技能，树立终身学习的意识。

2. 培养读者认真负责的工作态度和严谨细致的工作作风。

任务1 图幅与图框设置

任务描述

本任务要求用户对图幅与图框进行一系列的设置操作。具体步骤包括：首先进行图幅的设置；其次调入预设的图框，再次定义新的图框样式，存储已定义的图框以便后续使用，填写图框中的相关信息；最后根据需要编辑图框的属性和内容。

任务分析

本任务涉及多个不同方面的操作。用户需要熟悉相关软件或工具的操作界面和功能，以确保能够顺利完成各项设置。

任务重点与实施

在图样幅面规格中，CAXA CAD 电子图板设置了从 A0 至 A4 共 5 种标准图样幅面供调用。并可设置图样方向及图样比例。

9.1.1 图幅设置

执行方式

(1)命令行：setup。

(2)菜单："幅面"→"图幅设置"。

(3)工具栏："图幅"工具栏→[ ]。

操作步骤

01 单击"图幅设置"按钮，或单击并选择"幅面"下拉菜单中的"图幅设置"命令，系统弹出"图幅设置"对话框，如图 9-1 所示。

02 在该对话框内，可以对图样的幅面、比例、方向进行相应的设置。

03 单击“调入图框”或“调入标题栏”的下拉按钮，在列表中选择需要的图框和标题栏，在右侧的预览框中显示相应的图框和标题栏。单击“确定”按钮即可。

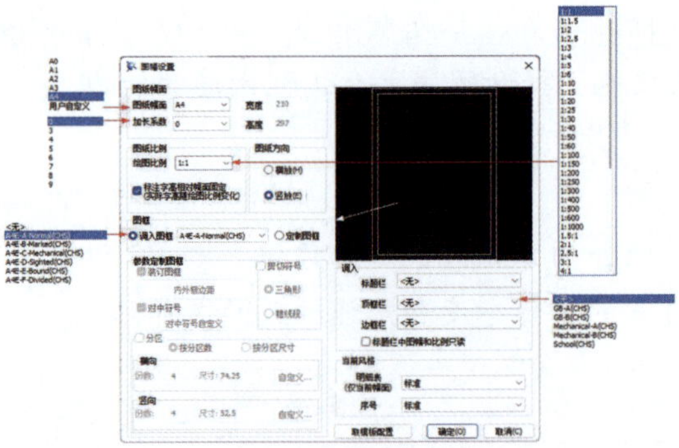

图 9-1 “图幅设置”对话框

9.1.2 调入图框

调入图框功能将调入与当前绘图幅面一致的标准图框。

执行方式

(1) 命令行：frmload。

(2) 菜单：“幅面”→“图框”→“调入”。

(3) 工具栏：“图幅”工具栏→。

操作步骤

01 启动调入图框命令后，系统弹出“读入图框文件”对话框，如图 9-2 所示。

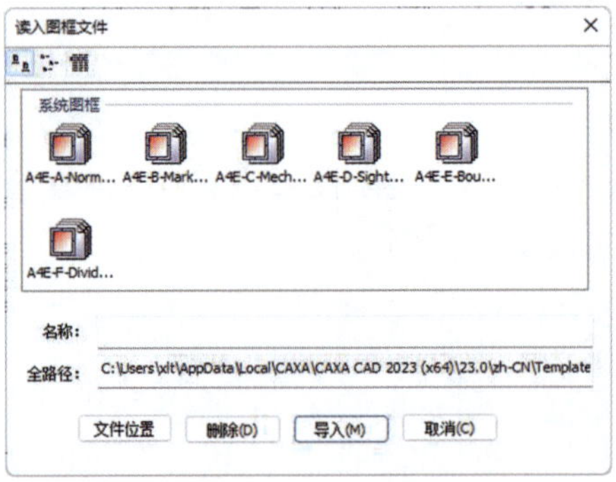

图 9-2 “读入图框文件”对话框图

02 在此对话框中的图框列表中列出与当前幅面一致的图框名称，选取所需图框单击“确定”按钮即可将该图框插入到当前图样中。

9.1.3 定义图框

定义图框功能将绘制的图形定义成图框。

执行方式

(1)命令行：frmdef。

(2)菜单："幅面"→"图框"→"定义"。

(3)工具栏："图框"工具栏→[icon]。

操作步骤

01 按系统提示用左键拾取添加定义为图框的图形，单击右键确定。

02 按系统提示选区基准点(基准点用来定位标题栏，一般选择图框的右下角)，单击左键选取基准点。如果当前设置的幅面与所选的定义为图框的图形元素的尺寸大小不一致，则弹出"选择图框文件的幅面"对话框，如图 9-3 所示。

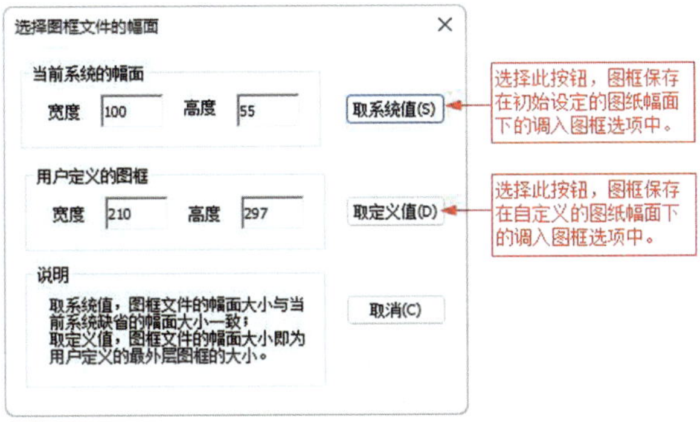

图 9-3 "选择图框文件的幅面"对话框

03 选择完毕弹出"另存为"对话框，如图 9-4 所示，在对话框底部的文件输入行内输入图框名称，然后单击"确定"按钮，定义图框的操作结束。

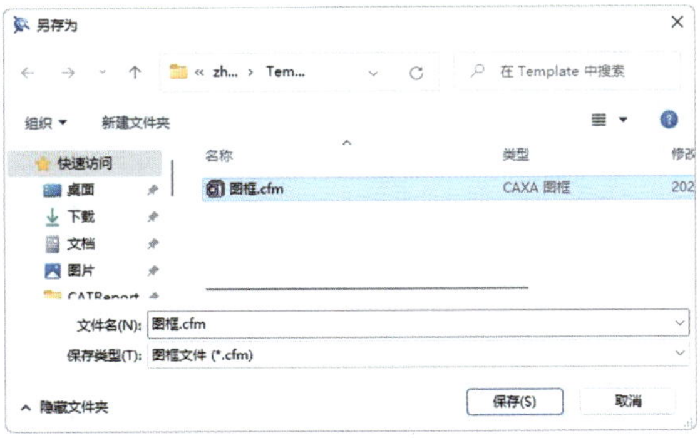

图 9-4 "另存为"对话框

9.1.4 存储图框

存储图框功能是将当前界面中的图框存储到文件中以供以后使用。

执行方式

(1)命令行：frmsave。

(2)菜单："幅面"→"图框"→"存储"。

(3) 工具栏：“图框”工具栏→。

》操作步骤

01 弹出“保存图框”对话框，输入要存储图框文件名，如“机械常用 A4”。

02 单击“确定”按钮，系统自动添加文件扩展名“. FRM”，这样，一个文件名为“机械常用 A4. FRM”的图框文件就被存储在 SUPPORT 目录中了。

9.1.5 填写图框

通常有很多属性信息如描图、底图总号、签字、日期等附加在图框中。对属性图框中的属性信息进行填写。

》执行方式

(1) 命令名：frmfill。

(2) 菜单：“幅面”→“图框”→“填写”。

(3) 工具栏：“图框”工具栏→。

》操作步骤

01 执行填写图框命令后，弹出“填写图框”对话框，如图 9-5 所示。在“属性编辑”中的“属性值”一栏，在需要填写行位置单击，对该行的信息进行填写。选中窗口右下角的“自动填写标题栏上的对应属性”，可使标题栏与属性栏中的对应属性填写内容同步填写。

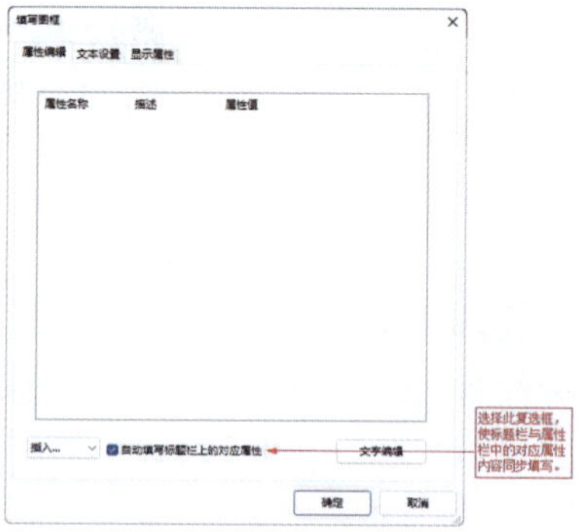

图 9-5　“填写图框”对话框

02 在选中一行的状态下，选择“文本设置”，如图 9-6 所示。在“对齐方式”和“文本风格”后面的下拉菜单中选择需要的格式。在“字高”和“旋转角”文本框中输入数值，对该行文字进行设定。

03 选择“显示属性”，如图 9-7 所示，在“层”和“颜色”后面的下拉菜单中设置选中行的文字所属层和文字颜色。

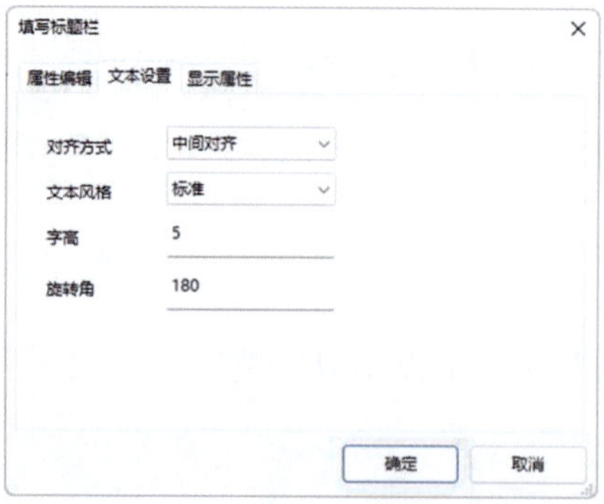

图 9-6　文本设置属性页

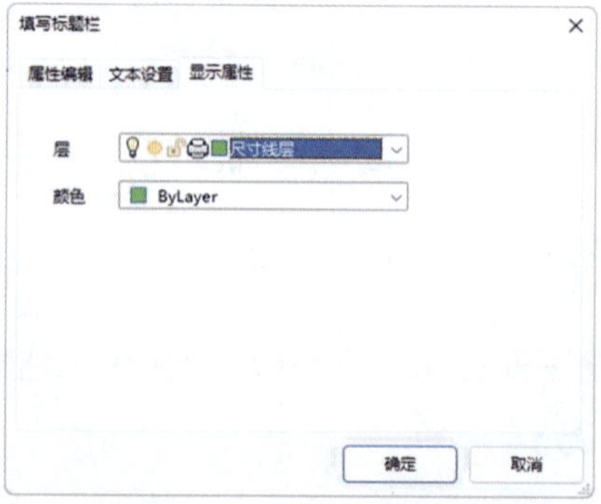

图 9-7　显示设置属性页

9.1.6 编辑图框

图框是一个特殊的块，以块编辑的方式对图框进行编辑操作。

》执行方式

(1)命令名：frmedit。

(2)菜单："幅面"→"图框"→"编辑"。

(3)工具栏："图框"工具栏→。

》操作步骤

01 图纸上的图框将在窗口中以最大化形式独立显示，并出现"块编辑"工具。

02 进入块编辑状态，操作方法与块编辑部分的方法相同。

任务评价

评价内容	评价标准	分值/分	读者自评	老师评估
图幅设置	能够设置图幅	10		
调入图框	能够调入图框	20		
定义图框	能够定义图框	10		
存储图框	熟练存储图框	20		
填写图框	熟练填写图框	20		
编辑图框	熟练编辑图框	20		
总分		100		

任务2　标题栏设置

任务描述

本任务主要讲解标题栏的设计、储存、调入与填写操作。

任务分析

想要设置一个标准的标题栏。用户首先需要调入一个预设或自定义的标题栏模板到图纸中。如果是自定义的标题栏，那么需要将定义好的标题栏存储起来以备后续使用。然后用户需要填写标题栏中的具体内容。

任务重点与实施

9.2.1 调入标题栏

调入标题栏功能可将选取的所需标题栏插入到当前图样中。

执行方式

（1）命令行：headload。

（2）菜单：“幅面”→“标题栏”→“调入”。

（3）工具栏：“标题栏”工具栏→ 。

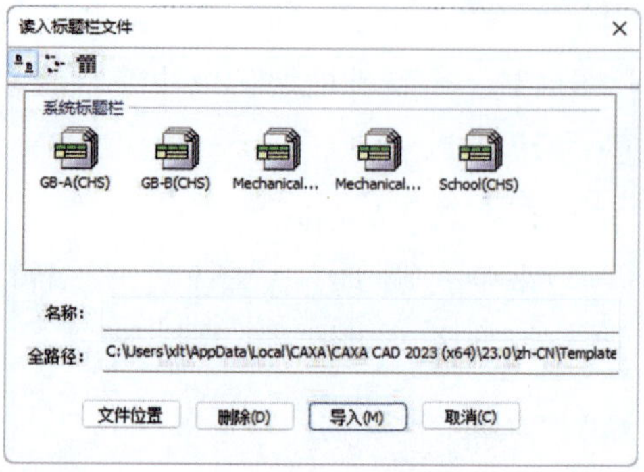

图 9-8　读入标题栏文件对话框

操作步骤

01 弹出“读入标题栏文件”对话框，如图 9-8 所示。

02 对话框中列出了已有标题栏的文件名。选取所需格式的标题栏。

03 单击“确定”按钮，即调入所选标题栏，显示于已有图框的右下角。

9.2.2　定义标题栏

定义标题栏功能可将绘制的图形定义成标题栏。

执行方式

（1）命令行：headdef。

（2）菜单：“幅面”→“标题栏”→“定义”。

（3）工具栏：“标题栏”工具栏→ 。

操作步骤

01 命令提示栏显示：“拾取元素”，用鼠标左键拾取需要定义的标题栏，包括全部图形和文字，单击右键确定。

02 命令提示栏显示：“基准点”。单击鼠标左键选取一点为基准点。

03 弹出“另存为”对话框，如图 9-9 所示，在对话框底部的文件输入行内输入标题栏名称，然后单击“确定”按钮，定义标题栏的操作结束。

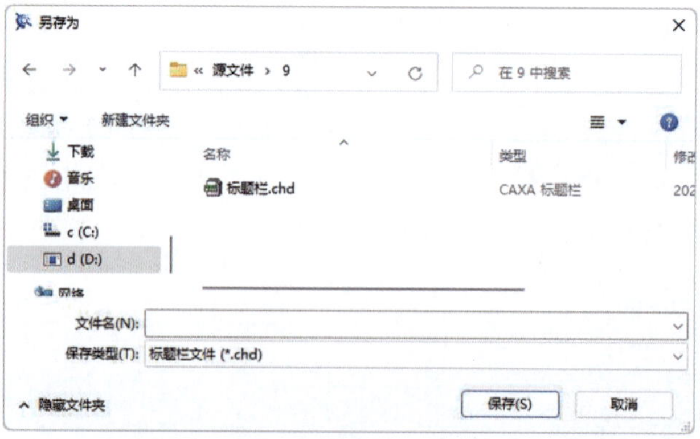

图 9-9　“另存为”对话框

9.2.3 存储标题栏

存储标题栏功能可将当前定义的标题栏存储到文件中以供以后使用。

»执行方式

(1)命令行：headsave。

(2)菜单："幅面"→"标题栏"→"存储"。

(3)工具栏："标题栏"工具栏→ 。

»操作步骤

启动存储标题栏命令，弹出"保存标题栏"对话框，在对话框中输入文件名后单击"确定"按钮即可。

9.2.4 填写标题栏

填写标题栏功能查以填写系统提供的标题栏。

»执行方式

(1)命令行：headerfill。

(2)菜单："幅面"→"标题栏"→"填写"。

(3)工具栏："标题栏"工具栏→ 。

»操作步骤

启动填写标题栏命令，弹出"填写标题栏"对话框，如图 9-10 所示，在对话框中填入相关内容后单击"确定"按钮即可。

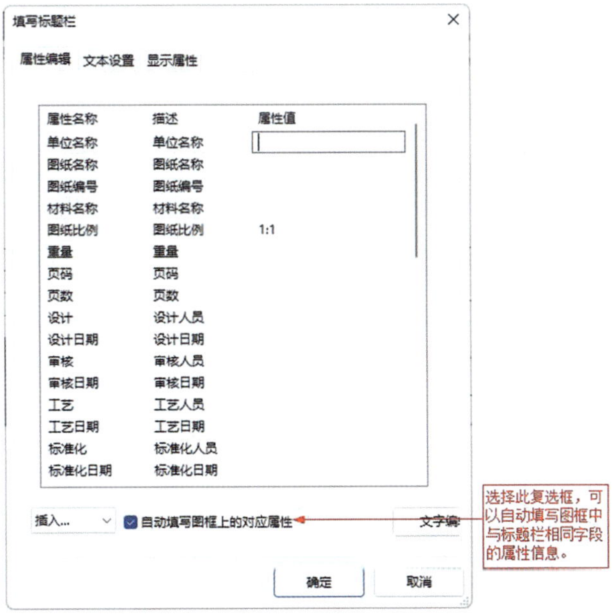

图 9-10 "填写标题栏"对话框

注意

如果此时的标题栏不是系统所提供的或没有标题栏，则无法用此功能。

【例 9-1】创建如图 9-11 所示的标题栏。

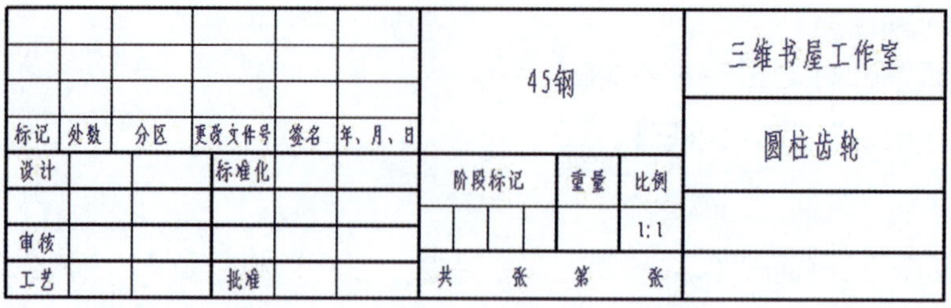

扫码看视频

图 9-11　标题栏

操作步骤

01 调入标题栏：执行“幅面”→“调入标题栏”，或用键盘输入命令 headload，则弹出如图 9-12 所示的“读入标题栏文件”对话框。选取其中的 GB-A 文件，单击“导入”按钮，结果如图 9-13 所示。

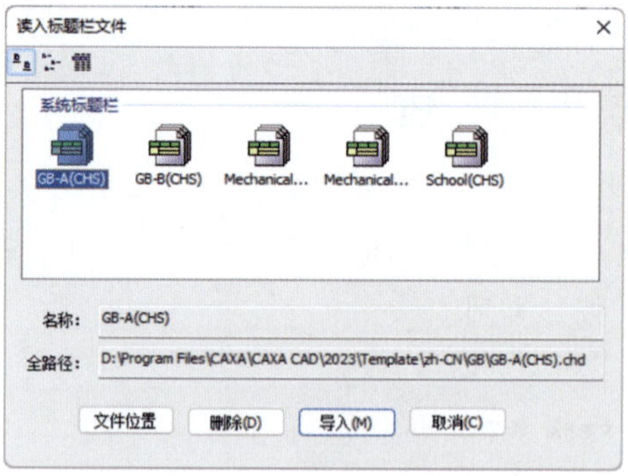

图 9-12　“读入标题栏文件”对话框

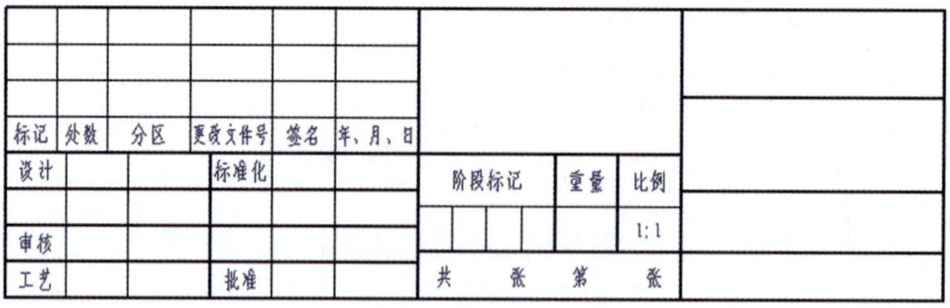

图 9-13　机标 A 标题栏

02 填写标题栏：填写定义好的标题栏。单击按钮，执行“幅面”→“标题栏”→“填写标题栏”命令，或用键盘输入命令 headfill。弹出如图 9-14 所示的“填写标题栏”对话框。

03 在此对话框的“单位名称”文本框中输入“三维书屋工作室”，“图纸名称”文本框中输入“圆柱齿轮”，“材料名称”文本框中输入“45 钢”，单击“确定”按钮，完成标题栏的填写，结果如图 9-11 所示。

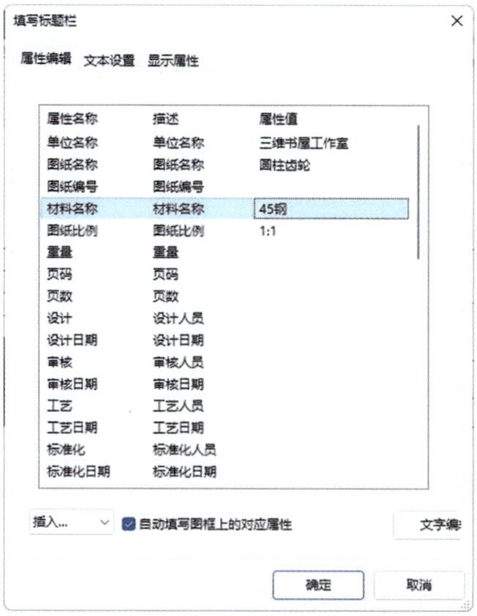

图 9-14 “填写标题栏”对话框

任务评价

评价内容	评价标准	分值/分	读者自评	老师评估
调入标题栏	能够调入标题栏	25		
定义标题栏	能够定义标题栏	25		
储存标题栏	熟练储存标题栏	25		
填写标题栏	熟练填写标题栏	25		
总分		100		

任务 3 参 数 栏

任务描述

本任务主要讲解 CAXA CAD 电子图板中参数栏的调入、定义、存储和填写。

任务分析

想要绘制一个标准的参数栏，需要理解每个参数栏的功能，用户首先需要调入一个预设或自定义的参数栏模板到图纸中。如果是自定义的参数栏，那么需要将定义好的参数栏存储起来以备后续使用。然后用户需要填写参数栏中的具体内容。

任务重点与实施

齿轮等零件有许多尺寸、材料等参数，需要在图纸中进行说明。通过电子图板的参数栏功能，可以实现对参数栏的调入、定义、存储、填写和编辑。

9.3.1 调入参数栏

为当前图纸调入一个参数栏。如果屏幕上已有一个参数栏，则新参数栏将替代原参数栏，参数栏调入时的定位点为其右上角点。

执行方式

(1)命令名：paraload。

(2)菜单："幅面"→"参数栏"→"调入"。

(3)工具栏："参数栏"工具栏→田。

操作步骤

01 弹出"读入参数栏文件"对话框，如图 9-15 所示。选择需要调入的参数栏，单击"确定"按钮。

02 按照命令栏提示，输入参数栏右上角定位点的坐标值，单击【Enter】确定，或单击鼠标确定定位点。调入参数栏完成。

9.3.2 定义参数栏

可将屏幕上的已有图形包括文字定义为参数栏。也就是说，允许将任何图形定义成参数栏文件以备调用。通过属性定义的方式将图纸名称、图纸代号、企业名称等属性信息加入到定义的参数栏中。

执行方式

(1)命令名：paradef。

(2)菜单："幅面"→"参数栏"→"定义"。

(3)工具栏："参数栏"工具栏→田。

操作步骤

01 命令提示栏显示："拾取元素"，用鼠标左键拾取需要定义的参数栏包括的全部图形和文字，单击右键确定。

02 命令提示栏显示："基准点"。单击鼠标左键，选取一点为基准点或输入基准点的坐标值。

03 弹出"另存为"对话框，如图 9-16 所示。在对话框底部的文件输入行内输入标题栏名称，然后单击"确定"按钮，定义参数栏的操作结束。

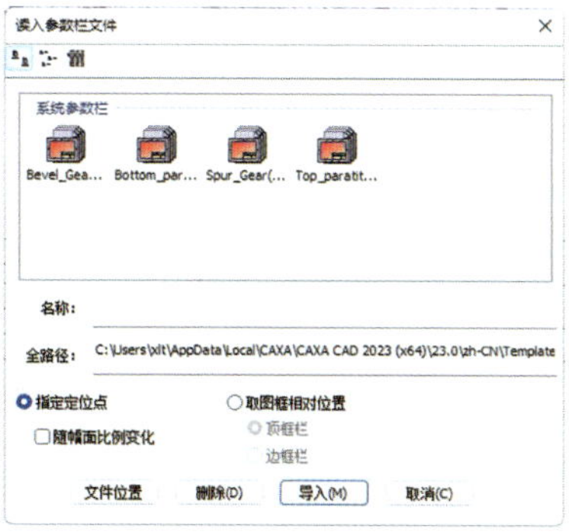

图 9-15 读入参数栏

图 9-16 另存为对话框

9.3.3 存储参数栏

将定义好的参数栏以文件形式存盘，以备调用。

》执行方式

(1)命令名：parasave

(2)菜单：“幅面”→“参数栏”→“存储”

(3)工具栏：“参数”工具栏→

》操作步骤

按照系统命令提示，选择需要存储的参数栏，弹出“另存为”对话框。对话框中列出了已有参数栏文件的文件名，在对话框底部的文件输入行内输入要存储的参数栏文件名，例如“蜗杆”。然后，单击“确定”按钮，系统自动加上文件扩展名“. HDR”，这样，一个文件名为“蜗杆 . HDR”的图框文件就被存储在 SUPPORT 目录中了。

9.3.4 填写参数栏

填写当前绘图区中已有的参数栏的属性信息。

》执行方式

(1)命令名：parafill。

(2)菜单：“幅面”→“参数栏”→“填写”。

(3)工具栏：“参数”工具栏→。

》操作步骤

01 按照系统命令栏提示，拾取需要填写的参数栏。

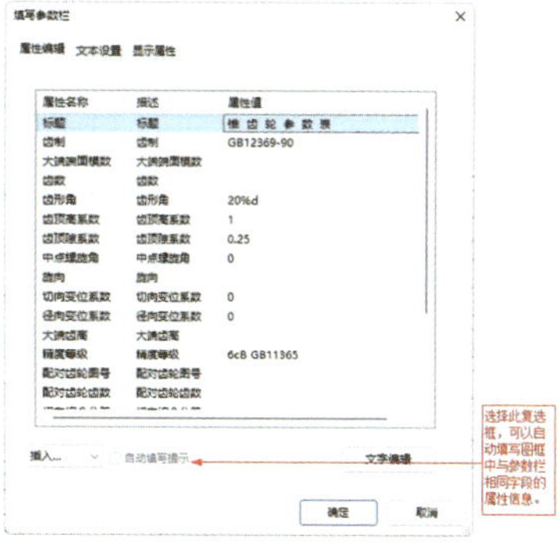

图 9-17 “填写参数栏”对话框

02 弹出“填写参数栏”对话框，如图 9-17 所示。在对话框中的属性值单元格处直接进行填写编辑，单击“确定”按钮即可完成参数栏的填写。

任务评价

评价内容	评价标准	分值	读者自评	老师评估
调入参数栏	能够调入参数栏	25		
定义参数栏	熟练定义参数栏	25		
存储参数栏	能够存储参数栏	25		
填写参数栏	熟练填写参数栏	25		
总分		100		

任务 4　零 件 序 号

任务描述

本任务主要讲解通过生成、删除、编辑和交换序号来确保图纸的准确性和可读性。

任务分析

想要熟练地编辑零件序号，需要学习如何使用工具栏中的相关命令来生成、删除、编辑和交换零件序号。在执行这些操作时，注意观察序号的变化对整体布局的影响，并根据实际需要进行调整。

任务重点与实施

零件序号和明细表是绘制装配图不可缺少的内容，电子图板设置了序号生成和插入功能，并且与明细表联动，在生成和插入零件序号的同时，允许用户填写或不填写明细表中的各表项，而且对从图库中提取的标准件或含属性的块，在零件序号生成时，能自动将其属性填入明细表中。

9.4.1 生成序号

生成序号功能可生成或插入零件的序号。

»执行方式

(1) 命令行：ptno。

(2) 菜单："幅面"→"序号"→"生成"。

(3) 工具栏："零件序号"工具栏→1 2。

操作步骤

01 启动生成序号命令，弹出零件序号立即菜单，如图 9-18 所示。

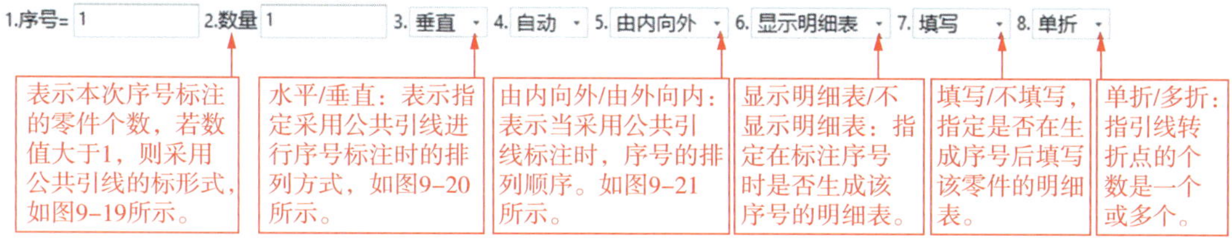

图 9-18　零件序号立即菜单

02 填写或选择立即菜单的各项内容。

03 根据系统提示依次选取序号引线的引出点和转折点即可。

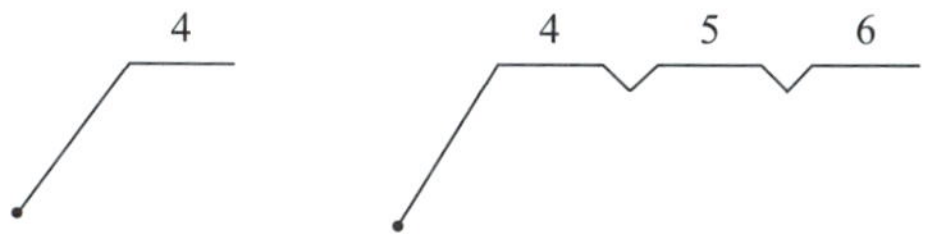

图 9-19　“数量”一栏的输入值

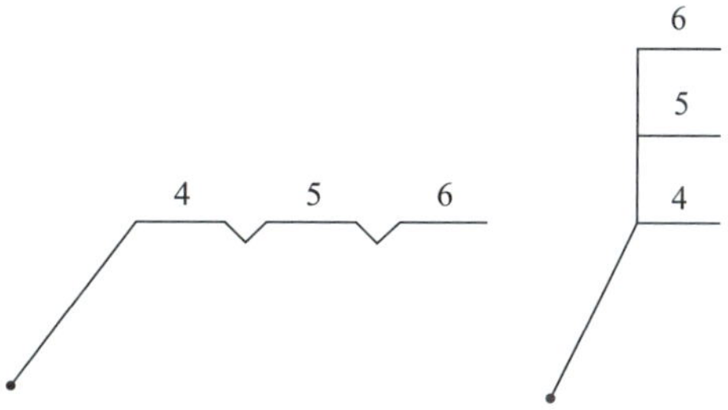

图 9-20　序号的排列方式

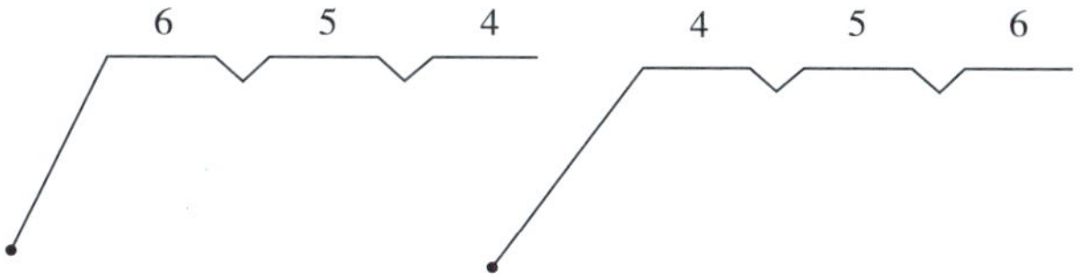

图 9-21　序号的排列顺序分别为“由内向外”“由外向内”

选项说明

立即菜单 1“序号”：零件的序号值，可以输入数值，也可以输入前缀加数值，但是前缀和数值均最多只能有 3 位，否则系统提示输入的数值错误，当前缀的第一位字符是@ 的时候，作出的序号是加圈的形式。如图 9-22 所示。

当一个零件的序号被确定下来后，系统根据当前的序号自动生成下次标注时的新序号。如果当前序号为纯数值，则系统自动将序号栏中的数值加 1，如果为纯前缀，则系统为当前标注的序号后加数值 1，并为下次标注的序号后加数值 2；如果为前缀加数值，则前缀不变，数值为当前数值加 1。

当输入的一个零件序号小于当前相同前缀的序号的最小值或大于最大值加 1 时，系统也会提示输入的数值不合法。但如果输入的序号与当前已存在的序号相同时，则弹出如图 9-23 所示的对话框询问是插入还是取重号。当选择“插入”按钮时，原有的序号从当前序号开始一直到与当前前缀相同数值最大的序号统一向后顺延；如果选择“取重号”按钮，则系统生成与现有序号重复的序号。如果选择“自动调整”按钮，则当前输入的序号变为当前前缀相同数值最大的序号加 1。如果选择“取消”按钮，则输入的序号无效。

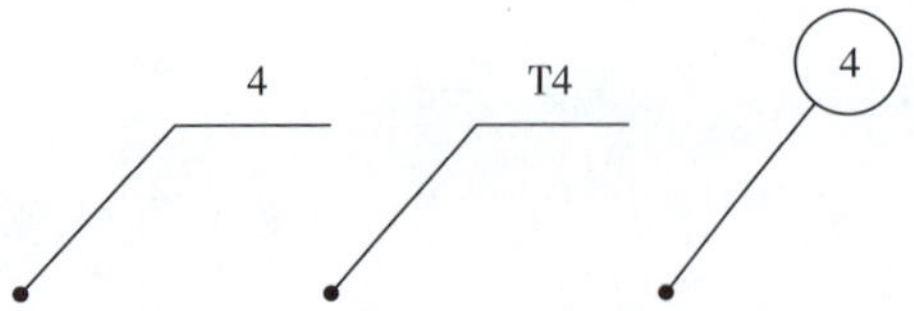

图 9-22　零件序号的输入值

图 9-23　序号冲突时弹出的对话框

9.4.2 删除序号

删除序号功能可删除不需要的零件序号。

执行方式

(1) 命令行：ptnodel。

(2) 菜单：“幅面”→“序号”→“删除”。

(3) 工具栏：“零件序号”工具栏→。

操作步骤

启动删除序号命令，按照系统提示依次拾取要删除的零件序号即可。

9.4.3 编辑序号

编辑序号功能可编辑零件序号的位置和排列方式。

执行方式

(1) 命令行：ptnoedit。

(2) 菜单：“幅面”→“序号”→“编辑”。

(3) 工具栏：“零件序号”工具栏→。

操作步骤

01 启动编辑序号命令，按照系统提示依次拾取要编辑的零件序号。

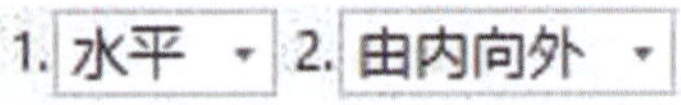

图 9-24　编辑序号的立即菜单

02 如果拾取的是序号的指引线，此时可移动鼠标编辑引出点的位置。

03 如果拾取的是序号的引出线，此时系统弹出图 9-24 所示的立即菜单，系统提示输入转折点，此时移动鼠标可以编辑序号的排列方式和序号的位置。

【例 9-2】编辑图 9-25 (a) 中的序号，该序号生成时立即菜单设置为：@1、数量 2、水平、由内向外。

扫码看视频

操作步骤

01 打开源文件的“初始文件”→9→“例 9-2”文件。调用编辑序号命令。

02 拾取引出点，对序号引出点及引出线的位置进行编辑。效果如图 9-25(b)所示。

03 拾取的是序号值，将立即菜单设置为：垂直、由外向内。并且对转折点及序号位置进行编辑。效果如图 9-25(c)所示。

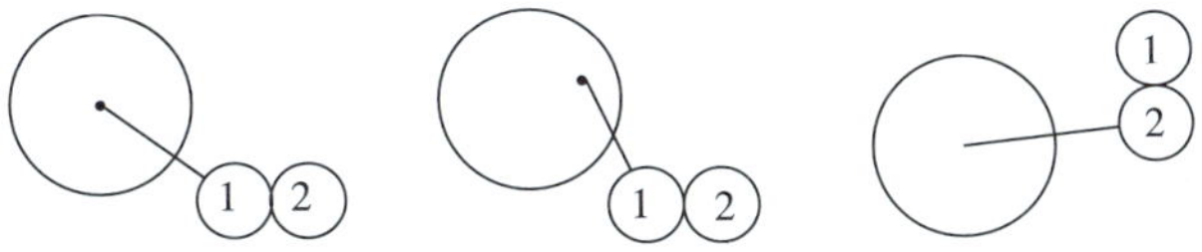

(a)　　(b)　　(c)

图 9-25　编辑序号实例

9.4.4 交换序号

交换序号功能即交换序号的位置，并根据需要交换明细表内容。

执行方式

(1)命令行：ptnoswap。

(2)菜单："幅面"→"序号"→"交换"。

(3)工具栏："零件序号"工具栏→。

操作步骤

01 启动编辑序号命令，此时系统弹出如图 9-26 所示的立即菜单。

02 选择要交换的序号后，两个序号马上交换位置。

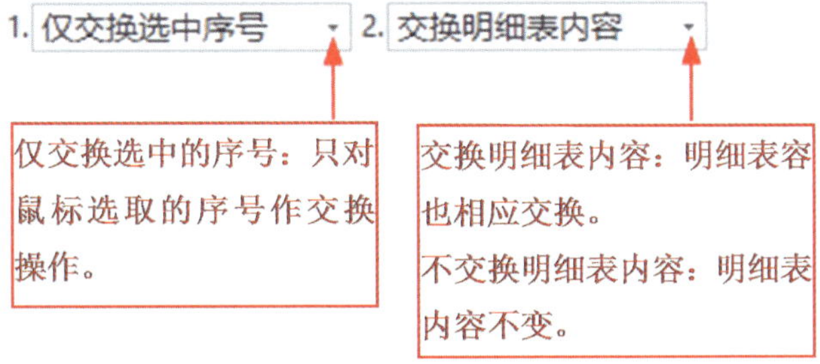

图 9-26　交换序号的立即菜单

【例 9-3】交换如图 9-27(a)所示的序号 1 和序号 2。

扫码看视频

操作步骤

01 打开源文件的"初始文件"→9→"例 9-3"文件。选择"交换序号"选项，鼠标左键单击序号 1，屏幕显示如图 9-27(b)所示。

02 鼠标左键单击序号 2，两序号交换位置，如图 9-27(c)所示。

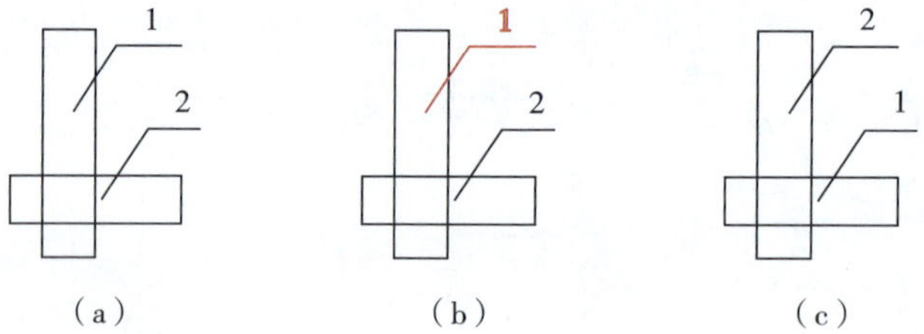

图 9-27　交换序号实例

任务评价

评价内容	评价标准	分值/分	读者自评	老师评估
生成序号	能够生成序号	25		
删除序号	能够删除序号	25		
编辑序号	熟练编辑序号	25		
交换序号	熟练交换序号	25		
总分		100		

任务5　明　细　表

任务描述

本任务主要讲解明细表的一系列操作，包括删除特定表项、调整表格折行、精确填写明细表中的数据、在表格中插入空行以及输出明细表。

任务分析

想要创建一个标准的明细表，首先需要理解各个操作的具体含义。删除表项应确保正确识别并选择要删除的数据行，避免误删重要信息。表格折行的任务要求调整表格以适应页面布局。其次填写明细表时，需仔细核对数据的准确性和完整性。插入空行可能是为了格式化或分隔不同的数据组，提高表格的可读性。最后，输出明细表时，应检查格式和内容是否符合要求。

任务重点与实施

CAXA CAD 电子图板的明细表与零件序号是联动的，可以随零件序号的插入和删除产生相应的变化。除此之外，还有定制明细表、删除表项、表格折行、填写明细表、插入空行、输出数据和读入数据等操作。

9.5.1 删除表项

从已有的明细表中删除某一个表项。删除该表项时，其表格及项目内容即所对应的一行全部被删除。并且表项与序号联动，相应零件序号也被删除，序号重新排列。

执行方式

(1)命令名：tbldel。

(2)菜单：“幅面”→“明细表”→“删除表项”。

(3)工具栏：“明细表”工具栏→。

操作步骤

01 命令栏提示：“拾取表项”，在明细表中用鼠标左键拾取所要删除的表项对应的一行的序号列，拾取无误则删除该表项及所对应的所有序号，同时该序号以后的序号将自动重新排列，可重复删除一系列明细表表项及相应的序号。

02 单击鼠标右键，即退出删除表项命令。

如果需要删除所有明细表表项时，可以直接拾取明细栏表头，此时弹出对话框，如图 9-28 所示，确认后删除所有的明细表表项及序号。

图 9-28　删除提示窗口

9.5.2 表格折行

将已有的明细表表格按行拆分并编辑拆分行及其以上表格的位置，可将其由现在位置向左或向右转移，并可以设置转移后表格左右位置。转移时，表格及项目内容一起转移。

执行方式

(1)命令名：tblbrk。

(2)菜单：“幅面”→“明细表”→“表格折行”。

(3)工具栏：“明细表操作”工具栏→。

操作步骤

01 设置折行点：立即菜单中选择“设置折行点”。按命令栏提示，输入折行后的明细表右下角点的位置坐标或在用鼠标左键选择。

02 设置折行方向：在立即菜单中选择“左折”使拾取行以上明细表转移到左边一列，或选择“右折”使拾取行以下明细表转移到右边一列。

03 命令栏提示：“拾取表项”。用鼠标从已有的明细表中拾取某一待折行的表项，则该表项以上的表项(包括该表项)及其内容全部移动到指定的折行点位置。

【例 9-4】将如图 9-29(a) 所示的明细表第二行以上表项向左折。

扫码看视频

›› 操作步骤

01 打开源文件的“初始文件”→9→“例 9-4”文件。执行表格折行命令。执行表格折行命令。

02 拾取明细表第二行表项如图 9-29(b) 所示。获得折行后明细表如图 9-30 所示。

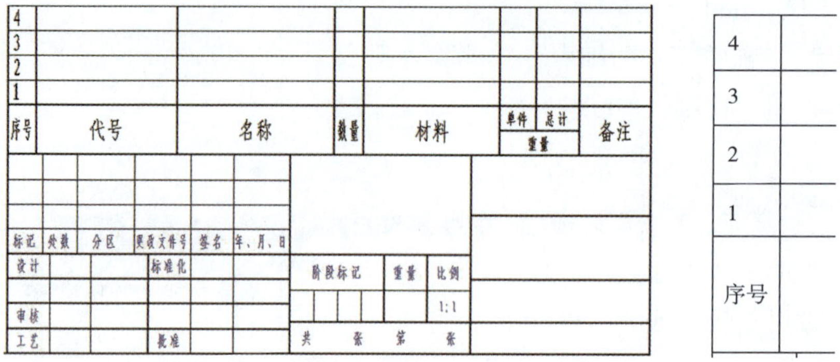

(a)　　(b)

图 9-29　明细表折行实例图 1

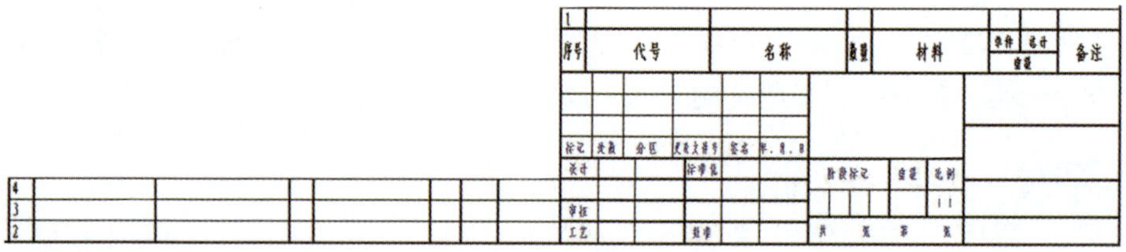

图 9-30　明细表折行实例图 2

9.5.3　填写明细表

在明细表内填写某零件序号、名称、材料等各项内容。

›› 执行方式

(1) 命令名：tbledit。

(2) 菜单：“幅面”→“明细表”→“填写”。

(3) 工具栏：“明细表”工具栏→T。

›› 操作步骤

01 弹出填写明细表对话框，如图 9-31 所示。

02 在表行中填写或修改明细表的内容，然后单击“确定”按钮，所填项目将自动添加到明细表当中。

(1) 配置总重：单击“配置总计(重)”弹出“配置总计(重)”对话框，如图 9-32 所示。

(2) 选择总计、单件和数量的列，设置计算精度和后缀是否零压缩，然后再单击“确定”即可。

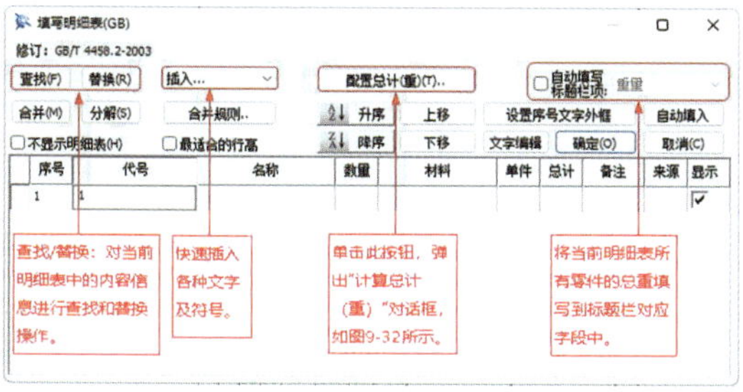

图 9-31　填写明细表对话框

图 9-32　配置总计(重)对话框

9.5.4 插入空行

在明细表中插入空白行。

执行方式

(1)命令名：tblnew。

(2)菜单："幅面"→"明细表"→"插入空行"。

(3)工具栏："明细表"工具栏→ 。

操作步骤

命令栏提示："拾取表项"，拾取需要插入位置的下一行表项，插入一空白行到明细表中，可连续操作，单击鼠标右键退出命令。

9.5.5 输出明细表

给定参数将当前图形中的明细表数据信息输出到单独的文件中。该文件为电子图板的图形文件格式，可以使用"填写明细表"进行编辑修改。

执行方式

(1)命令名：tableexport。

(2)菜单："幅面"→"明细表"→"输出"。

(3)工具栏："明细表操作"工具栏→ 。

操作步骤

01 弹出"输出明细表设置"对话框，如图 9-33 所示。

02 如果设置了输出的明细表文件带有图框，则单击输出，弹出"读入图框文件"对话框，如图 9-34 所示。

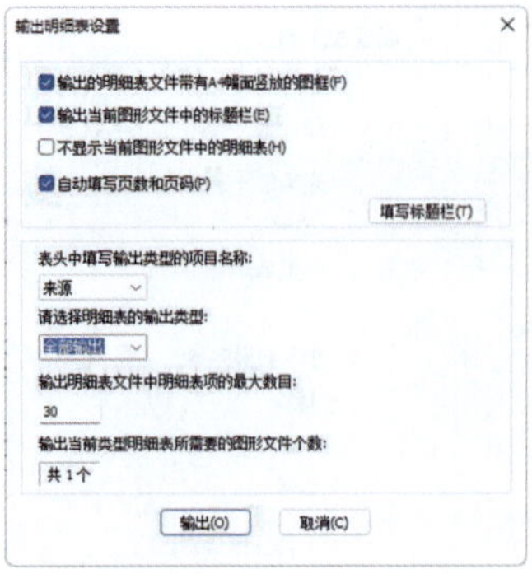

图 9-33　“输出明细表设置”对话框

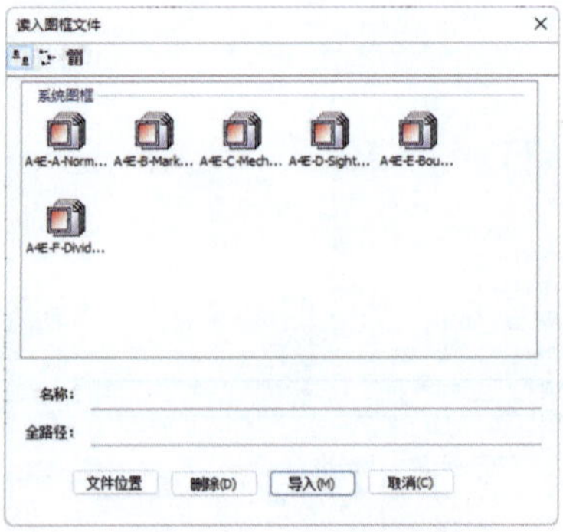

图 9-34　“读入图框文件”对话框

03 选择输入的图框文件，单击“导入”按钮。

04 弹出“浏览文件夹”对话框，如图 9-35 所示。选择需要存储的位置后，单击确定。文件以 .exb 格式保存。

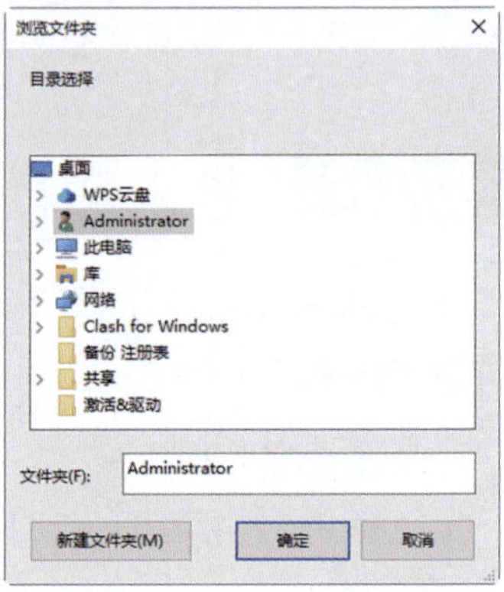

图 9-35　“浏览文件夹”对话框

任务评价

评价内容	评价标准	分值	读者自评	老师评估
删除表项	能够删除表项	20		
表格折行	熟练转移表格内容	20		
填写明细表	熟练填写明细表	20		
插入空行	能够插入空行	20		
输出明细表	能够输出明细表	20		
总分		100		

任务 6　背景设置

任务描述

本任务主要讲解通过插入图片修改绘图区背景。

任务分析

了解背景设置的目的和重要性。在许多设计项目中，适当的背景可以增强视觉吸引力。

任务重点与实施

CAXA CAD 电子图板系统提供了背景设置的功能。

9.6.1 插入图片

插入位图功能可将位图文件插入到当前的文件中作为绘图区的背景。

执行方式

菜单：“绘图”→“图片”→“插入图片”。

操作步骤

01 启动插入位图命令，系统弹出“打开”对话框(图 9-36)，从中选择位图文件的路径和文件名，单击“打开”按钮。

02 系统弹出“图像”对话框，如图 9-37 所示，设置图像的插入点，比例以及旋转角度。

图 9-36 “打开”对话框

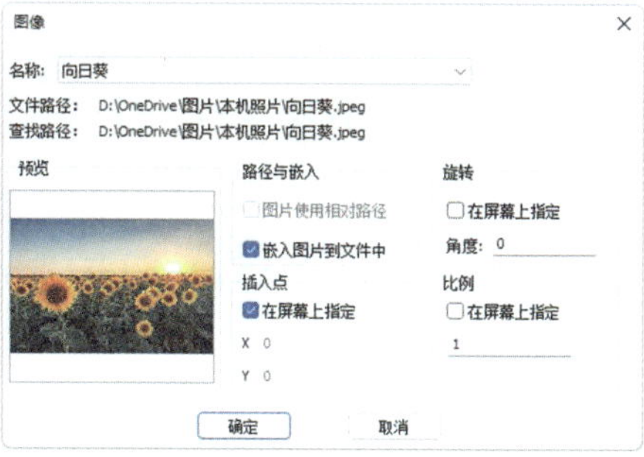

图 9-37 插入位图的立即菜单

03 按系统提示输入位图的插入点，插入位图后如图 9-38 所示。

图 9-38 插入位图的结果

9.6.2 图片管理器

通过统一的图片管理器设置图片文件的保存路径等参数。

执行方式

(1) 命令：image。

(2) 菜单：“绘图”→“图片”→“图片管理器”。

操作步骤

01 启动图片管理器命令，弹出“图片管理器”对话框，如图 9-39 所示。

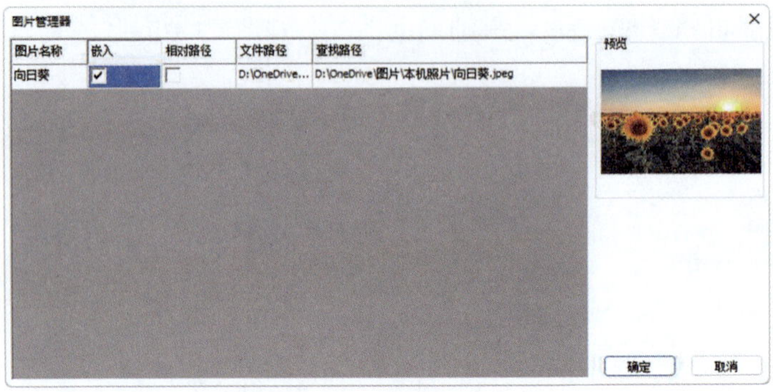

图 9-39 “图片管理器”对话框

02 勾选对话框中“嵌入”和“相对路径”下方的复选框即可进行修改。

03 在对话框中设置好参数后，单击“确定”按钮。

注意

要使用相对路径链接必须先将当前电子图板文件存盘。

任务评价

评价内容	评价标准	分值	读者自评	老师评估
插入图片	熟练插入图片	50		
图片管理器	能够储存图片	50		
总分		100		

项目小结

通过本项目的实施，读者不仅能够掌握图纸幅面的基本设置技能，还能提高对机械设计图纸整体布局和细节处理的理解和应用能力，为未来在工程设计领域的职业生涯打下坚实的基础。

项目习题

1. 调入一个幅面为横 A2，绘图比例为 1：2 的图框，并调入国标标题栏。

操作提示：

(1) 用鼠标选择“幅面”→“图幅设置”菜单命令(或单击“图幅操作”工具栏中的图标按钮)。

(2) 系统弹出“图幅设置”对话框，在该对话框内，可以对图样的幅面、比例、方向进行相应的设置。

(3) 单击“调入图框”或“调入标题栏”的下拉按钮，在列表中选择需要的图框和标题栏即可。

2. 将上题中调入的图样幅面改为竖放，其他设置不变。

操作提示：

(1) 用鼠标选择“幅面”→“图幅设置”菜单命令(或单击“图幅操作”工具栏中的图标按钮)。

(2) 系统弹出“图幅设置”对话框，在该对话框内重新设置即可。

3. 绘制如图 9-40 所示的图形，并将其作为自定义的图框进行保存。

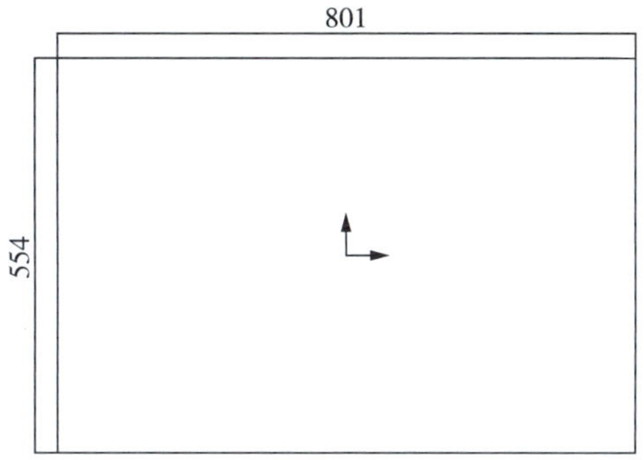

图 9-40 自定义图框

操作提示：

(1) 在 0 层中绘制图中的矩形；矩形的中心一定要放置在坐标系的原点。

(2) 启动“定义图框”令，按照系统提示操作即可。

10

项目10　系统查询

项目导读

《技术制图 图纸幅面和格式》(GB/T 14689—2008)中对机械制图的图样的大小作了统一规定，图样尺寸大小共分为 A0、A1、A2、A3、A4 等 5 个规格，CAXA CAD 电子图板按照国标的规定，在系统内部设置了上述 5 种标准图幅以及相应的图框、标题栏和明细表。系统还允许用户自定义图幅和图框，并可将自定义的图幅、图框制成模板文件，以备其他文件调用。

学习目标

知识目标

1. 了解点坐标、两点距离、角度、周长和面积的查询方法。
2. 掌握元素属性、重心、惯性矩和系统重量的查询方法。

能力目标

1. 能够查询图形的周长与面积。
2. 能够查询图形的元素属性和系统重量。

素质目标

1. 培养读者解决问题的能力，关注细小因素造成的影响。
2. 掌握读者的安全意识，素材保存要注意安全性。

思政目标

1. 培养读者的科学精神、创新精神和实践能力。
2. 引导读者关心国家发展和社会进步，培养读者的社会担当精神。

任务 各种数据查询

任务描述

本任务将讲解点坐标的获取、两点间距离的计算、角度测量、图形的周长和面积计算、元素属性的查询、重心位置的确定、惯性矩的计算以及系统重量的估算。

任务分析

想要进行这些数据查询时，需要准确选择和使用相应的命令。

任务重点与实施

10.1.1 点坐标查询

点坐标查询功能的查询点的坐标。

执行方式

(1)命令行：id。
(2)菜单："工具"→"查询"→"坐标点"。
(3)工具栏："查询工具"工具栏→。

操作步骤

01 启动查询坐标点命令后，状态栏出现"拾取要查询的点"。

02 在绘图区拾取所要查询的点，可以同时拾取多个要查询的点，如果拾取成功则屏幕上出现用拾取颜色显示的点标识。

03 单击鼠标右键结束拾取状态，屏幕上立刻弹出查询结果对话框，将查询到的点坐标信息显示出来。

04 当关闭查询结果对话框后，被拾取到的点标识也随即消失(用户也可单击查询结果对话框中的"存盘"按钮，将查询结果保存为文本文件)。

【例 10-1】查询图形中直线端点、切点、圆心等点的坐标值。

扫码看视频

操作步骤

01 打开源文件的"初始文件"→10→"例 10-1"文件。选择"查询"子菜单中的“坐标点”命令。

02 利用导航点功能，用鼠标拾取直线与圆的切点，如图 10-1(a)所示的 1 点。

03 重复步骤 2，顺时针依次选择其他需要查询的点，如图 10-1(b)所示。

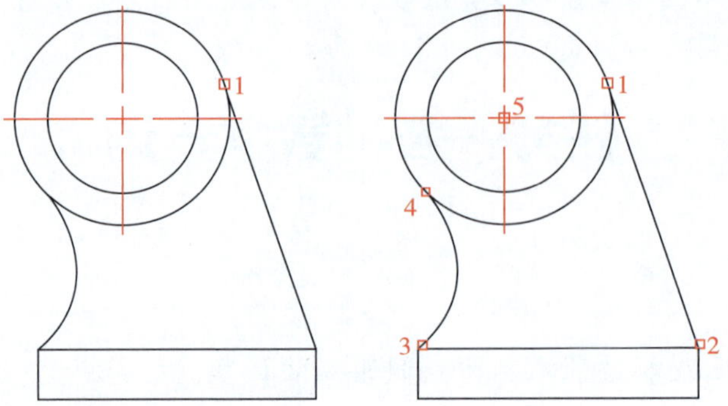

图 10-1　例 10-1 坐标点查询

04 单击鼠标右键结束取点，弹出“查询结果”对话框，如图 10-2 所示。

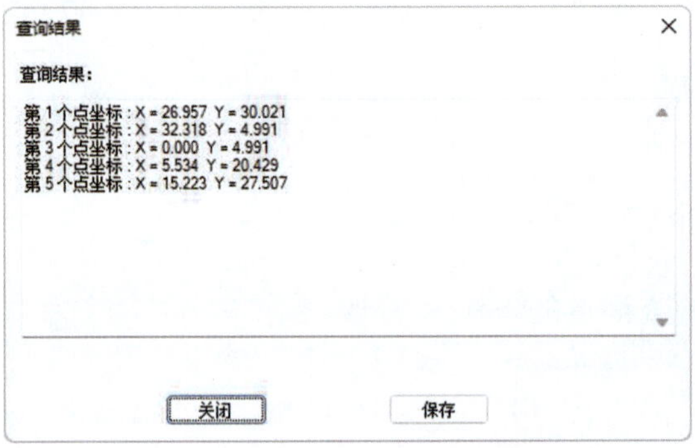

图 10-2　坐标点查询结果窗口

05 单击“关闭”退出命令，或单击“保存”将结果保存在指定位置。

10.1.2　两点距离查询

两点距离查询功能可查询两点之间的距离(包括两点的坐标，两点间 X 方向和 Y 方向的坐标差和两点间的直线距离)。

执行方式

(1)命令行：dist。

(2)菜单：“工具”→“查询”→“两点距离”。

(3)工具栏：“查询工具”工具栏→。

操作步骤

01 启动查询两点距离命令后，根据系统提示拾取第一点和第二点。

02 当拾取完第二点后屏幕上立刻弹出查询结果

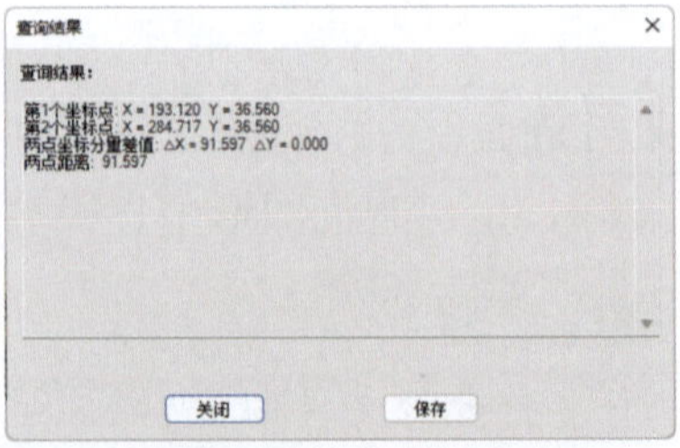

图 10-3　距离查询结果

对话框，将查询到的两点距离显示出来，如图 10-3 所示。

03 当关闭查询结果对话框后，被拾取到的点标识也随即消失（用户也可单击查询结果对话框中的“存盘”按钮，将查询结果保存为文本文件）。

10.1.3 角度查询

角度查询功能可查询圆弧的圆心角、两直线夹角和三点夹角。

执行方式

（1）命令行：angle。

（2）菜单：“工具”→“查询”→“角度”。

（3）工具栏：“查询工具”工具栏→。

操作步骤

01 启动查询角度距离命令后，系统弹出立即菜单如图 10-4 所示。

02 如果查询的角度为圆弧对应的圆心角，则在立即菜单中选择“圆心角”，命令栏提示：“拾取圆弧”，且鼠标显示为，拾取所要查询的圆弧后，立刻弹出“查询结果”对话框，列出该圆弧的圆心角，如图 10-5 所示。

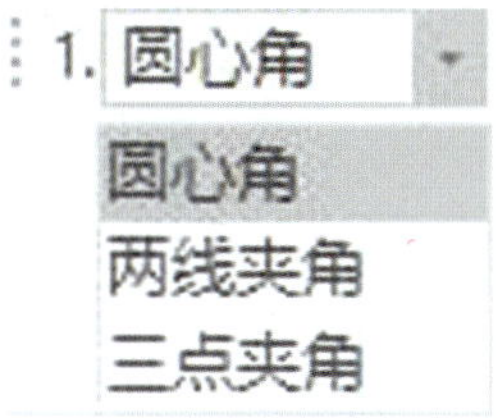

图 10-4 “查询角度”立即菜单

图 10-5 “圆弧角度”查询结果

03 如果查询两条直线之间的夹角，则在立即菜单中选择“两线夹角”，命令栏提示：“拾取第一条直线”，且光标显示为，用鼠标拾取所查询角的一边，命令栏提示：“拾取第二条直线”，用鼠标拾取所查询角的另边，立刻弹出“查询结果”对话框，列出两直线间夹角，如图 10-6 所示。

（a） （b）

图 10-6 角度查询

04 需要查询三点之间夹角，则在立即菜单中选择“三点夹角”，按命令栏中的提示分别拾取夹角的顶点、起始点和终止点，拾取三点后立刻弹出“查询结果”对话框，显示出三点之间的夹角。三点夹角的范围在0～180°，如图10-6所示。

05 单击“关闭”退出命令，或单击“保存”按钮将结果保存在指定位置。

10.1.4 周长查询

周长查询功能可查询一条曲线的长度。

执行方式

(1)命令行：circum。

(2)菜单：“工具”→“查询”→“周长”。

(3)工具栏：“查询工具”工具栏→。

操作步骤

01 启动查询周长命令后，根据系统提示拾取要查询周长的曲线，被拾取到的曲线用拾取颜色显示，拾取完毕后系统弹出查询结果对话框(图10-7)，将查询到的曲线度显示出来。

图10-7 “曲线周长”查询结果

02 单击“关闭”按钮关闭查询结果对话框后，被拾取到的曲线恢复正常颜色显示(用户也可单击查询结果对话框中的“存盘”按钮，将查询结果保存为文本文件)。

> **注意** 查询一条曲线的长度，这条曲线可以由多段基本曲线或高级曲线连接而成，但必须保证曲线是连续的，中间没有间断的地方。当点取“周长”菜单后，状态栏出现“可拾取要查询的曲线”。用户可以在系统配置里设置要查询的小数位数。

10.1.5 面积查询

面积查询功能可查询一个或多个封闭区域的面积，封闭区域可以由基本曲线、高级曲线，或者由基本曲线与高级曲线组合所成。

执行方式

(1)命令行：area。

(2)菜单："工具"→"查询"→"面积"。

(3)工具栏："查询工具"工具栏→。

操作步骤

01 启动查询面积命令后，系统弹出立即菜单，如图 10-8 所示。

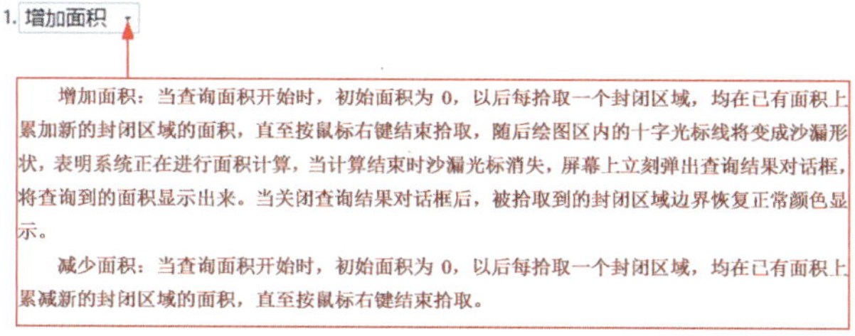

图 10-8　面积查询立即菜单

02 立即菜单 1 中有"增加面积"和"减少面积"两种方式可供选择。用户设置立即菜单，系统提示："拾取内环点"。在需要计算面积的封闭区域内单击鼠标左键，系统将从该点开始向左搜索最小的封闭环，如果搜索成功，即开始计算该封闭区域的面积。

03 重复步骤 2，可对多个封闭区域的面积进行计算，直至单击鼠标右键确认。将弹出"查询结果"对话框，获得查询结果。

【例 10-2】查询如图 10-9(a)所示大圆内阴影部分面积。

操作步骤

扫码看视频

01 打开源文件的"初始文件"→10→"例 10-2"文件。选择"查询"子菜单中的"面积"命令。

02 立即菜单 1 为"增加面积"选项，单击鼠标左键拾取圆内阴影部分中的一点，大圆边界显示为红色选中状态，如图 10-9(b)所示。

03 将立即菜单切换为"减少面积"选项，连续拾取两个矩形和小圆内一点，各边界显示为红色，如图 10-9(c)所示。

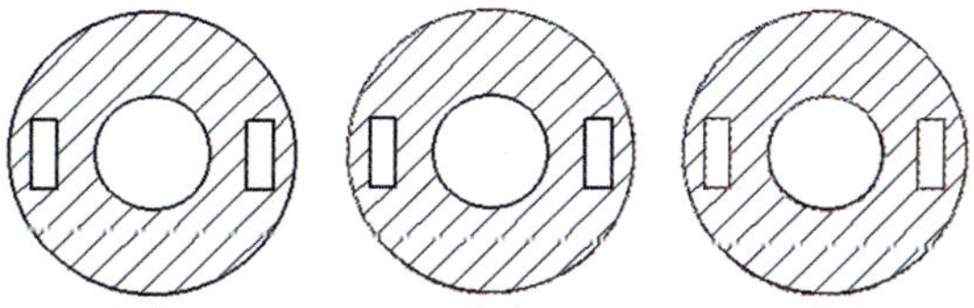

(a)　　(b)　　(c)

图 10-9　阴影部分面积查询

04 单击鼠标右键结束取点，弹出"查询结果"对话框。

05 单击"关闭"退出命令，或单击"保存"按钮将结果保存在指定位置。

10.1.6 元素属性查询

元素属性查询功能可查询图形元素的属性。

》执行方式

（1）命令行：list。

（2）菜单："工具"→"查询"→"元素属性"。

（3）工具栏："查询工具"工具栏→![]。

》操作步骤

01 启动查询元素属性命令后，根据系统提示依次拾取要查询属性的图形元素，被拾取到的图形元素用拾取颜色显示，拾取完毕后单击鼠标右键确认。

02 系统弹出"查询结果"对话，如图 10-10 所示，在该对话框中，将查询到的各个元素属性显示出来，包括图形元素的类型、图层、颜色、线型、视图以及其他几何信息。

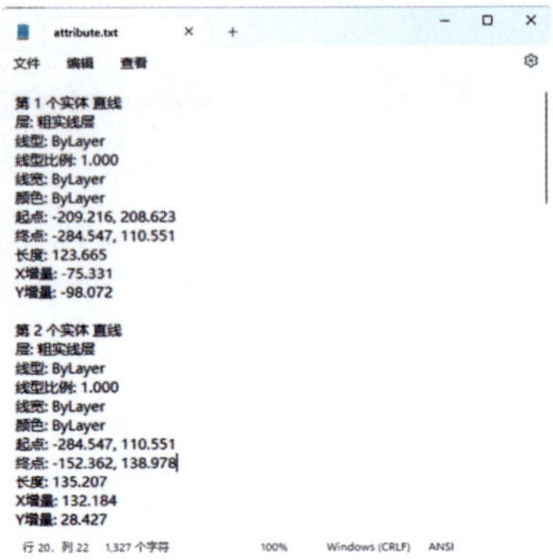

图 10-10 "元素属性"查询结果

03 单击"关闭"按钮关闭查询结果对话框后，被拾取到的图形元素恢复正常颜色显示(用户也可单击查询结果对话框中的"存盘"按钮，将查询结果保存为文本文件)。

10.1.7 重心查询

重心查询功能可查询一个或多个封闭区域的重心，封闭区域可以由基本曲线，高级曲线，或者由基本曲线与高级曲线组合所成。

》执行方式

（1）命令行：barcen。

（2）菜单："工具"→"查询"→"重心"。

（3）工具栏："查询工具"工具栏→![]。

》操作步骤

01 启动查询重心命令后，系统弹出立即菜单，如图 10-11 所示。

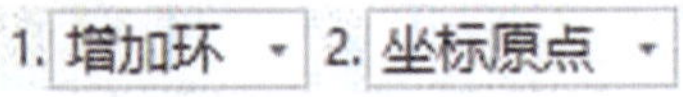

图 10-11 重心查询立即菜单

02 在"重心查询"立即菜单中，有"增加环"和"减少环"两个选型可供选择，用户选择其中一种方式，系统提示"拾取环内点"。

03 依次拾取封闭环内的点，被拾取的环将用拾取颜色显示。完成拾取后，单击鼠标右键，将弹出"查询结果"对话框，显示重心的坐标。

04 保存查询结果或者关闭对话框。

10.1.8 惯性矩查询

惯性矩查询功能可查询一个或多个封闭区域相对于任意回转轴、回转点的惯性矩，封闭区域可以由基本曲线，高级曲线，或者由基本曲线与高级曲线组合所成。

执行方式

(1)命令行：iner

(2)菜单："工具"→"查询"→"惯性矩"

(3)工具栏："查询工具"工具栏→

操作步骤

01 启动查询重心命令后，系统弹出立即菜单如图10-12所示。

02 立即菜单中共有2项，其中立即菜单1可在"增加环"和"减少环"之间切换，立即菜单2包含"坐标原点""Y坐标轴""X坐标轴""回转点""回转轴"这几个选项。

图 10-12 惯性矩查询立即菜单

03 根据需要，在立即菜单中各选择一项，系统提示："拾取环内点"。用鼠标在需要查询惯性矩的一个或多个封闭区域内各拾取一点，最后单击鼠标右键结束拾取。

04 如果在立即菜单的第2项选取的是"回转轴"，系统将提示："拾取回转轴"，需要在屏幕上拾取一条直线作为回转轴。

05 如果在立即菜单的第2项选取的是"回转点"，系统将提示："拾取回转点"，需要在屏幕上拾取一点作为回转点。

06 如果在立即菜单的第2项选取的是"坐标原点""Y坐标轴""X坐标轴"其中的一项，则直接进行下一步。

07 系统弹出"查询结果"对话框，将查询到的惯性矩显示出来。

10.1.9 系统重量查询

系统重量查询功能可查询系统根据所选材料计算的重量，包括已知面积、圆柱、长方体、回转体、圆环、棱锥体、球体、台体等的重量。

执行方式

(1)命令行：weight。

(2)菜单："工具"→"查询"→"重量"。

(3)工具栏："查询工具"工具栏→。

》操作步骤

启动查询系统状态命令后，屏幕上立刻弹出“重量计算器”对话框，拾取要查询的图形，查询到的系统状态信息将显示出来，如图 10-13 所示。

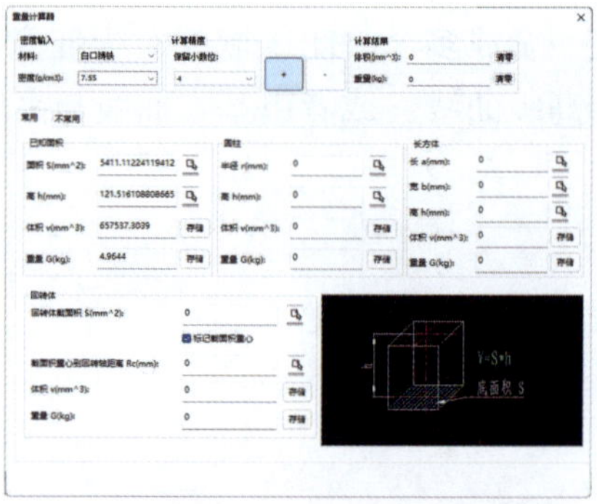

图 10-13 “系统重量”查询结果

任务评价

评价内容	评价标准	分值	读者自评	老师评估
点坐标查询	能够查询点坐标	10		
两点距离查询	能够查询两点距离	10		
角度查询	能够查询夹角角度	10		
周长查询	能够查询图形周长	10		
面积查询	能够查询封闭图形面积	20		
元素属性查询	熟练查询图形元素的属性	10		
重心查询	熟练查询封闭图形的重心	10		
惯性矩查询	熟练查询封闭图形的惯性矩	10		
系统重量查询	能够查询系统重量	10		
总分		100		

项目小结

本项目通过讲解一系列数据查询命令的应用，旨在帮助读者理解背后的数学原理及其实际应用，采用逐步递进的方式，从简单到复杂进行学习。读者不仅能增强理论知识，还能获得宝贵的实践经验，提升解决实际问题的能力。

项目习题

1. 绘制如图 10-14 所示的图形，并利用查询功能进行以下几个方面的查询操作。

操作提示：

在查询点坐标和两点之间的距离过程中，注意利用工具点菜单精确定位。

2. 绘制如图 10-15 所示的图形，并利用查询功能进行以下几个方面的查询操作。

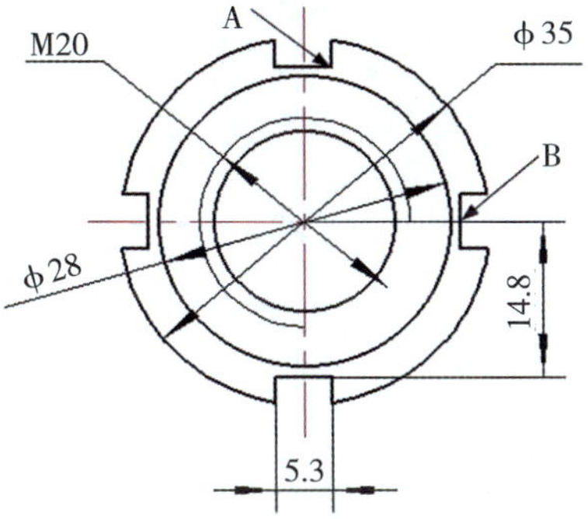

图 10-14　查询示例图形

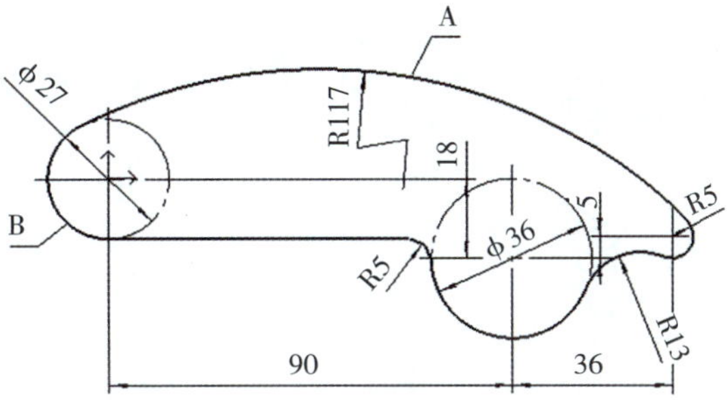

图 10-15　练习 2 图形

操作提示：

(1) 查询 A 圆弧的圆心点坐标、A 圆弧与 B 圆弧中心之间的距离。

(2) 查询此图形的周长和面积。

(3) 查询图形的重心位置和相对于 X 轴的惯性矩。

11

项目11 块操作与库操作

项目导读

电子图板为用户提供了将不同类型的图形元素组合成块的功能，块是由多种不同类型的图形元素组合而成的整体，组成块的元素属性可以同时被编辑修改；另外，电子图板提供了强大的标准零件库。用户在设计绘图时可以直接提取这些图形并插入图中，还可以自行定义要用到的其他标准件或图形符号，即对图库进行扩充。本项目主要介绍CAXA电子图板的块操作、库操作和块的在位编辑功能。

学习目标

知识目标

1. 了解块命令的各种操作命令。
2. 了解块在位编辑的意义和各种相关操作命令。
3. 掌握电子图板中各种库。

能力目标

1. 能够创建并且编辑块。
2. 能够将图形从块中分离出去。
3. 熟悉各种库的运用方法。

素质目标

培养读者在学习过程中主动探索和实践，培养自我学习的能力。

思政目标

1. 提升读者文化自信，助推国产软件高质量发展。
2. 引导读者坚定“四个自信”，增强读者的爱国主义精神和民族自信心。

任务1　块　操　作

任务描述

本任务旨在让读者掌握如何创建、插入、分解、隐藏、设置属性、粘贴为块以及编辑块等基本操作。

任务分析

在进行块操作之前，首先需要了解块的基本概念和作用，学习选择并组合对象创建块，以及如何在图纸中插入这些块。其次还需掌握块的分解方法，以便在需要时恢复为原始对象。再次了解如何控制块的显示状态和查看修改块的属性信息。最后将选定对象直接粘贴为新块，并对现有块进行编辑更新。

任务重点与实施

电子图板为用户提供了将不同类型的图形元素组合成块的功能。块是复合形式的图形元素，是一种应用十分广泛的图形元素。

电子图板定义的块是复合型图形实体，可由用户定义，经过定义的块可以像其他图形元素一样进行整体的平移、旋转、拷贝等编辑操作；块可以被打散，即将块分解为结合前的各个单一的图形元素；利用块可以实现图形的消隐；利用块还可以存储与该块相关的非图形信息即块属性，如块的名称、材料等。

块操作包括：块创建、块打散、块消隐、块属性和块属性表 5 个部分，下面分别进行介绍。

11.1.1　块创建

块创建是指选择一组图形对象定义为一个块对象。每个块对象包含块名称、一个或者多个对象、用于插入块的基点坐标值和相关的属性数据。

执行方式

(1) 命令行：block。

(2)菜单：“绘图”→“块”→“创建”。

(3)工具栏：“块工具”工具栏→。

»操作步骤

01 进入创建块命令。

02 根据系统提示拾取要组成块的实体，用鼠标右键确认后输入定位点即可(块的定位点用于块的拖动定位)。

03 弹出“块定义”对话框，如图 11-1 所示。在“名称”文本框中输入块名称，单击“确定”按钮。

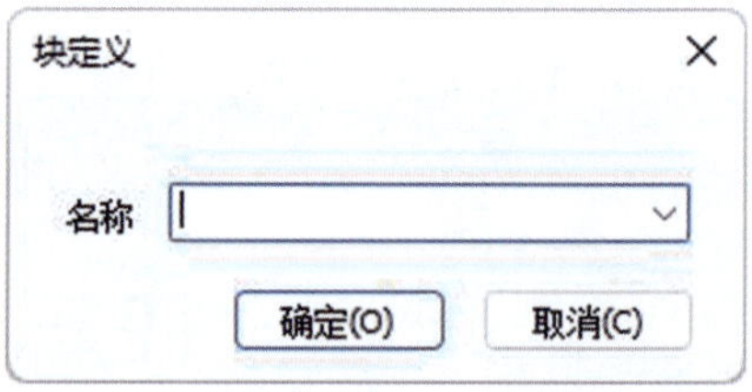

图 11-1 “块定义”对话框

【例 11-1】将六角头螺栓的一个视图，如图 11-2(a)所示，定义为块。

»操作步骤

扫码看视频

01 打开源文件的“初始文件”→11→“例 11-1”文件，调用创建块命令。

02 拾取圆、正六边形和中心线，图形显示如图 11-2(b)所示。

03 单击鼠标右键确定。

04 用鼠标左键单击圆心，将圆心选为基准点。

05 在弹出的“块定义”对话框中输入块的名称为“六角螺母视图”。块生成完毕如图 11-2(c)所示。

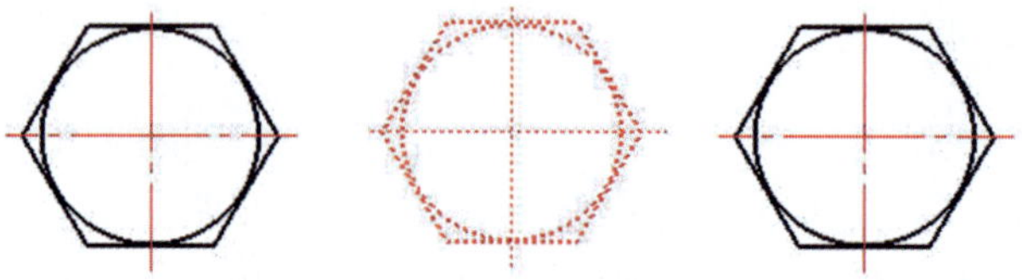

(a) (b) (c)

图 11-2 块创建

11.1.2 块插入

块插入是指选择块并插入当前图形中。

»执行方式

(1)命令行：insertblock。

(2)菜单：“绘图”→“块”→“插入”。

(3)工具栏：“块工具”工具栏→。

»操作步骤

01 进入块插入的命令；弹出“块插入”对话框，如图 11-3 所示，在对话框中选择要插入的块，并设置插入块的比例和角度，单击“确定”按钮。

02 根据系统提示输入插入点。

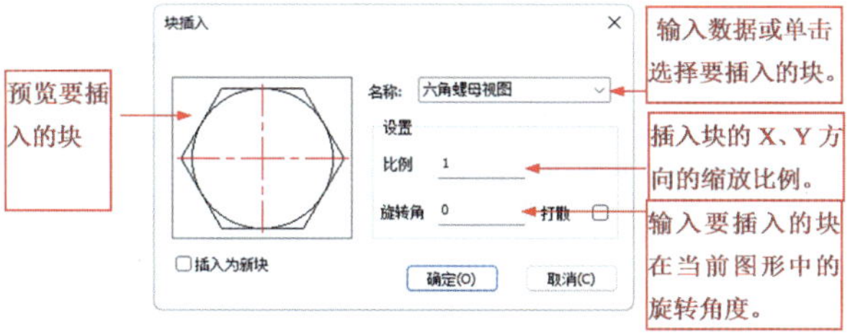

图 11-3 “块插入”对话框

11.1.3 块分解

块分解是指将块打散成为单个实体，其逆过程为块创建。

执行方式

(1)命令行：explode。

(2)菜单：“修改”→“分解”。

(3)工具栏：“编辑”工具栏→。

操作步骤

01 进入块打散分解的命令。

02 根据系统提示拾取一个或多个欲打散的块，被选中的块呈红色，最后单击鼠标右键加以确认即可。

11.1.4 块消隐

用前景零件的外环对背景实体进行填充式调整。前景零件可以是任何块，包括系统绘制的各种工程图符。如果前景零件没有封闭外环，则操作无效。

执行方式

命令行：hide。

菜单：“绘图”→“块”→“消隐”。

工具栏：“块工具”工具栏→。

操作步骤

01 进入块消隐的命令；系统弹出块消隐立即菜单，如图 11-4 所示，在立即菜单 1 中选择“消隐”选项。

图 11-4 块消隐立即菜单

02 根据系统提示拾取要消隐的块 1，拾取一个消隐一个，可连续操作。

> **注意**
>
> 在块消隐的命令状态下，拾取已经消隐的块即可取消消隐。只是这时注意要在块消隐立即菜单 1 中选择“取消消隐”选项。

【例 11-2】六角头螺栓和六角螺母两块重叠，如图 11-5(a)所示，分别对两块进行块消隐操作。

扫码看视频

操作步骤

01 打开源文件的“初始文件”→11→“例 11-2”文件。调用块消隐命令。

02 立即菜单切换为“消隐”，拾取六角头螺栓，即完成对该块的消隐，如图 11-5(b)所示。

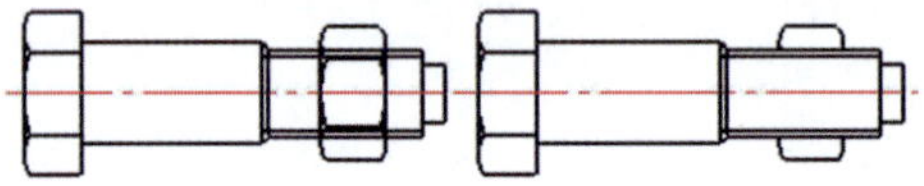

(a)　　(b)

图 11-5　消隐图 1

03 重复调用块消隐命令，拾取六角螺母，即可完成对该块的消隐，如图 11-6(a)所示。

04 重复调用块消隐命令，立即菜单切换为“取消消隐”，拾取六角螺母，取消六角螺母的消隐，如图 11-6(b)所示。

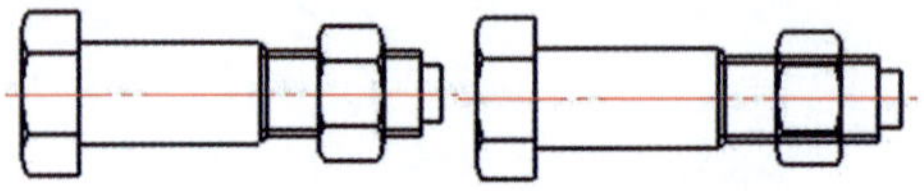

(a)　　(b)

图 11-6　消隐图 2

11.1.5 块属性

块属性功能用于赋予、查询或修改块的非图形属性。如材料、比重、重量、强度、刚度等非图形属性。其属性可以在标注零件序号时，自动映射到明细表中。

执行方式

(1)命令行：attrib。

(2)菜单：“绘图”→“块”→“属性定义”。

(3)工具栏：“块工具”工具栏→。

操作步骤

01 进入块属性定义的命令。

02 根据系统提示拾取块，系统弹出“属性定义”对话框，如图 11-7 所示。

03 按需要填写各属性值，填写完毕后按“确定”按钮即可。

图 11-7 “属性定义”对话框

11.1.6 粘贴为块

可以将图形复制后粘贴，粘贴的图形与原图形的形状和尺寸一致，但是以块的形式粘贴。

»执行方式

(1)菜单：“绘图”→“块”→“粘贴为块”。

(2)快捷键：【Ctrl+Shift+v】。

»操作步骤

01 选定复制图形并复制。

02 调用“粘贴为块”命令，按照系统提示输入定位点和旋转角，即完成操作。

11.1.7 块编辑

在只显示所编辑的块的形式下对块的图形和属性进行编辑。

»执行方式

(1)命令名：bedit。

(2)菜单：“绘图”→“块”→“块编辑”。

(3)工具栏：“块工具”→。

»操作步骤

01 按照命令栏提示拾取需要编辑的块，进入块编辑状态。出现“块编辑”工具栏，如图 11-8 所示。

02 对块进行绘制和修改等操作。单击“块编辑”工具栏中的“属性定义”按钮对块的属性进行编辑。

03 编辑结束后，单击“块编辑”工具栏中的“退出块编辑”按钮，弹出对话框如图 11-9 所示。单击“是”保存对块的编辑修改，单击“否”取消本次块编辑操作。

图 11-8　块编辑工具栏

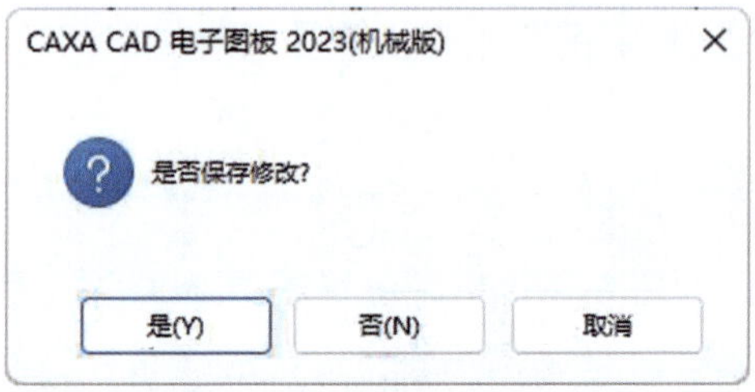

图 11-9　保存修改窗口

【例 11-3】对六角螺母块进行块编辑，如图 11-10(a)所示。图中矩形不属于块内元素。

扫码看视频

操作步骤

01 打开源文件的“初始文件”→11→“例 11-3”文件。调用块编辑命令。

02 拾取六角螺母块，不属于块的图形不再显示，如图 11-10(b)所示。此时已处于块编辑状态，可对图中圆、正六边形和中心线分别编辑。

03 编辑结束后，单击“退出块编辑”按钮，在对话框中单击“是”，保存并退出块编辑状态。结果如图 11-10(c)所示。

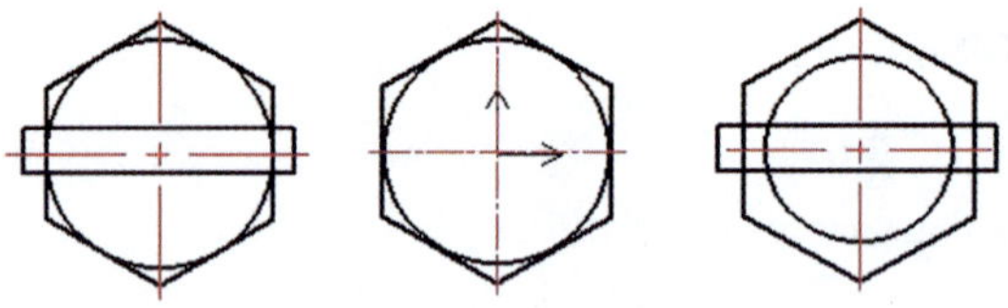

(a)　　(b)　　(c)

图 11-10　块编辑

任务评价

评价内容	评价标准	分值/分	读者自评	老师评估
块创建	块创建	20		
块插入	块插入	20		
块分解	块分解	20		
块消隐	块消隐	10		
块属性	块属性	10		
粘贴为块	粘贴为块	10		
块编辑	块编辑	10		
总分		100		

任务2　块的在位编辑

任务描述

本任务主要讲解在软件中进行块的在位编辑，包括添加实体到块内、从块内移除实体、以及如何正确地保存或不保存更改后退出编辑模式。

任务分析

块是一组图形对象的集合，可以作为一个单独的实体被操作和管理。在编辑过程中，用户需要注意不要破坏块的结构完整性，确保所有必要的元素都被正确添加或移除。

任务重点与实施

11.2.1 块在位编辑

块的在位编辑用于在不打散块的情况下编辑块内实体的属性，如修改颜色，层等，也可以向块内增加实体，或从块中删除实体等。

执行方式

(1)菜单：“绘图”→“块”→“块在位编辑”。

(2)工具栏：“块工具”工具栏→。

操作步骤

01 进入块在位编辑命令。

02 根据系统提示拾取块在位编辑的实体，单击鼠标右键确认。

11.2.2 添加到块内

此功能用于向块内添加实体。

执行方式

工具栏：“块在位编辑”工具栏→。

操作步骤

01 进入添加到块内命令。

02 根据系统提示拾取要添加到块内的实体，用鼠标右键确认。

11.2.3 从块内移出

从块中移出用于把实体从块中移出，而不是从系统中删除。

执行方式

工具栏：“块在位编辑”工具栏→。

操作步骤

01 进入从块中移出命令。

02 根据系统提示拾取要移出块的实体，单击鼠标右键确认。

11.2.4 不保存退出

不保存退出用于放弃对块进行的编辑，退出块在位编辑状态。

执行方式

工具栏：“块在位编辑”工具栏→。

操作步骤

01 进入不保存退出命令。

02 系统自动退出块在位编辑状态。

11.2.5 保存退出

保存退出用于对进行的修改进行保存，会更新块。

执行方式

工具栏：“块在位编辑”工具栏→

操作步骤

01 进入保存退出命令。

02 系统自动退出块在位编辑状态，并对修改后的块进行保存和更新。

任务评价

评价内容	评价标准	分值/分	读者自评	老师评估
块在位编辑	能够编辑块内实体的属性	20		
添加到块内	能够向块内添加实体	20		
从块内移出	能够从块内移出实体	20		
不保存退出	能够不保存退出块编辑	20		
保存退出	能够保存退出块编辑	20		

（续表）

评价内容	评价标准	分值/分	读者自评	老师评估
总分		100		

任务3　库　操　作

任务描述

本任务主要讲解CAXA CAD电子图板中的各种库操作功能。这包括插入、定义图符，管理图库，驱动图符，转换图库，以及构建构件库和技术要求库。

任务分析

想要定制化设计或者满足特定需求的设计，需要定义与插入图符。管理图库可以提高查找和使用符号的效率。图库转换是指在不同格式或版本之间转换符号库，这对于兼容性和跨平台使用非常重要。构件库是存储和管理常用构件的地方，方便用户快速调用和使用。技术要求库则用于存储和管理设计中的技术规范和标准，确保设计符合相关要求。

任务重点与实施

电子图板已经定义了用户在设计时经常要用到的各种标准件和常用的图形符号，如螺栓、螺母、轴承、垫圈、电气符号等。用户还可以自行定义自己要用到的其他标准件或图形符号，即对图库进行扩充。电子图板对图库中的标准件和图形符号统称为图符。用户对图库可以进行的操作有插入图符、定义图符、驱动图符、图库管理、图库转换等。

11.3.1　插入图符

插入图符就是从图库中选择合适的图符(如果是参量图符还要选择其尺寸规格)，并将其插入到图中合适的位置。

执行方式

(1)命令行：sym。

(2)菜单："绘图"→"图库"→"插入图符"。

(3)工具栏："图库"工具栏→。

操作步骤

01 进入插入图符的命令；弹出"插入图符"对话框(图11-11)。

02 在这个对话框中选定要提取的图符，单击“下一步”按钮；在“插入图符”对话框中，选择要提取的图符。

03 系统弹出“图符预处理”对话框如图 11-12 所示，在设置完各个选项并选取了一组规格尺寸后，单击“确定”按钮。在“图符预处理”对话框里可以对已选定的参量图符进行尺寸规格的选择，以及设置图符中尺寸标注的形式、作为整体提取还是打散为各图形元素提取、是否进行消隐，对于有多个视图的图符还可以选择提取哪几个视图。“图符预处理”对话框操作方法如下。

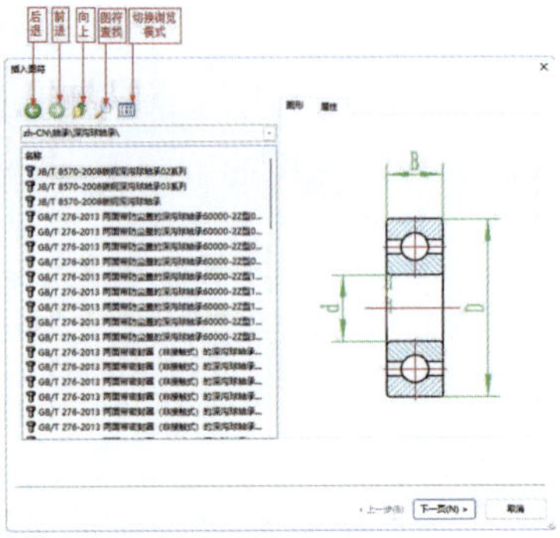

图 11-11 “插入图符”对话框

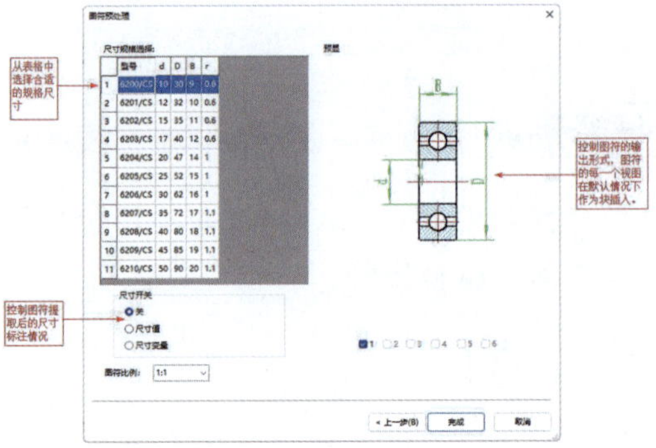

图 11-12 “图符预处理”对话框

(1) 尺寸规格选择从左边“尺寸规格选择”一栏的表格中选择合适的规格尺寸。可以用鼠标或键盘将插入符移到任一单元格并输入数值来替换原有的数值。按下【F2】键则当前单元格进入编辑状态且插入符被定位在单元格内文本的最后。列出的尺寸变量名后如果有星号说明该尺寸是系列尺寸，用鼠标单击相应行中系列尺寸对应的单元格，单元格右端将出现一按钮，单击此按钮弹出一个下拉框，从中选择合适的系列尺寸值；尺寸变量名后如果有问号说明该尺寸是动态尺寸，如果用鼠标右键单击相应行中动态尺寸对应的单元格，单元格内尺寸值后将出现一问号，这样在插入图符时可以通过鼠标拖动来动态决定该尺寸的数值。再次右键单击该单元格则问号消失，插入时不作为动态尺寸。确定系列尺寸和动态尺寸后单击相应行左端的选择区选择一组合适的规格尺寸。

(2) 尺寸开关控制图符提取后的尺寸标注情况，“关”表示提取出的图符不标注任何尺寸；“尺寸值”表示提取后标注实际尺寸值；“尺寸变量”表示提取出的图符里的尺寸文本是尺寸变量名，而不是实际尺寸值。

(3) 图符预览区位于对话框的右边，下面排列有 6 个视图控制开关，用鼠标左键点取可打开或关闭任意一个视图，被关闭的视图将不被提取出来。

(4) 如果预览区里的图形显示太小，用鼠标右键单击预览区内任一点，则图形将以该点为中心放大显示，可以反复放大；在预览区内同时按下鼠标的左右两键则图形恢复最初显示的大小。

注意

如果在步骤 2 选定的是固定图符，则略过步骤 3 而直接进入步骤 4 插入图符的交互过程，通过交互将图符插入到图中合适的位置。

04 确定了要提取的图符并做了相应选择后，对话框消失，在十字光标处将出现提取的图符的第一个打开的视图。图符的基点被吸附在光标的中心。图符的位置随十字光标的移动而移动。

> **注意**
> 如果提取的是固定图符，则弹出立即菜单，要求指定横向缩放倍数和纵向缩放倍数，默认值均为 1。如果不想采用默认值，可以用鼠标单击缩放倍数编辑框，在弹出的输入框中输入新值并按【Enter】键，也可以在立即菜单输入框中输入新值。图符将按指定缩放倍数沿水平和或竖直方向进行放大或缩小。

05 系统提示输入“图符定位点”，将图符的基点定位在合适的位置。在拖动过程中可以按下【空格】键弹出工具点菜单帮助精确定位，也可以利用智能点、导航点等定位。

06 图符定位后，打开立即菜单，如图 11-13 所示，可以选择块是否打散，是否消隐；状态栏的提示变为“旋转角”，此时单击鼠标右键则接受默认值，图符的位置完全确定。否则输入旋转角度值并按【Enter】键，或用鼠标拖动图符旋转至合适的角度并单击鼠标左键定位。

图 11-13 立即菜单

07 插入完图符的第一个被打开的视图后的光标处又会出现该图符的下一个打开的视图（如果有的话）或同一视图（如果图符只有一个打开的视图），因此可以将提取的图符一次插入多个，插入的交互过程同上。不再需要插入时，单击鼠标右键结束插入过程。

11.3.2 定义图符

定义图符就是用户将自己要用到而图库中没有的参数化图形或固定图形加以定义，存储到图库中，供以后调用。

» 执行方式

(1) 命令行：symdef。

(2) 菜单：“绘图”→“图库”→“定义图符”。

(3) 工具栏：“图库”工具栏→。

» 操作步骤

01 绘制好要定义的图形，并标注好尺寸。

02 进入定义图符命令后。

03 系统提示“请选择第一视图：”，用鼠标窗选图符的第一视图，如果一次没有选全，可以接着选取遗漏的图形元素。选取完后，单击鼠标右键结束选择。

04 状态栏提示“请指定视图的基点”：用鼠标指定基点，指定基点时可以用空格键弹出工具点菜单来帮助精确定点，也可以利用智能点、导航点等定位。

05 指定基点后，如果视图中不包含尺寸，则进入下一视图的选择(当有多个视图时)，操作方法同上；如果视图中包含尺寸，则状态栏提示“请为该视图的每个尺寸指定一个变量名:”。用鼠标单击当前视图中的任意一个尺寸，在弹出的输入框中输入该尺寸的名字，尺寸名应与标准中采用的尺寸名或被普遍接受的习惯相一致。为当前视图中的所有尺寸指定变量名。可以再次选中已经指定过变量名的尺寸为其指定新名字。指定完变量名后单击鼠标右键结束对当前视图的操作。根据提示对其余各视图进行同样的操作。

定义参数化图符前不但要绘制定义的图形还要对图形进行尺寸标注。

»操作步骤

01 按照系统命令栏提示，选择作为第一视图的图形，单击鼠标右键确定。

02 按照命令栏提示，单击鼠标左键选择一点为基点，或输入基点的坐标值。

03 命令栏提示“请为该视图的各个尺寸指定一个变量名”，鼠标左键单击尺寸值，弹出“请输入变量名称”编辑框，如图 11-14 所示。输入该尺寸的变量名，单击“确定”键确认。

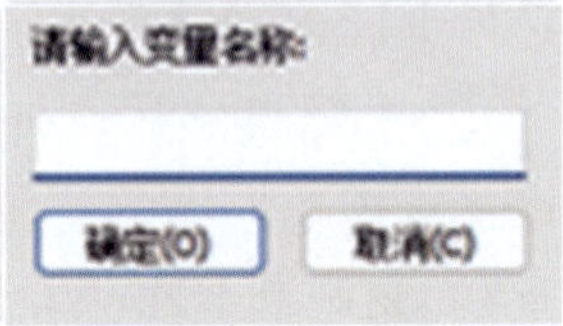

图 11-14　请输入变量名称编辑框

04 依次定义每个尺寸的变量名，单击右键确定该视图设置完毕。

05 重复步骤 2 和步骤 3，完成所有需要设置的视图，单击右键退出视图设置。

06 弹出“元素定义”对话框，如图 11-15 所示。通过对每个图形元素起点、终点、圆心等的设置，确定图形的形尺寸和定位尺寸。元素定义，也就是对图符参数化，用尺寸变量逐个表示出每个图形元素的表达式，如直线的起点、终点表达式，圆的圆心、半径的表达式等等。CAXA 电子图板会自动生成一些简单的元素定义表达式，随着元素定义的进行，电子图板会根据已定义的元素表达式不断地修改、完善未定义的元素表达式。元素定义是把每一个元素的各个定义点写成相对基点的坐标值表达式，表达式的正确与否将决定图符提取的准确与否。通过“上一元素”和“下一元素”两个按钮来查询和修改每个元素的定义表达式，也可以直接用鼠标左键在预览区中拾取。如果预览区中的图形比较复杂，则可放大观察(方法参看插入图符、图符预处理对话框部分)。

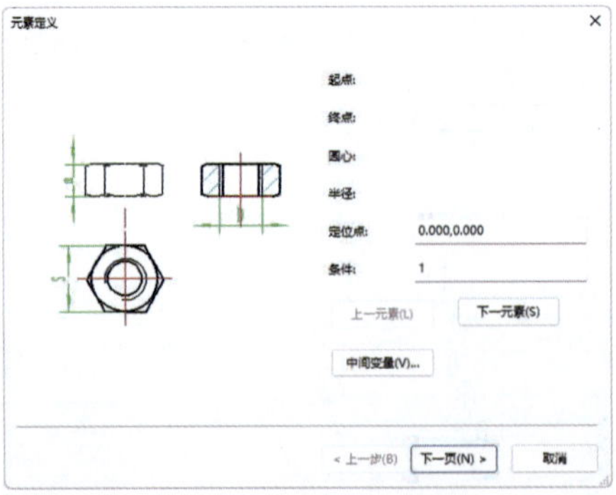

图 11-15　“元素定义”对话框

07 公式中如果有使用频度较高或比较长的表达式，单击“中间变量”按钮，弹出“中间变量”对话框，如图 11-16 所示。左半部分输入中间变量名，右半部分输入表达式，先定义的中间变量可以出现在后定义的中间变量的表达式中，因此中间变量是尺寸变量和前面已经定义的中间变量的函数。单击“确定”后，就可以和其他尺寸变量一样用在图形元素的定义表达式中。

08 “图符输入”编辑完毕，弹出“变量属性定义”对话框，如图 11-17 所示。定义变量的属性，系统默认的变量属性均为“否”，即变量既不是系列变量，也不是动态变量。用鼠标左键单击选中相应的单元格，用对号表示选中。变量的序号从 0 开始，决定了在输入标准数据和选择尺寸规格时各个变量的排列顺序，一般应将选择尺寸规格时作为主要依据的尺寸变量的序号指定为 0。“序号”列中已经指定了默认的序号，可以单击该单元格进行编辑修改。设定完成后单击“下一步”按钮。

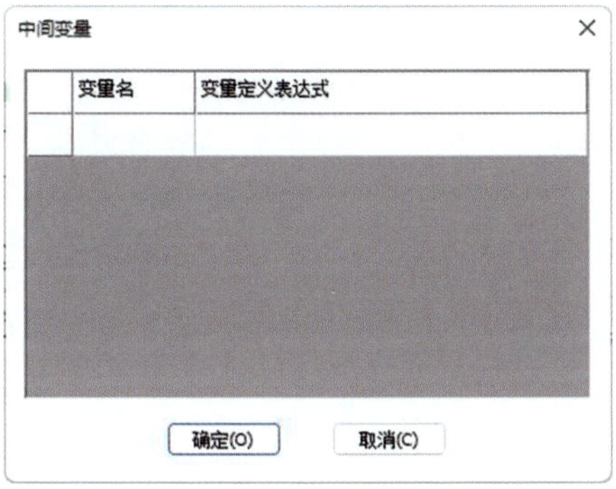

图 11-16　中间变量对话框

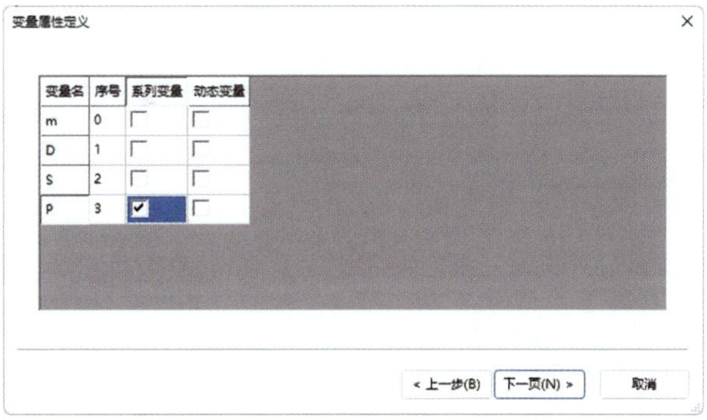

图 11-17　变量属性定义对话框

09 弹出“图符入库”对话框，如图 11-18 所示。选择图符的存储类和定义图符名称。

10 单击“属性编辑”按钮，弹出“属性编辑”对话框，编辑过程与固定图符相同。

11 用户单击“数据编辑”按钮，进入“标准数据录入与编辑”对话框，如图 11-19 所示。尺寸变量按“变量属性定义”对话框中指定的顺序排列。

图 11-18　“图符入库”对话框

12 单击每行即可进行编辑，输入数值即可。带星号的变量为系列变量，这一列数据应输入范围值，取值下限和取值上限之间用一个除数字、小数点、字母 E 以外的字符分隔，如“8～40”“16/80”“25，100”等。

13 用鼠标单击系列变量名所在的标题格，弹出“系列变量值输入与编辑”对话框，如图 11-20 所示，在该对话框中按由小到大的顺序输入系列变量的所有取值，用逗号分隔。输入完毕，单击“确定”按钮。

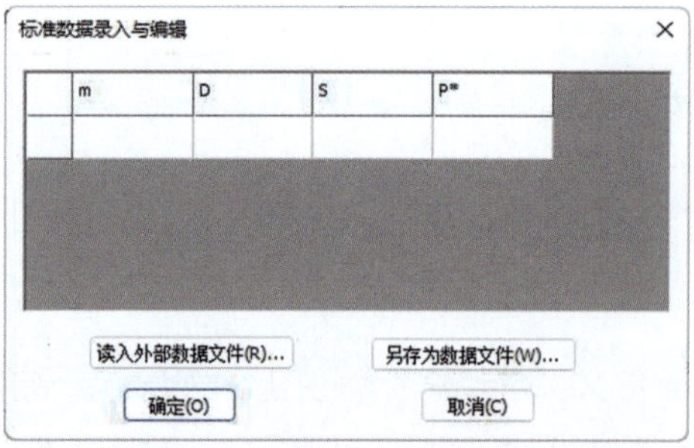

图 11-19　标准数据录入与编辑对话框

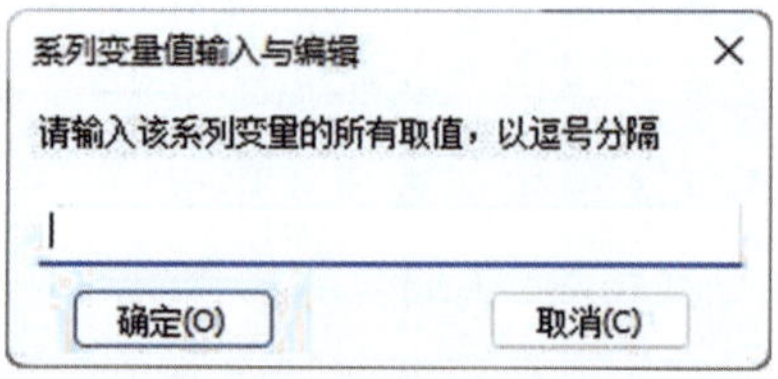

图 11-20　“系列变量值输入与编辑”对话框

14 可以单击“另存为数据文件”将录入的数据存储为数据文件，以备后用；也可以单击“读入外部数据文件”从外部数据文件中读取数据，但注意读取文件的数据格式应与数据表的格式完全一致。数据录入结束后单击“确定”按钮退出数据编辑。

15 在“图符入库”对话框中，单击“确定”按钮，可把新建的图符加到图库中。参数化图符的定义操作全部完成，再次插入图符时，新建的图符已出现在相应的类中。

【例 11-4】将螺母设定为参数化图符，如图 11-21(a)所示。

扫码看视频

》操作步骤

01 打开源文件的“初始文件”→11→“例 11-4”文件。调用定义图符命令。

02 命令栏提示：“请选择第 1 视图”，选中作为第一视图的图形，如图 11-21(b)所示，单击鼠标右键确定。

扫码看视频

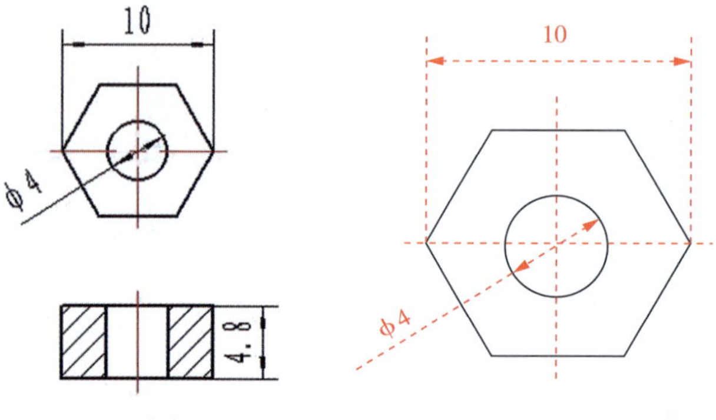

(a)　(b)

图 11-21　定义参数化图符图

03 命令栏提示：“请单击或输入视图的基点”，选择圆心为基点。

04 命令栏提示：“请为该视图的各个尺寸指定一个变量名”，单击尺寸标注 10，弹出“请输入变量名称”编辑框，如图 11-22 所示。输入变量名 l，单击“确定”按钮确认。

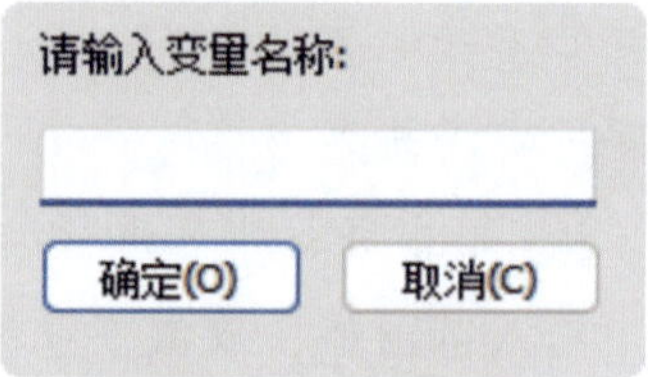

图 11-22　“请输入变量名称”编辑框

05 用同样操作指定圆半径 4，变量名为 d。

06 重复步骤 2 和步骤 3，设置第二个视图，基点为中心线与底边交点，并设高度为 4.8，变量名为 h。单击右键退出视图选择。

07 弹出“元素定义”对话框，对应修改个元素表达式。

设置第一视图中的各元素的值。圆的设置：“圆心”为“0，0”“半径”为 d/2。水平中心线：“起始点”为“l/2+0.3，0”“终止点”为“-l/2-0.3，0”；竖直中心线：“起始点”为“0，0.433×l+0.3”“终止点”为“0，-0.433×l-0.3”。正六边形由底边开始逆时针顺序各边依次设置：“起始点”为“-l/4，-0.433×l”“终止点”为“l/4，-0.433×l”；“起始点”为“l/4，-0.433×l”“终止点”为“l/2，0”“起始点”为“l/2，0”“终止点”为“l/4，0.433×l”“起始点”为“l/4，0.433×l”“终止点”为“-l/4，0.433×l”“起始点”为“-l/4，0.433×l”“终止点”为“-l/2，0”“起始点”为“-l/2，0”“终止点”为“-l/4，-0.433×l”。

设置第二视图中的各元素的值。矩形顶边“起始点”为“-l/2，h”“终止点”为“l/2，h”；底边“起始点”为“-l/2，0”“终止点”为“l/2，0”；右侧边“起始点”为“-l/2，h”“终止点”为“-l/2，0”；左侧边“起始点”为“l/2，h”“终止点”为“l/2，0”。

孔设置：“起始点”为“-d/2，h”“终止点”为“-d/2，0”“起始点”为“d/2，h”“终止点”为“d/2，0”。图符剖面线是用定位点定义的，为确保定位点一直处于剖面线内部，因此以剖面线部分图形形心为定位点，设置：“定位点”分别为“(d+l)/4，h/2”所有元素定义完毕，单击“下一页”。

08 弹出“变量属性定义”对话框，如图 11-23 所示。单击第一行第三列，将变量 d 设置为系列变量，同样将变量 h 设置为动态变量。单击“下一步”按钮。

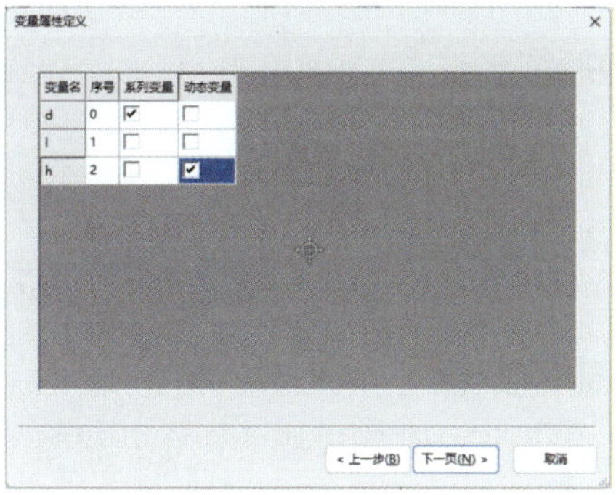

图 11-23 “变量属性定义”对话框

09 弹出“图符入库”对话框，如图 11-24 所示。单击“数据编辑”弹出“标准数据录入与编辑”对话框。单击每个变量对应的单元格设置变量的标准值，如图 11-25 所示。单击系列变量 d 列头，弹出“系列变量值输入与编辑”编辑框，在编辑框中从小到大以逗号为间隔输入数值如图 11-26 所示，单击“确定”按钮退出编辑，再单击“标准数据录入与编辑”对话框中“确定”按钮退出。

图 11-24 “图符入库”对话框

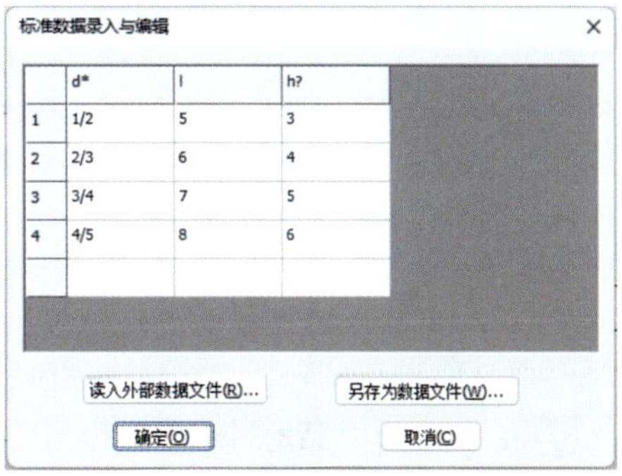

图 11-25 “标准数据录入与编辑”对话框

10 在“图符入库”对话框中，设置图符类。“新建类别”为“自定义”，“图符名称”

为“六角螺母视图”。单击“完成”按钮，退出该图符定义。

螺母的参数化设定完成。可以在“插入图符”提取并设定一定尺寸的该图符，如图11-27 所示。

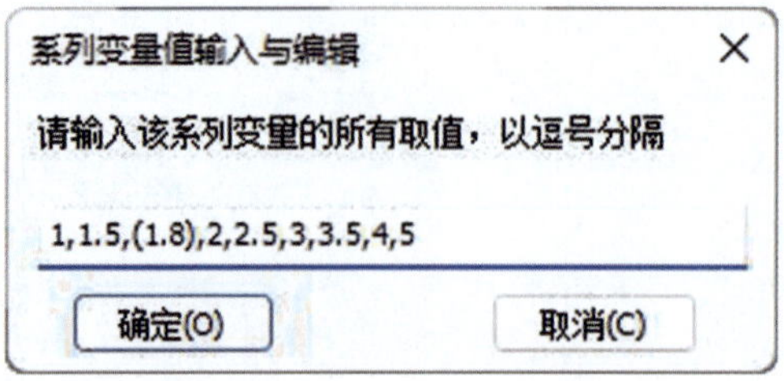

图 11-26 “标准数据录入与编辑”对话框

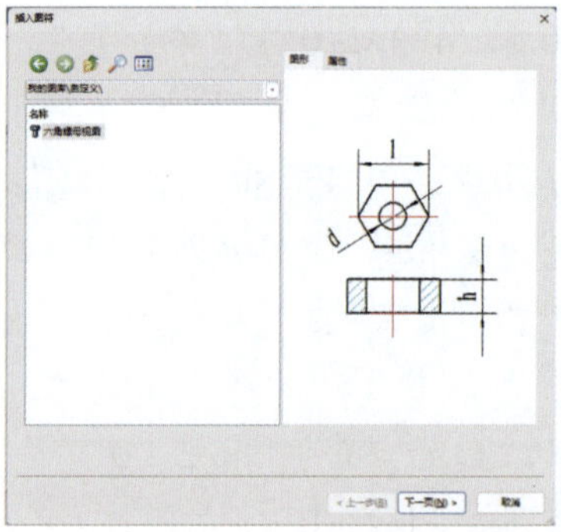

图 11-27 “插入图符”对话框

11.3.3 图库管理

图库管理功能为用户提供了对图库文件及图库中的各个图符进行编辑修改的功能。

执行方式

(1)命令行：symman。

(2)菜单：“绘图”→“图库”→“图库管理”。

(3)工具栏：“图库”工具栏→。

操作步骤

01 进入图库管理的命令；弹出“图库管理”对话框(图 11-28)；在此对话框中进行图符浏览、预显放大、检索及设置当前图符的方法与“插入图符”对话框完全相同。

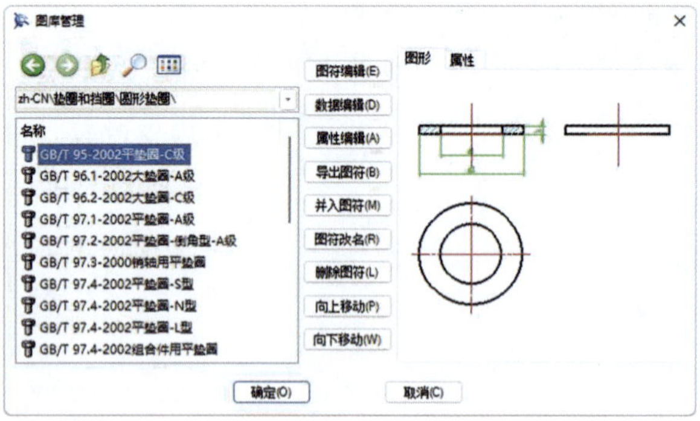

图 11-28 “图库管理”对话框

02 在上面的对话框中，可以对图符进行相关的操作。

图符编辑：应用图符编辑功能可以对已经定义的图符进行全面的编辑修改，也可以利用这个功能从一个定义好的图符出发去定义另一个相类似的图符，以减少重复劳动。

操作方法

在“图库管理”对话框中选定要编辑的图符后，单击“图符编辑”按钮，将弹出如图 11-29 所示的“图符编辑”下拉菜单。

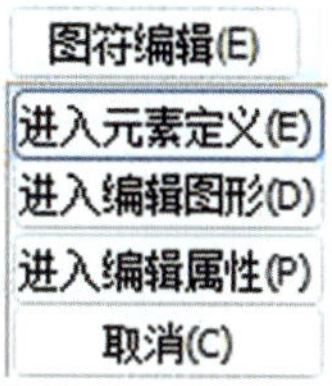

图 11-29 图符编辑下拉菜单

如果只是要修改参量图符中图形元素的定义或尺寸变量的属性，可以选择第一项，则“图库管理”对话框被关闭，进入元素定义，开始对图符的定义进行编辑修改。

如果需要对图符的图形、基点、尺寸或尺寸名进行编辑，可以选择第二项，同样“图库管理”对话框被关闭。由于电子图板要把该图符插入绘图区以供编辑，因此如果当前打开的文件尚未存盘，将提示用户保存文件。如果文件已保存则关闭文件并清除屏幕显示。图符的各个视图显示在绘图区，此时可以对图形进行编辑修改。修改完成后单击“定义图符”按钮，后续操作与定义图符完全一样。该图符仍含有除被编辑过的图形元素的定义表达式外的全部定义信息。因此编辑时只需对要变动的地方进行修改，其余保持原样。在图符入库时如果输入了一个与原来不同的名字，就定义了一个新的图符。

如果选择第三项则结束操作，放弃编辑。

数据编辑：数据编辑就是对参量图符的标准数据进行编辑修改。

操作方法

在“图库管理”对话框中选定要编辑的图符后，单击“数据编辑”按钮，将弹出“标准数据录入与编辑”对话框，对话框中的表格里显示了该图符已有的尺寸数据供编辑修改，编辑方法见上一节中的“标准数据录入与编辑”对话框的操作。

编辑完成后单击“确定”按钮则保存编辑后的数据，单击“取消”按钮放弃所做的修改退出。

属性编辑：属性编辑就是对图符的属性进行编辑修改。

操作方法

在“图库管理”对话框中选定要编辑的图符后，单击“属性编辑”按钮，将弹出“属性编辑”对话框，对话框中的表格里显示了该图符已定义的属性信息，可供编辑修改，编辑方法见上一节中的“属性编辑”对话框的操作。编辑完成后单击“确定”按钮则保存编辑后的属性，单击“取消”按钮放弃所做的修改退出。

导出图符：导出图符就是将需要导出的图符以“图库索引文件(＊.idx)”的方式在系统中进行保存备份或者用于图库交流。

操作方法

在“图库管理”对话框中选择要导出的图符，单击“导出图符”按钮，弹出“浏览文件夹”对话框。如图 11-30 所示。

在对话框中选择要导出到的文件夹，单击“确定”按钮完成图符的导出。

并入图符：并入图符功能用来将用户在另一台计算机上定义或将其他目录下的图符加入到本计算机系统目录下的图库中。

》操作方法

在“图库管理”对话框中单击“并入图符”按钮，弹出“并入图符”对话框(如图 11-31 所示)，在对话框中选择要并入图库的索引文件。

图 11-30 “浏览文件夹”对话框

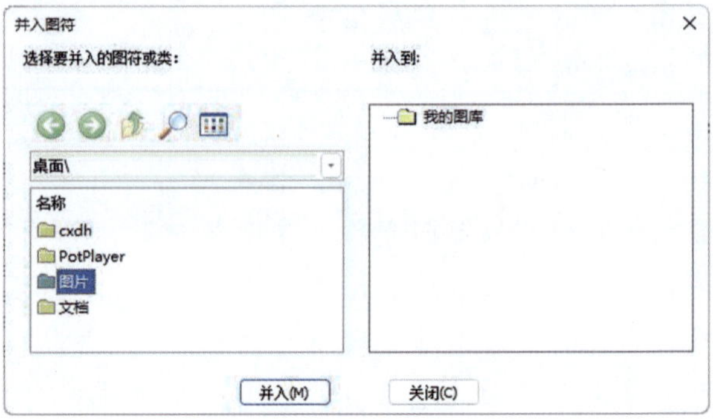

图 11-31 “并入图符”对话框

单击“并入”按钮，被选中的图符会存入指定的类别。并入成功后，被并入的图符从列表中消失。接下来可以再进行其余图符的并入。

图符改名：图符改名功能用来给图符起一个新名字。

》操作方法

在“图库管理”对话框中选中想要改名的图符(如果是重命名小类或大类，可以不选择具体的图符)，再单击“图符改名”按钮。弹出“图符改名”对话框(如图 11-32 所示)。

在编辑框中输入新名字，单击“确定”按钮完成改名，单击“取消”按钮放弃修改。

删除图符：删除图符功能用于从图库中删除图符。

》操作方法

在“图库管理”对话框中选中想要删除的图符(如果是删除整个小类或大类，可以不选择具体的图符)，再单击“删除图符”按钮，在弹出的警示框(图 11-33 所示)中单击“确定”按钮即可完成操作。

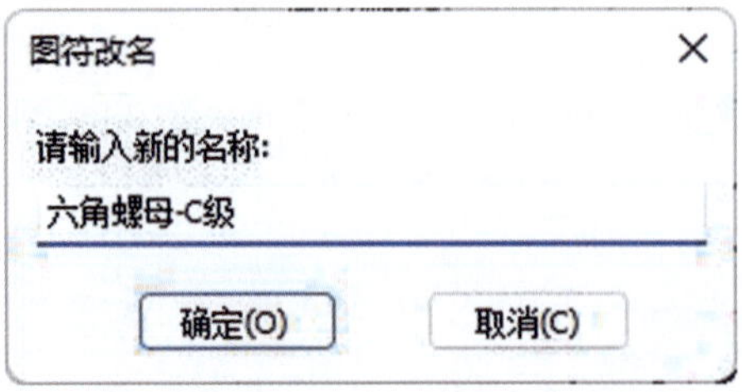

图 11-32 “图符改名”对话框

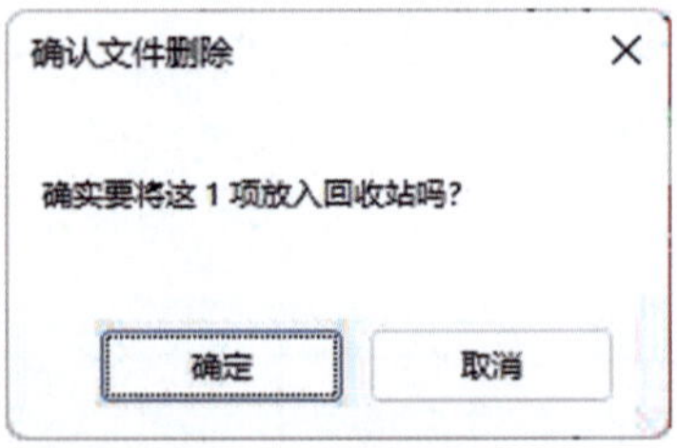

图 11-33 “删除图符”警示框

11.3.4 驱动图符

驱动图符就是将已经插入到图中的参量图符的某个视图的尺寸规格进行修改。

执行方式

(1)命令行：symdrv。

(2)菜单：“绘图”→“图库”→“驱动图符”。

(3)工具栏：“图库”工具栏→。

操作步骤

01 启动“驱动图符”命令后，系统提示选择想要变更的图符。

02 选取要驱动的图符，弹出“图符预处理”对话框。在这个对话框中修改该图符的尺寸及各选项的设置。操作方法与图符预处理时相同。然后单击“确定”按钮，被驱动的图符将在原来的位置以原来的旋转角被按新尺寸生成的图符所取代。

11.3.5 图库转换

图库转换功能用来将用户在低版本电子图板中的图库(可以是自定义图库)转换为当前版本电子图板的图库格式，以继承用户的劳动成果。

执行方式

(1)命令行：symtran。

(2)菜单：“绘图”→“图库”→“图库转换”。

(3)工具栏：“图库”工具栏→。

操作步骤

01 启动“图库转换”命令后，弹出“图库转换”对话框，如图 11-34 所示，单击“确定”按钮。

02 系统弹出“打开旧版本主索引或小类索引文件”对话框，如图 11-35 所示；在对话框中选择要转换图库的索引文件，单击“打开”按钮，该对话框被关闭。

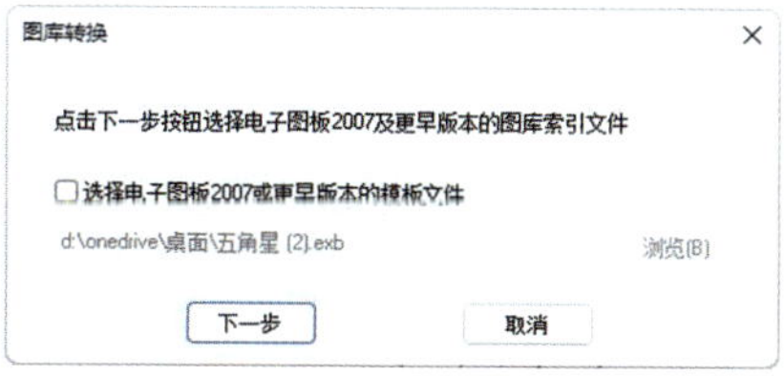

图 11-34 “图库转换”对话框

图 11-35 “打开旧版本主索引或小类索引文件”对话框

03 弹出“转换图符”对话框，如图 11-36 所示。选择需要转换的图符和存储的类，单击“转换”完成图库转换。

11.3.6 构件库

构件库是一种新的二次开发模块的应用形式。

» 执行方式

(1)命令行：conlib。

(2)菜单：“绘图”→“构件库”。

» 操作步骤

01 启动“构件库”命令后，系统弹出“构件库”对话框，如图 11-37 所示。

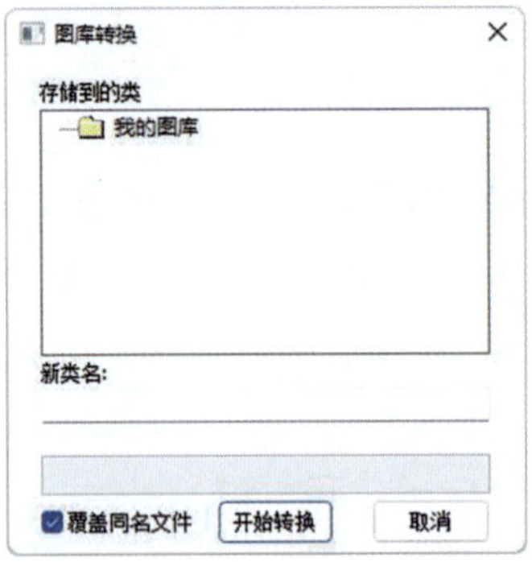

图 11-36 “转换图符”对话框

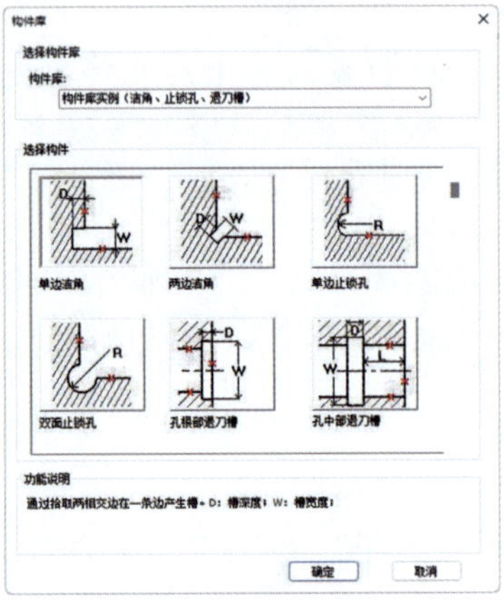

图 11-37 “构件库”对话框

02 在该对话框的“构件库”下拉列表框中可以选择不同的构件库，在“选择构件”栏中以图标按钮的形式列出了这个构件库中的所有构件，用鼠标左键单击选中以后在“功能说明”栏中列出了所选构件的功能说明，单击“确定”按钮以后就会执行所选的构件。

11.3.7 技术要求库

技术要求库用数据库文件分类记录了常用的技术要求文本项，可以辅助生成技术要求文本插入工程图，也可以对技术要求库中的类别和文本进行添加、删除和修改，即进行技术要求库管理。

» 执行方式

(1)命令行：speclib。

(2)菜单：“标注”→“技术要求库”。

(3)工具栏：“标注”工具栏→。

操作步骤

01 启动“技术要求库”命令后，系统弹出“技术要求库”对话框，如图 11-38 所示。

图 11-38 “技术要求库”对话框

02 如果技术要求库中已经有了要用到的文本，可以在切换到相应的类别后用鼠标直接将文本从表格中拖到编辑框中合适的位置。也可以直接在编辑框中输入和编辑文本。

单击“设置”按钮可以进入“文字标注参数设置”对话框，修改技术要求文本要采用的文字参数。右上角的组合框用法与“文字标注与编辑”对话框中的一样。

完成编辑后，单击“生成”按钮，根据提示指定技术要求所在的区域，系统将生成技术要求文本插入工程图。

另外，技术要求库的管理工作也是在如图 11-39 所示对话框中进行。方法如下。

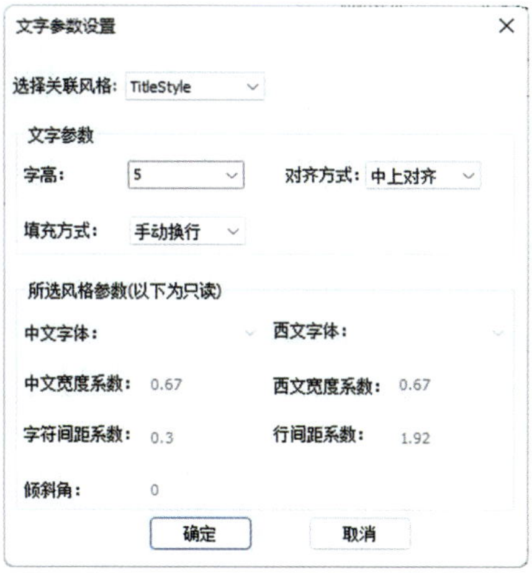

图 11-39 “文字参数设置”对话框

要增加新的文本项，可以在表格左边有星号的行输入；要删除文本项，先用鼠标单击相应行左边的选择区选中该行，再按【Del】键删除(此时输入焦点应在表格中)；要修改某个文本项的内容，只须直接在表格中修改。

要增加一个类别，选择列表框中的最后一项“增加新类别…”，输入新类别的名字，然后在表格中为新类别增加文本项；要删除一个类别，选中该类别，按【Del】键，在弹出的消息框中选择“是”，则该类别及其的所有文本项都从数据库中删除；要修改类别名，先用鼠标双击，再进行修改。完成管理工作后，单击“退出”按钮退出对话框。

任务评价

评价内容	评价标准	分值	读者自评	老师评估
插入图符	能够插入图符	10		
定义图符	能够将图形定义为图符	20		
图库管理	能够编辑修改图符	20		
驱动图符	能够将插入到图中的参量图符的某个视图的尺寸规格进行修改	10		
图库转换	能够将低版本的图库转换为现在版本的图库	10		
构件库	能够使用构件库	10		
技术要求库	能够修改技术要求库	20		
总分		100		

项目小结

本项目通过讲述块操作、块的在位编辑和库操作三个任务，使读者将能够熟练地进行块的基本操作，包括创建、编辑和删除块；掌握在位编辑技术，以便更高效地处理图纸数据；以及了解如何利用库功能来管理和重复使用图纸中的常用元素，提高制图效率。

项目习题

1. 从图库中调用下面的标准件并对其进行相应的操作，如图 11-40 所示。

操作提示：

（1）执行“打散”选项。

（2）进行相应的编辑，将中心线缩短，并将所有的线条改为细实线。

（3）再执行“创建块”命令重新生成块。

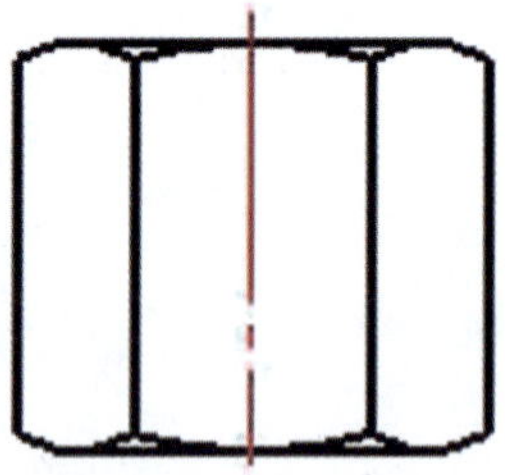

图 11-40　标准螺母

注意

图 11-40 中螺母为图符大类“螺母”、图符小类“六角螺母”中的“GB56-1988 六角厚螺母”的第一个视图。

2. 从图库中调用如图 11-41（a）所示的标准件并对其进行相应的操作，使其结果如图 11-41（b）所示。

> **注意**
> 图 11-41 中螺栓为图符大类“螺栓和螺柱”、图符小类“六角头螺栓”中的“GB27-1988 六角头铰制孔用螺栓-A 级”的第一个视图。

操作提示：

(1)执行“驱动图符”命令，对其尺寸进行适当的改变(长度由 50 变为 25)。

(2)执行“块编辑”命令。

(3)编辑调整尺寸线的位置。

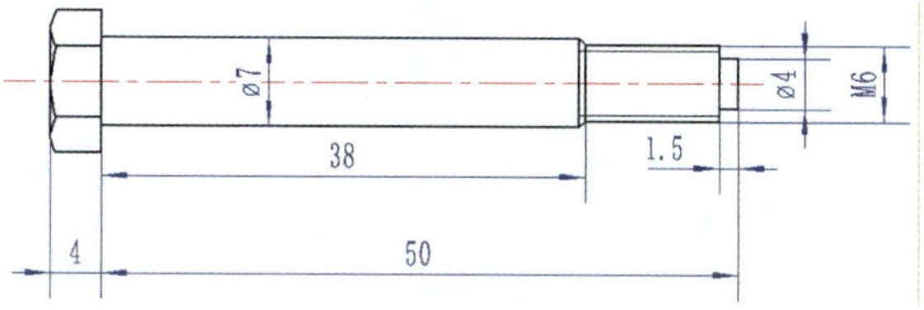

(a)驱动前

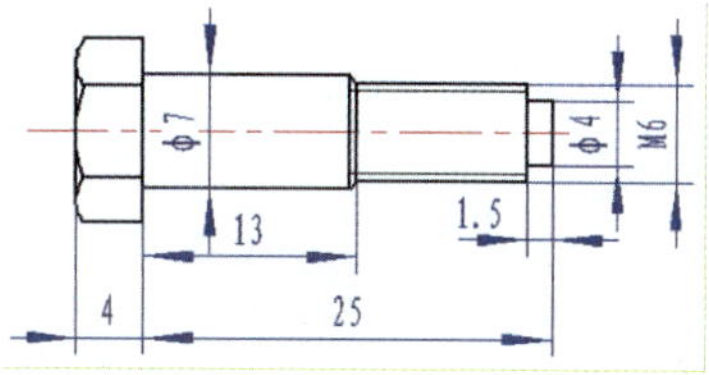

(b)驱动后

图 11-41　标准螺栓

项目12 工程标注与标注编辑

项目导读

电子图板依据《技术制图 图纸幅面和格式》(GB/T 14689-2008)提供了对工程图进行尺寸标注、文字标注和工程符号标注的一整套方法，是绘制工程图样十分重要的手段和组成部分。本章主要介绍CAXA电子图板工程标注的方法和标注编辑的手段。

学习目标

知识目标

1. 了解尺寸标注的基本概念和方法。
2. 了解坐标标注的基本概念和方法。
3. 掌握各种工程标注的基本概念和用法。
4. 掌握标注修改的各种方法。

能力目标

1. 能够标注图纸基本尺寸。
2. 能够标注图纸特殊样式。
3. 熟悉标注各种工程标注。
4. 熟悉修改图纸中的各种标注。

素质目标

通过学习和实践不同的工程标注，培养读者的持续学习能力和适应新技术的能力。

思政目标

1. 培养读者树立科技报国的使命担当。
2. 帮助读者树立正确的信息社会价值观和责任感。

任务1 尺寸标注

任务描述

本任务主要讲解多种尺寸标注方法，包括基本标注、尺寸公差标注、基准标注、连续标注等，这些都是确保图纸准确性和专业性的重要标注。

任务分析

在进行尺寸标注之前，需要理解各种标注类型的特点和适用场景。

任务重点与实施

“尺寸标注”是进行尺寸标注的主体命令，尺寸类型与形式很多，本系统在命令执行过程中提供了智能判别功能。

(1)根据拾取的元素不同，自动标注相应的线性尺寸、直径尺寸、半径尺寸或角度尺寸。

(2)根据立即菜单的条件，选择基本尺寸、基准尺寸、连续尺寸、尺寸线方向。

(3)尺寸文字可以采用拖动定位。

(4)尺寸数值可采用测量值，也可以直接输入。

执行方式

(1)命令行：dim。

(2)菜单：“标注”→“尺寸标注”→“尺寸标注”。

(3)工具栏：“标注”工具栏→。

选项说明

进入尺寸标注的命令后，在屏幕左下角出现尺寸标注的立即菜单(图12-1)，单击立即菜单1可以选择不同的尺寸标注方式。

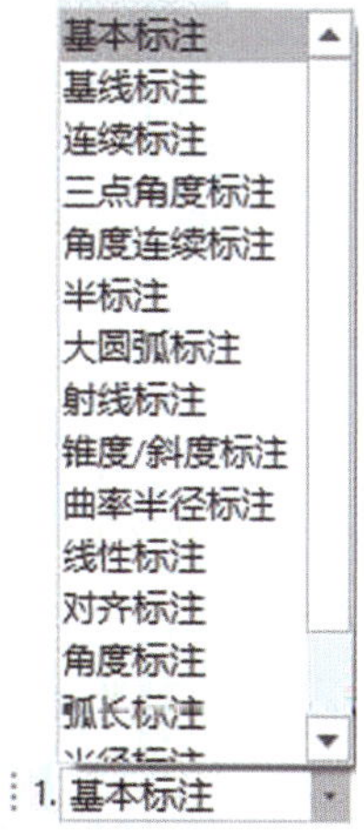

图12-1 “尺寸标注”立即菜单

12.1.1 基本标注

基本标注是对尺寸进行标注的基本方法。CAXA 电子图板具有智能尺寸标注功能，系统能够根据拾取选择，来智能地判断出所需要的尺寸标注类型，然后实时地在屏幕上显示出来，此时可以根据需要来确定最后的标注形式与定位点。系统根据鼠标拾取的对象来进行不同的尺寸标注。

1. 单个元素的标注

【例 12-1】对如图 12-2 所示的直线进行基本尺寸的标注。

(a)　　(b)　　(c)　　(d)

图 12-2　直线标注

操作步骤

扫码看视频

01 范打开源文件的“初始文件”→12 →“例 12-1”文件。进入尺寸标注的命令后，在立即菜单 1 中选择“基本标注”方式。

02 根据系统提示拾取要标注的直线，系统弹出直线标注立即菜单，如图 12-3 所示。

03 通过选择不同的立即菜单选项，可标注直线的长度、直径和与坐标轴的夹角。

04 当在立即菜单 2 中选择“文字平行”，在立即菜单 3 中选择“标注长度”，在立即菜单 4 中选择“长度”，在立即菜单 5 中选择“平行”时（图 12-3），标注结果如图 12-2(a) 所示。

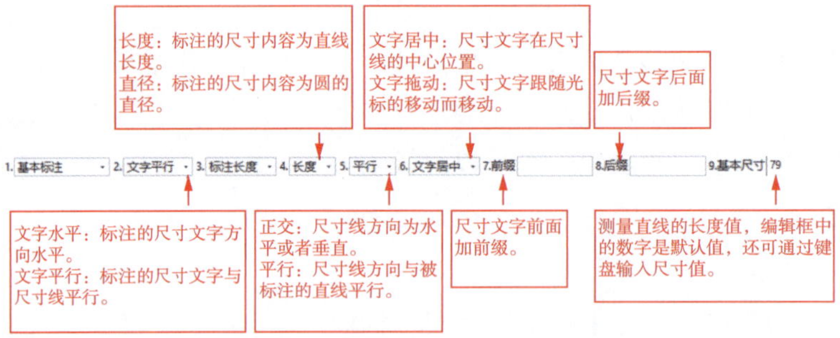

图 12-3　直线长度标注立即菜单

05 当立即菜单 2 选择为“文字平行”，立即菜单 3 选择为“标注长度”，立即菜单 4 选择为“长度”，立即菜单 5 选择为“正交”时，标注结果如图 12-2(b) 所示。

06 当立即菜单 2 选择为“文字平行”，立即菜单 3 选择为“标注长度”，立即菜单 4 选择为“直径”，立即菜单 5 选择为“平行”时，标注结果如图 12-2(c) 所示。

07 当立即菜单 3 选择为“标注角度”，立即菜单 4 选择为“X 轴夹角”，立即菜单 5

选择为“度”时，如图 12-4 所示，标注结果如图 12-2(d)所示。

图 12-4 角度标注立即菜单

【例 12-2】对如图 12-5 所示的圆进行基本尺寸标注。

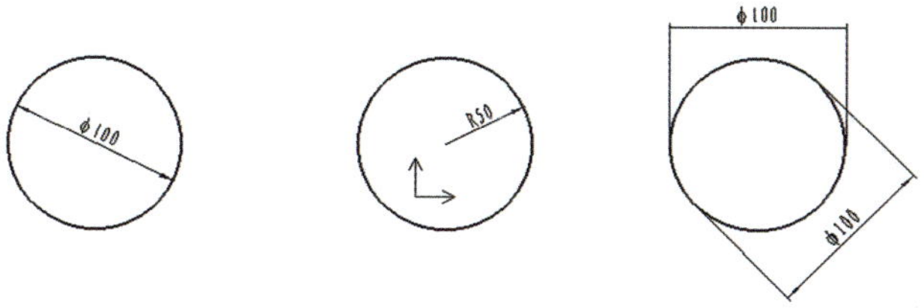

(a)直径标注 (b)半径标注 (c)圆周直径标注

扫码看视频

图 12-5 圆的标注

操作步骤

01 打开源文件的“初始文件”→12→“例 12-2”文件。进入尺寸标注命令后，在立即菜单 1 中选择“基本标注”方式。

02 根据系统提示拾取要标注的圆，系统弹出圆标注立即菜单。

03 通过对立即菜单 3 的选择，可标注圆的直径、半径及圆周直径(图 12-6)。

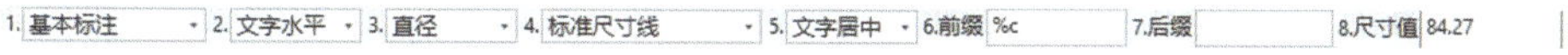

图 12-6 圆标注的立即菜单

04 当立即菜单 3 选择为“直径”，立即菜单 5 选择为“文字居中”时，标注结果如图 12-5(a)所示。

05 当立即菜单 3 选择为“半径”时，标注结果如图 12-5(b)所示。

06 当立即菜单 3 选择为“圆周直径”时，标注结果如图 12-5(c)所示。

注意

在标注“直径”或“圆周直径”时，尺寸数值前自动带前缀“Φ”，在标注“半径”时，尺寸数值前自动带前缀 R。

【例 12-3】对如图 12-7 所示的圆弧进行基本尺寸标注。

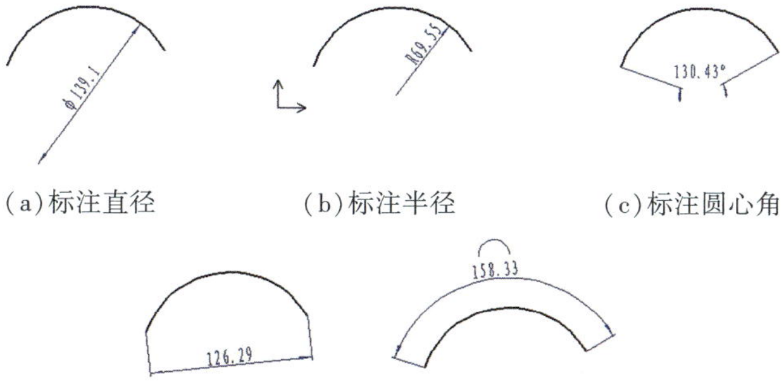

(a)标注直径 (b)标注半径 (c)标注圆心角

扫码看视频

(d)标注弦长 (e)标注弧长

图 12-7 圆弧的标注图例

» 操作步骤

01 打开源文件的“初始文件”→12 →“例 12-3”文件。进入尺寸标注的命令后，在立即菜单 1 中选择“基本标注”方式。

02 根据系统提示拾取要标注的圆弧，系统弹出圆弧标注立即菜单，如图 12-8 所示。

03 通过对立即菜单 2 的选择，可标注圆弧的半径、直径、圆心角及弦长、弧长和螺纹。

图 12-8　圆弧标注的立即菜单

04 当立即菜单 2 选择为“直径”，立即菜单 3 选择为“文字水平”，立即菜单 4 中选择为“文字居中”时，标注结果如图 12-7(a)所示。

05 当在立即菜单 2 选择为“半径”时，标注结果如图 12-7(b)所示。

06 当在立即菜单 2 选择为“圆心角”时，标注结果如图 12-7(c)所示。

07 当在立即菜单 2 选择为“弦长”时，标注结果如图 12-7(d)所示。

08 当在立即菜单 2 选择为“弧长”时，标注结果如图 12-7(e)所示。

2. 两个元素的标注

【例 12-4】对如图 12-9 所示的两点间距离进行标注。

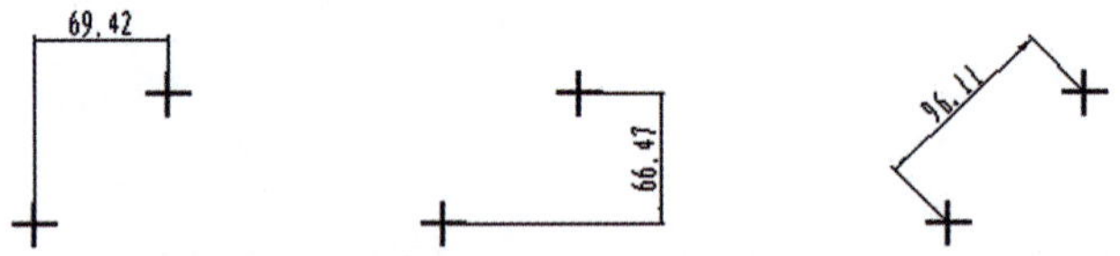

(a)水平距离标注　(b)竖直距离标注　(c)直线距离标注

图 12-9　两点距离标注

扫码看视频

» 操作步骤

01 打开源文件的“初始文件”→12 →“例 12-4”文件。进入尺寸标注的命令后，在立即菜单 1 中选择“基本标注”方式。

02 根据系统提示分别拾取第一点和第二点(屏幕点、孤立点或各种控制点如端点、中点等)；系统弹出两点标注的立即菜单(图 12-10)。

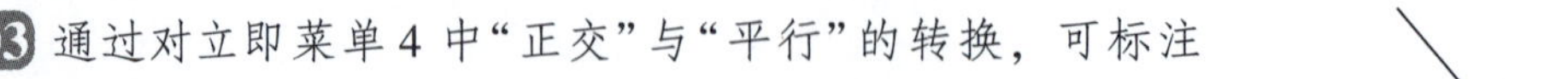

图 12-10　两点标注的立即菜单

03 通过对立即菜单 4 中“正交”与“平行”的转换，可标注两点之间的水平距离、竖直距离和两点间的直线距离，结果如图 12-10 所示。

【例 12-5】对如图 12-11 所示的点和直线间距离进行基本标注。

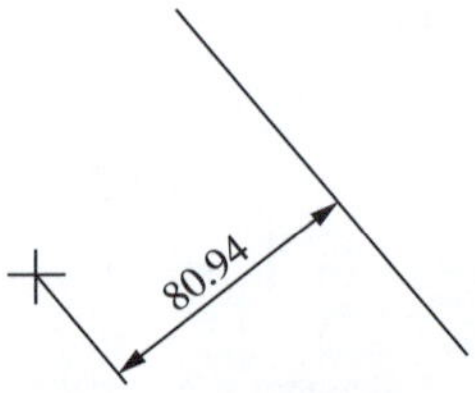

图 12-11　点与直线的距离标注

操作步骤

01 打开源文件的“初始文件”→12 →“例 12-5”文件。进入尺寸标注命令后，在立即菜单 1 中选择“基本标注”方式。

扫码看视频

02 根据系统提示分别拾取点和直线(直线和点的拾取无先后顺序)，系统弹出两点标注的立即菜单(图 12-12)。

图 12-12　点和直线标注的立即菜单

03 通过对立即菜单的选择，即可标注点与直线之间的距离，结果如图 12-11 所示。

【例 12-6】对图 12-13 中的点和圆心(或点和圆弧中心)间距离进行基本标注。

扫码看视频

图 12-13　点与圆心(圆弧中心)的距离标注

操作步骤

01 打开源文件的“初始文件”→12 →“例 12-6”文件。进入尺寸标注的命令后，在立即菜单 1 中选择“基本标注”方式。

02 根据系统提示分别拾取点和圆(或圆弧)，标注点到圆心的距离，系统弹出立即菜单(图 12-14)。

03 通过对立即菜单的选择，即可标注点与圆心(或圆弧中心)之间的距离，结果如图 12-13 所示。

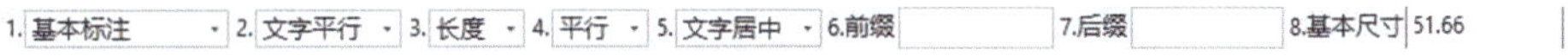

图 12-14　两点标注的立即菜单

【例 12-7】对如图 12-15 所示的圆和圆(或圆和圆弧、圆弧和圆弧)距离进行基本标注。

扫码看视频

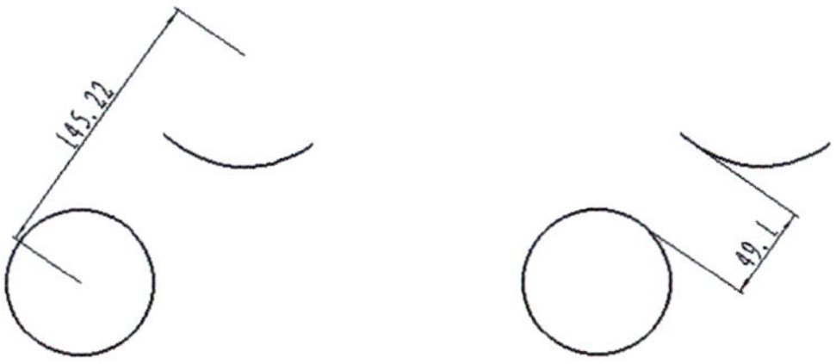

(a)“圆心”距离标注　　(b)“切点”距离标注

图 12-15　圆与圆弧距离的标注

操作步骤

01 打开源文件的“初始文件”→12 →“例 12-7”文件。进入尺寸标注的命令后，在立即菜单 1 中选择“基本标注”方式。

02 根据系统提示分别拾取圆(或圆弧)和圆(或圆弧)，系统弹出立即菜单如图 12-16 所示。

03 若在立即菜单 4 中选择“圆心”则标注的是两圆(圆弧)中心的距离，结果如图 12-15(a)所示。

04 若在立即菜单 4 中选择“切点”则标注的是两圆(圆弧)切点之间的距离，结果如图 12-15(b)所示。

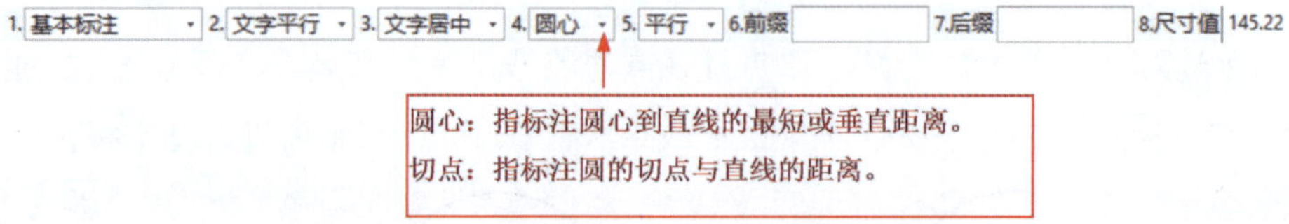

图 12-16　两圆(或圆弧)距离标注的立即菜单

【例 12-8】对图 12-17 中的直线和圆(或圆弧)进行基本标注。

扫码看视频

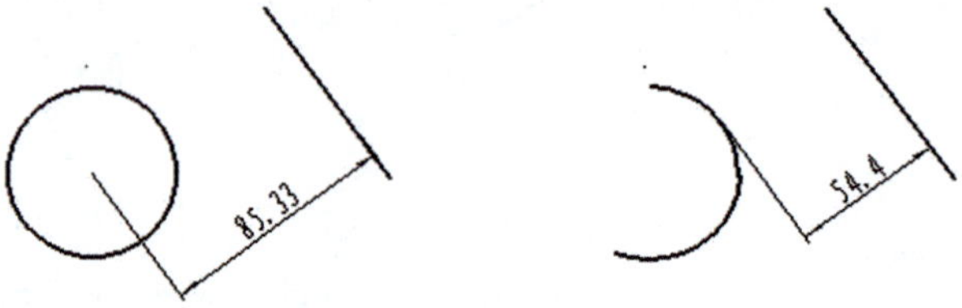

(a)“圆心”距离标注　　(b)“切点”距离标注

图 12-17　圆与圆弧距离的标注

» 操作步骤

01 打开源文件的“初始文件”→12 →“例 12-8”文件。进入尺寸标注的命令后，在立即菜单 1 中选择“基本标注”方式。

02 根据系统提示分别拾取直线和圆(或圆弧)，系统弹出立即菜单(图 12-18)。

03 若在立即菜单 3 中选择“圆心”则标注的是直线与圆(圆弧)中心的距离，结果如图 12-17(a)所示。

04 若在立即菜单 3 中选择“切点”则标注的是直线与圆(圆弧)切点之间的距离，结果如图 12-17(b)所示。

图 12-18　直线与圆(圆弧)距离标注的立即菜单

【例 12-9】对如图 12-19 所示的直线和直线进行基本标注。

扫码看视频

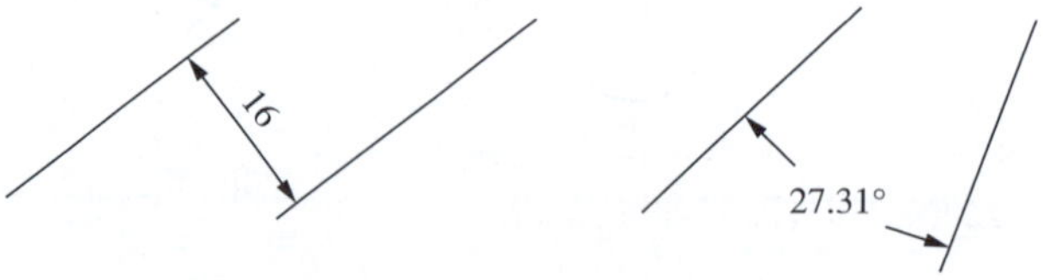

(a)平行直线的标注　　(b)不平行直线的标注

图 12-19　直线和直线的标注

»操作步骤

01 打开源文件的“初始文件”→12 →“例 12-9”文件。进入尺寸标注的命令后，在立即菜单 1 中选择“基本标注”方式。

02 根据系统提示分别拾取两条直线。

03 若拾取的两直线平行，则系统弹出立即菜单（图 12-20），标注两直线的距离，结果如图 12-19（a）所示。

图 12-20　两平行直线标注的立即菜单

04 若拾取的二直线不平行，则系统弹出立即菜单（图 12-21），标注两直线的夹角，结果如图 12-19（b）所示。

图 12-21　不平行直线标注的立即菜单

12.1.2 尺寸公差标注

1. 右键弹出菜单法

拾取所要标注的图素（线、圆等）后，单击鼠标右键即弹出如图 12-22 所示的“尺寸标注属性设置”对话框。在此对话框内，用户可以任意改变它们的值，并根据需要填写公差代号和尺寸前后缀。用户还能改变公差的输入输出形式（代号、数值），以满足不同的标注需求。

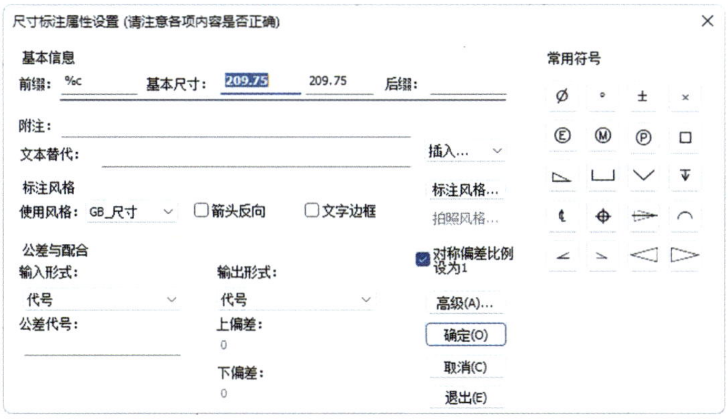

图 12-22　“尺寸标注属性设置”对话框

“尺寸标注属性设置”对话框各项含义。

（1）**基本尺寸**：默认为实际测量值，可以输入数值。

（2）**前缀、后缀**：输入尺寸值前后的符号，如“2-F10”等。

（3）**附注**：方便填写“沉孔”“配作”等信息。

（4）**使用风格**：有系统自带的两种标注风格，标准和机械。也可以通过右边的“标注风格”按钮，在弹出的“标注风格”对话框中新建、编辑标注风格。

(5) **箭头反向**：选中此复选框可以设置箭头反向。

(6) **文字边框**：选中此复选框可以设置文字带边框。

(7) **输入形式**：有代号、偏差和配合 3 种。当输入形式为代号时，系统自动根据公差代号文本框中的公差代号，计算出上下偏差并显示在上、下偏差的显示框中。

(8) **上偏差、下偏差**：当输入形式为代号时，可以在这两个文本框中显示系统自动根据公差代号查询出的上下偏差值。当输入形式为偏差时，可以由用户在上、下偏差的文本框中输入上、下偏差的值。

(9) **公差代号**：当输入形式为代号时，可以在此文本框中输入公差代号如 k7、H8 等，系统自动根据公差代号计算出上下偏差并显示在上、下偏差的显示框中。当输入形式为偏差时，可以由用户在上、下偏差的文本框中输入上、下偏差的值。当输入形式为配合时，在公差代号的文本框中可以输入配合的符号，如“H7/k6”等。

(10) **输出形式**：有 4 种，代号、偏差、(偏差)、代号(偏差)。当输出形式为代号时，标注公差代号如 k7、H8 等。当输出形式为偏差时，标注上、下偏差的值。当输入形式为(偏差)时，标注带括号的上、下偏差值。当输入形式为代号(偏差)时，同时标注代号和上、下偏差的值。

2. 立即菜单法

用户也可以在立即菜单中用输入特殊符号的方式标注公差。

(1) 直径符号：用符号“%c”表示。例如，输入“%c40”，则标注为“Φ40”。

(2) 角度符号：用符号“%d”表示。例如，输入“40%d”，则标注为“40°”。

(3) 公差符号：用符号“%p”表示。例如，输入“40%p0.5”，则标注为“40±0.5”。

上下偏差值格式为：“%”加上偏差值加“%”再加上下偏差值加“%b”。偏差值必须带符号，偏差为零时省略，系统自动把偏差值的字高选为比尺寸值字高小一号，并且自动判别上、下偏差，自动判别其书写位置，使标注格式符号国家标准的规定，例如，输入“100%+0.02%-0.01%b”时，则标注为“$100^{+0.02}_{-0.01}$”。

上下偏差值后的后缀为“%b”，系统自动把后续的字符高度恢复为尺寸值的字高来标注。

12.1.3 基准标注

基准标注以已知尺寸边界或已知点为基准标注其他尺寸。

【例 12-10】标注轴承座，如图 12-23 所示。

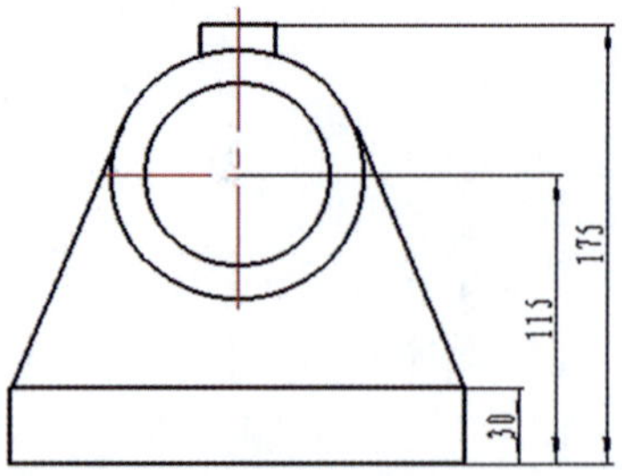

图 12-23 轴承座主视图纵向尺寸标注

›› 操作步骤

01 打开源文件的“初始文件”→12→“例 12-10”文件。进入尺寸标注的命令后，选择“立即菜单 1”中的“基线”选项。

02 系统提示区提示“拾取第一引出点”，此时用鼠标单击图形最下方的铅垂尺寸基准线。

03 系统提示区提示“拾取第二引出点”，此时用鼠标单击图形中底座上平面的水平线。然后拖动鼠标向右确定尺寸标注位置后单击左键完成第一个尺寸（图中标有 30 的尺寸）的标注。

扫码看视频

04 系统提示区提示“尺寸线位置”，此时用鼠标单击图形中圆心点。然后拖动鼠标向右确定尺寸标注位置后单击左键完成圆心的定位尺寸的标注（图中标有 115 的尺寸）。

05 系统又提示“拾取第二引出点”，此时用鼠标单击图形中最上方的圆柱平台面完成上平面的形状尺寸的标注（图中标有“175”的尺寸）。

完成该图形的各个基本图形的纵向尺寸的标注。

12.1.4 连续标注

连续标注：将前一个生成的尺寸作为下一个尺寸的基准。

【例 12-11】连续标注图 12-24 所示的图形。

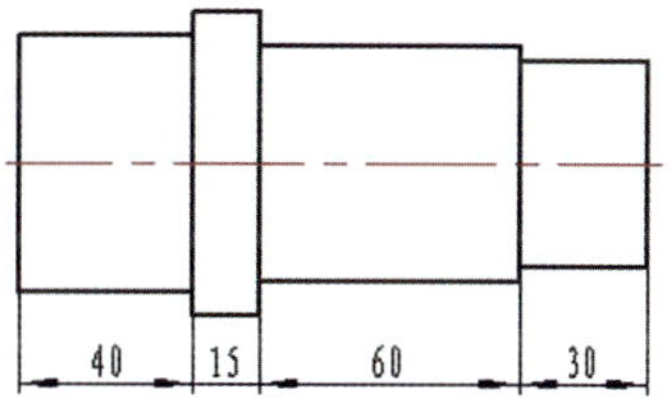

图 12-24　连续尺寸标注

操作步骤

01 打开源文件的“初始文件”→12 →“例 12-11”文件。选择“立即菜单”中的“连续标注”。

02 提示区提示“拾取第一引出点”，单击图形最左边的垂线。

03 提示区提示“拾取第二个引出点”，单击第一个要标注的 40 mm 尺寸的垂线。

04 提示区提示“尺寸线位置”，此时用户拖动鼠标将尺寸显示到合适的位置。

扫码看视频

05 提示区提示“拾取第二引出点”，按照步骤 3 和步骤 4 依次标注尺寸 15 mm、60 mm 和 30 mm。

12.1.5 三点角度标注

角度尺寸标注两直线之间的夹角，通过拖动确定角度是小于 180°还是大于 180°。其尺寸界线汇交于角度顶点，其尺寸线为以角度顶点为圆心的圆弧，其两端带箭头，角度尺寸数值单位为度。

【例 12-12】用“三点角度标注”功能标注如图 12-25 所示的圆心角。

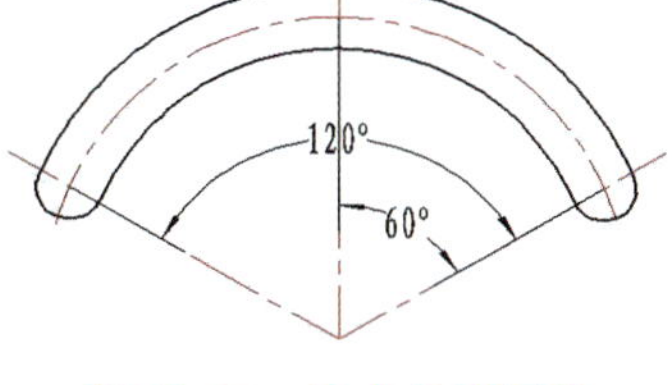

扫码看视频

图 12-25　三点角度标注

》操作步骤

01 打开源文件的“初始文件”→12 →“例 12-12”文件。用鼠标选择“立即菜单”中的“三点角度标注”选项，如图 12-26 所示。

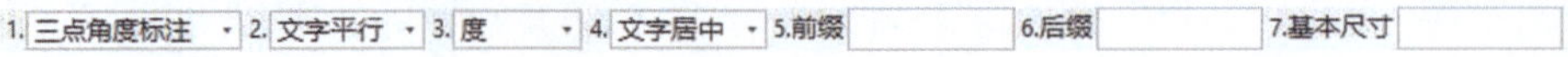

图 12-26　三点角度标注立即菜单

02 在图形上分别按照系统提示单击对称轴的最低点、左边半圆圆心和右边半圆圆心。

03 选择尺寸的适当位置单击“确认”即可完成图示 120° 角的标注。同样道理，完成 60° 角的标注。标注的结果如图 12-25 所示。

12.1.6　角度连续标注

角度连续标注功能只能进行角度的标注。

【例 12-13】如图 12-27 所示，从右到左连续标注 30°、60°、60°和 30°四个角度。

扫码看视频

》操作步骤

01 打开源文件的“初始文件”→12 →“例 12-13”文件。用鼠标选择“立即菜单”中的“角度连续”选项。

02 单击“立即菜单”中的“顺时针”项使其变为“逆时针”。

03 从右边开始按照逆时针的方向，分别单击标注角度的分界线，调整角度显示位置，依次完成各个角度的标注。标注的结果如图 12-27 所示。

12.1.7　半标注

半标注功能进行只有一半的尺寸线的标注。通常包括半剖视图尺寸标注等国标规定的尺寸标注。

【例 12-14】用半标注的方法标注如图 12-28 所示套筒座直径为 20 mm 的内径。

扫码看视频

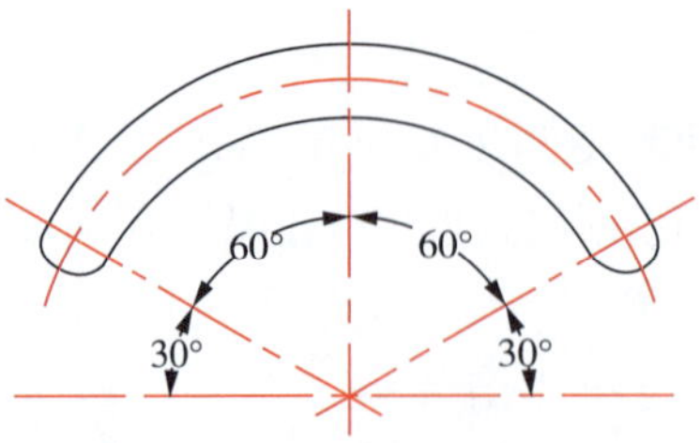

图 12-27　角度连续标注

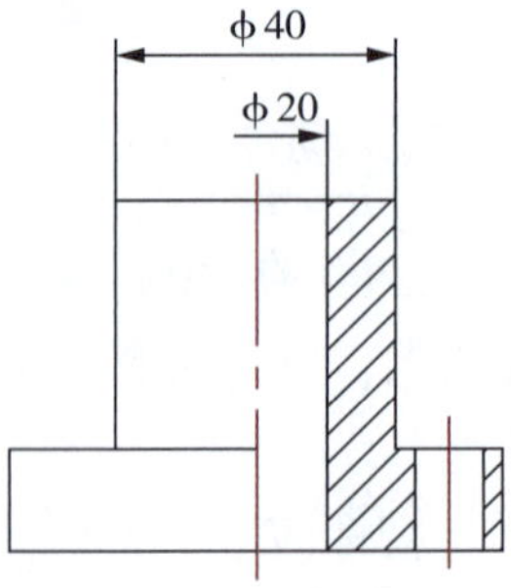

图 12-28　半标注

》操作步骤

01 打开源文件的“初始文件”→12 →“例 12-14”文件。单击“标注”工具栏中的“尺寸标注”按钮，选择“立即菜单”为“半标注”。此时在“立即菜单”上的显示如图 12-29 所示。

图 12-29　半标注

02 提示区“拾取直线或第一点”，用鼠标左键拾取套筒座的纵向对称轴。

03 系统提示“拾取与第一条直线平行的直线或第二点”，拾取内孔的转向轮廓线。

04 系统提示“尺寸线位置”，确定尺寸线位置。用光标动态拖动尺寸线，在适当位置确定尺寸线位置后，即完成标注，见图 12-28 中长度为 20 的尺寸。

> **注意**　半标注的尺寸界线引出点总是从第二次拾取元素上引出。尺寸线箭头指向尺寸界线。

12.1.8　大圆弧标注

大圆弧标注功能标注大圆弧。这也是一种比较特殊的尺寸标注，在国标中对其尺寸标注也作出了规定。CAXA 就是按照国标的规定进行标注的。

【例 12-15】标注如图 12-30 所示大圆弧。

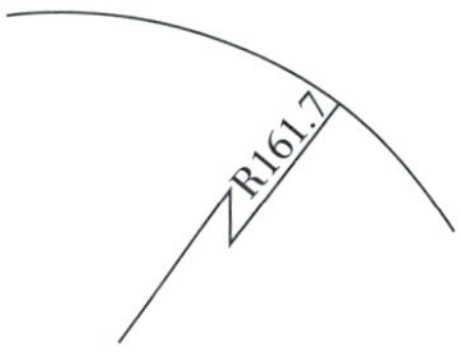

图 12-30　大圆弧标注

»操作步骤

01 打开源文件的“初始文件”→12 →“例 12-15”文件。单击标注工具栏中的“尺寸标注”按钮图标，在“立即菜单”中选择其第一项为“大圆弧标注”，如图 12-31 所示。

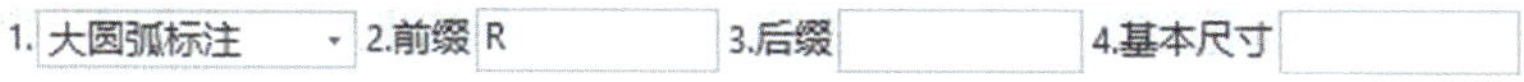

图 12-31　大圆弧标注

扫码看视频

02 系统提示区提示“拾取圆弧”。鼠标左键单击圆弧线。拾取圆弧之后，圆弧的尺寸值在“立即菜单”中显示，也可以输入尺寸值和尺寸前缀符号。

03 依次按照系统提示区提示，在适当的位置上单击确定第一折弯点、第二折弯点和定位点后即完成大圆弧标注。标注的结果如图 12-30 所示。

12.1.9　射线标注

射线标注以射线形式标注两点距离。

【例 12-16】用“射线标注”方法对图 12-32 所示 A、B 两点由 A 到 B 进行标注。

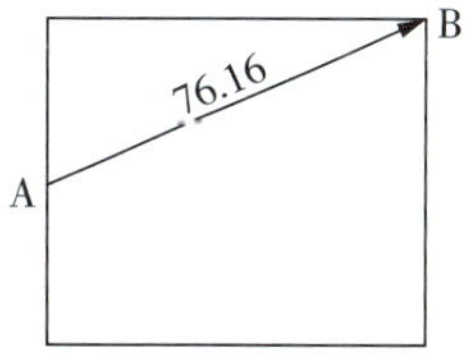

图 12-32　射线标注

»操作步骤

01 打开源文件的“初始文件”→12 →“例 12-16”文件。将

“立即菜单”第一项选择为“射线标注”，如图 12-33 所示。

02 系统提示“第一点”，用鼠标智能捕捉或单击 A 点作为第一点。

03 系统提示“第二点”，用同样的方法拾取 B 为第二点。

04 出现标注箭头和尺寸，并弹出射线标注立即菜单。确定尺寸值、选定好位置后，再单击鼠标确定尺寸标注。尺寸值默认为第一点到第二点的距离，即线段 AB 长度。用户也可以输入尺寸值。

扫码看视频

图 12-33　射线标注立即菜单

12.1.10　锥度标注

CAXA 的锥度标注功能与其他 CAD 软件比较大大简化了标注过程。

【例 12-17】标注图 12-34(a)中两条边与水平底线轴的锥度和图 12-34(b)中两条边与水平底线的斜度。

扫码看视频

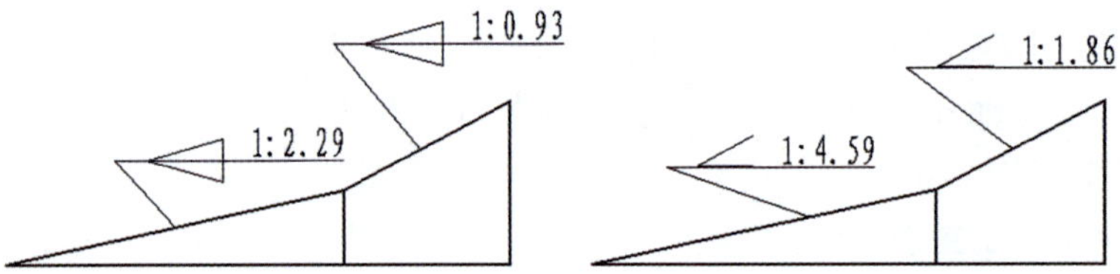

(a)　　(b)

图 12-34　锥度标注

操作步骤

01 打开源文件的“初始文件”→12 →“例 12-17”文件。选择标注“立即菜单”的第一项为“锥度标注/斜度标注”，如图 12-35 所示。

图 12-35　锥度标注对应的立即菜单

02 系统提示“拾取轴线”，用鼠标在图形上单击水平底线轴作为基准线。

03 系统提示“拾取直线”，拾取需要标注的直线。此时在“立即菜单”中显示默认尺寸值。用户也可以输入尺寸值。

04 系统提示“定位点”，单击鼠标左键确定标注的位置，完成锥度的标注。

05 系统会继续提示“拾取直线”，继续在指定基准线的基础上标注另一条直线的锥度。标注结束后，单击鼠标右键结束此项操作。

06 在“锥度标注”的“立即菜单”的第二项中选择“斜度”。以下操作及系统提示与步骤 2 ~ 步骤 5 相同。但设定的是直线与作为基准线的轴线之间的斜度。图 12-34(a) 中的 1 : 2.29 和 1 : 0.93 是指定的两条边与水平底线轴的锥度；图 12-34(b) 中的 1 : 4.59 和 1 : 1.86 是指定的两条边与水平底线的斜度。

12.1.11 曲率半径标注

曲率半径标注功能可标注样条的曲率半径。

【例 12-18】标注如图 12-36 所示样条线的曲率半径。

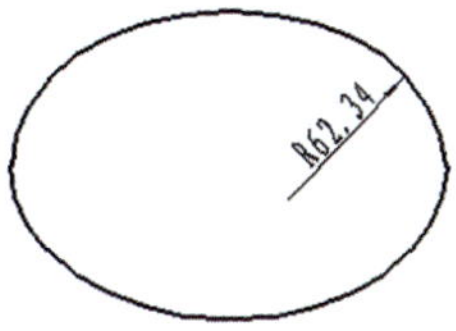

图 12-36 曲率半径标注

›› 操作步骤

01 打开源文件的“初始文件”→12 →“例 12-18”文件。选择“立即菜单”第一项为“曲率半径标注”；第 2 项中选择“文字水平”或者“文字平行”；第 3 项中选择“文字居中”或者“文字拖动”，如图 12-37 所示。

图 12-37 曲率半径标注

扫码看视频

02 系统提示“拾取标注元素或点取第一点”，拾取要标注的样条线。

03 系统提示“尺寸线位置”，移动鼠标确定标注线位置，单击鼠标左键确定，样条线曲率半径标注就完成了。

任务评价

评价内容	评价标准	分值	读者自评	老师评估
基本标注	能够标注直线、圆半径和直径等基本标注	30		
尺寸公差标注	能够标注尺寸公差标注	30		
基准标注	熟练使用基准标注	10		
连续标注	熟练使用连续标注	20		
半标注	能够绘制半标注	10		
总分		100		

任务 2 坐标标注

任务描述

本任务主要讲解原点标注、快速标注、自由标注、对齐标注、孔位标注、引出标注以及自动列表标注。

任务分析

想要更加精确地表达设计意图和尺寸信息，用户需要理解每种标注方法的特点和适用场景。

任务重点与实施

坐标标注功能主要用来标注原点、选定点或圆心(孔位)的坐标值。

»执行方式

(1)命令行：dimco。

(2)菜单："标注"→"坐标标注"。

(3)工具栏："标注"工具栏→ 。

»选项说明

进入坐标标注的命令后，在屏幕左下角出现的立即菜单 1 中可以选择不同的标注方式(图 12-38)。

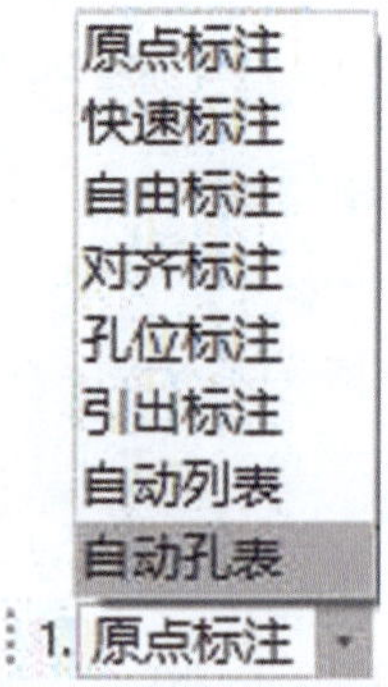

图 12-38 "坐标标注"立即菜单

12.2.1 原点标注

原点标注功能可标注当前工作坐标系原点的 X 坐标值和 Y 坐标值。

»操作步骤

01 进入坐标标注的命令后，在立即菜单 1 中选择"原点标注"方式，出现原点标注的立即菜单如图 12-39 所示。

02 在立即菜单 2 中可以选择尺寸线双向和尺寸线单向，在立即菜单 3 中可以选择文字双向和文字单向，在立即菜单 4 和立即菜单 5 中分别输入 X 轴偏移、Y 轴偏移。

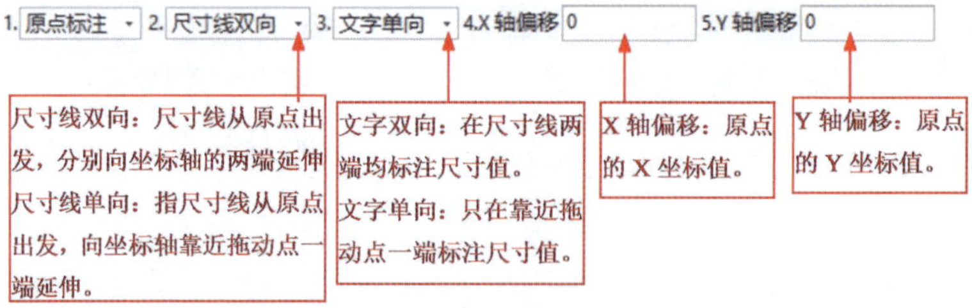

图 12-39 原点标注立即菜单

03 根据系统提示输入第二点或长度值以确定标注文字的位置。系统根据光标的位置确定是首先标注 X 轴方向上的坐标还是标注 Y 轴方向上的坐标。输入第二点或长度后，系统接着提示"输入第二点或长度"。如果只需要在一个坐标轴方向上标注，按鼠标右键或按【Enter】键结束，如果还需要在另一个坐标轴方向上标注，接着输入第二点或长度值即可。

12.2.2 快速标注

快速标注用于标注当前坐标系下任意“标注点”的 X 方向和 Y 方向的坐标值，标注格式由立即菜单确定。

【例 12-19】对如图 12-40 所示的直线进行快速标注。

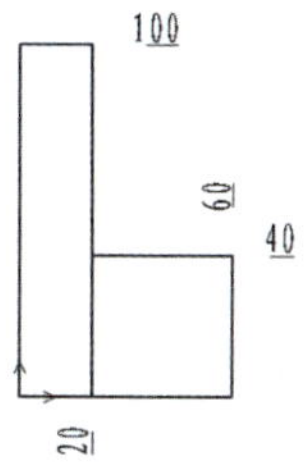

图 12-40　快速标注实例

操作步骤

01 打开源文件的“初始文件”→12→“例 12-19”文件。进入坐标标注的命令后，在立即菜单 1 中选择“快速标注”方式，出现快速标注的立即菜单如图 12-41 所示。

02 在立即菜单 2 中可以选择尺寸值的正负号，在立即菜单 4 中可以选择标注 X 坐标还是 Y 坐标。

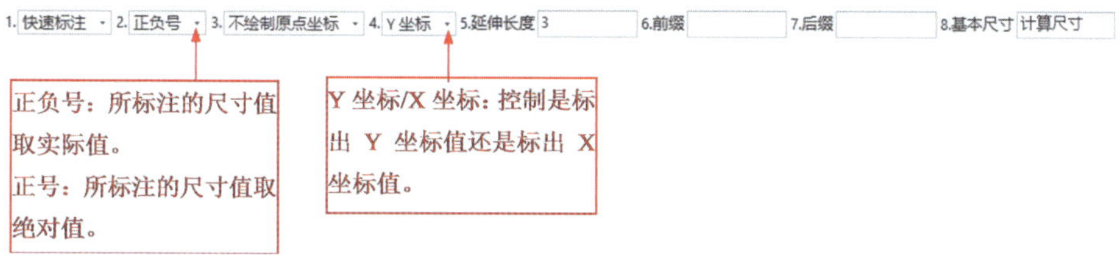

扫码看视频

图 12-41　快速标注立即菜单

03 根据系统提示输入标注点，结果如图 12-40 所示。

注意

在图 12-41 中，如果用户在立即菜单 5 中输入尺寸值时，立即菜单 2 中的正负号控制不起作用。

12.2.3 自由标注

自由标注用于标注当前坐标系下任意“标注点”的 X 方向和 Y 方向的坐标值，标注格式由用户自己给定。

【例 12-20】对如图 12-42 所示的矩形进行自由标注。

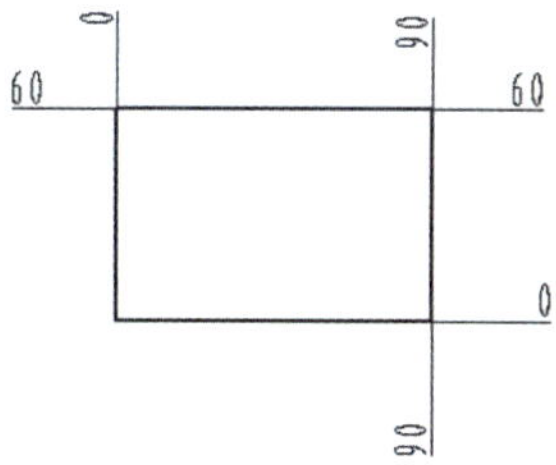

图 12-42　自由标注实例

操作步骤

01 打开源文件的“初始文件”→12 →“例 12-20”文件。进入坐标标注的命令后，在立即菜单 1 中选择“自由标注”方式，出现自由标注的立即菜单如图 12-43 所示。

02 在立即菜单 2 中可以选择尺寸值的正负号，立即菜单 6 中默认为测量值，用户也可以用输入尺寸值。

图 12-43　自由标注立即菜单

扫码看视频

03 根据系统提示输入标注点，结果如图 12-42 所示。

> **注意**
> 在图 12-43 中，如果用户在立即菜单 6 中输入尺寸值时，在立即菜单 2 中的正负号控制不起作用。另外，标 X 坐标还是 Y 坐标以及尺寸线的尺寸由定位点控制。

12.2.4 对齐标注

对齐标注为一组以第一个坐标标注为基准，尺寸线平行，尺寸文字对齐的标注。

【例 12-21】对如图 12-44 所示的点进行对齐标注。

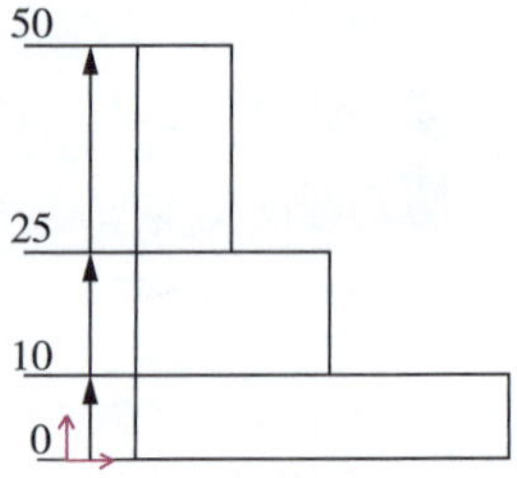

图 12-44　对齐标注实例

》操作步骤

01 打开源文件的“初始文件”→12 →“例 12-21”文件。进入坐标标注的命令后，在立即菜单 1 中选择“对齐标注”方式，出现对齐标注的立即菜单，如图 12-45 所示；在立即菜单中设定对齐标注的格式。

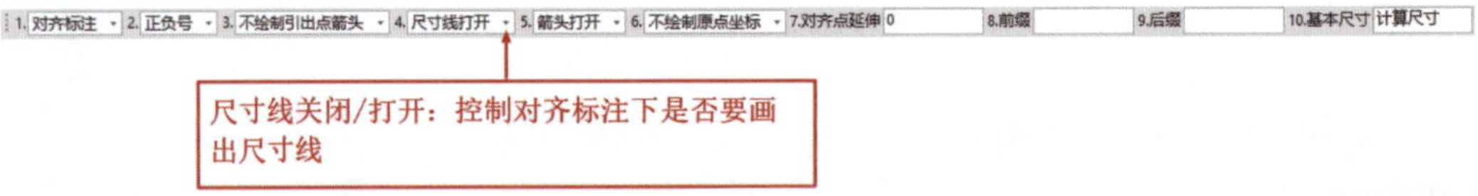

图 12-45　对齐标注立即菜单

02 标注第一个尺寸：根据系统提示输入标注点、定位点即可。

03 标注后续尺寸：系统只提示“标注点”，选定系列的标注点，即可完成一组尺寸文字对齐的坐标标注，结果如图 12-44 所示。

扫码看视频

12.2.5 孔位标注

孔位标注功能可标注圆心或一个点的 X、Y 坐标值。

》操作步骤

01 进入坐标标注命令后，在立即菜单 1 中选择“孔位标注”方式，出现孔位标注的立即菜单，如图 12-46 所示；在立即菜单中设定孔位标注的格式。

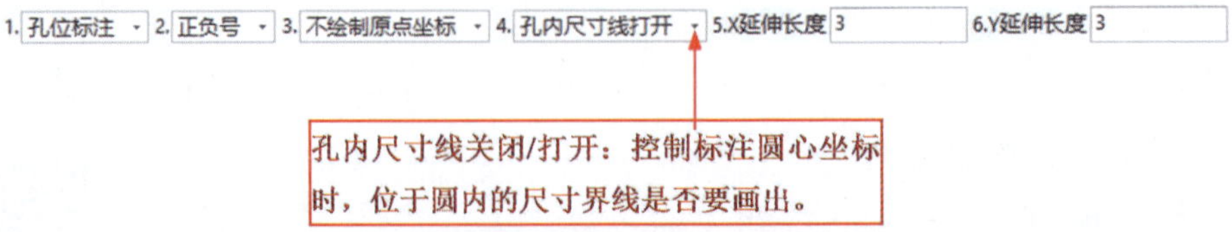

图 12-46　孔位标注立即菜单

02 根据系统提示拾取圆或点即可，如图 12-47 所示。

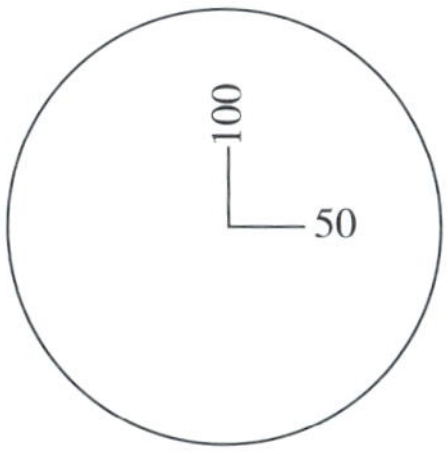

图 12-47　孔位标注

12.2.6 引出标注

引出标注用于坐标标注中尺寸线或文字过于密集时，将数值标注引出来的标注。

立即菜单说明：进入坐标标注的命令后，在立即菜单 1 中选择“引出标注”方式，出现引出标注的立即菜单，如图 12-48 所示。单击立即菜单 4 可以转换“引出标注”的标注方式，自动打折和手工打折。

1. 自动打折方式引出标注

操作步骤

01 进入坐标标注的命令后，在立即菜单 1 中选择“引出标注”方式，出现引出标注的立即菜单，单击立即菜单 4 中，选择“自动打折”方式。

02 在立即菜单中设定引出标注的格式。

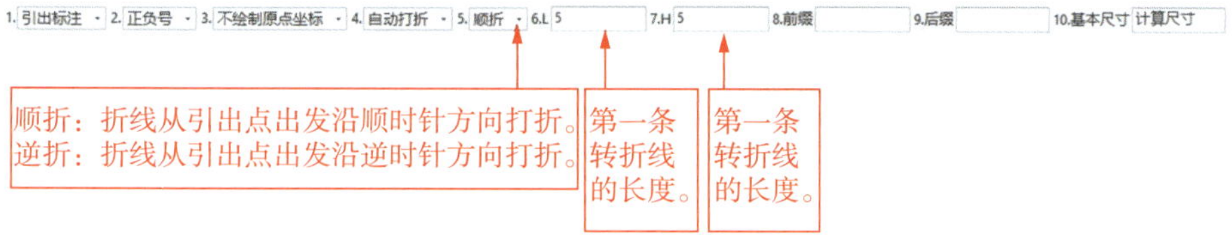

图 12-48　引出标注立即菜单

03 根据系统提示依次输入标注点和定位点即可，示意图如图 12-49 所示。

2. 手工打折方式引出标注

操作步骤

01 进入坐标标注命令后，在立即菜单 1 中选择“引出标注”方式，出现引出标注的立即菜单，单击立即菜单 4，选择“手工打折”方式。

02 在立即菜单中设定引出标注的格式，如图 12-49 所示；立即菜单各项的作用同自动打折方式。

03 根据系统提示依次输入“标注点”“引出点”“第二引出点”“定位点”即完成标注。

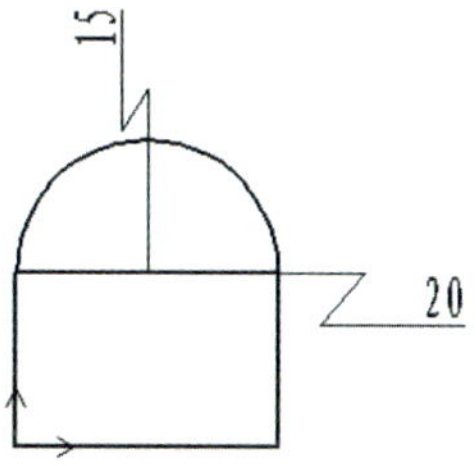

图 12-49　引出标注

12.2.7 自动列表标注

自动列表标注以表格方式列出标注点、圆心或样条插值点的坐标值。

操作步骤

01 进入坐标标注命令后，在立即菜单 1 中选择“自动列表”方式，出现自动列表标注的立即菜单如图 12-50 所示；系统提示“输入标注点或拾取圆(弧)或样条”。

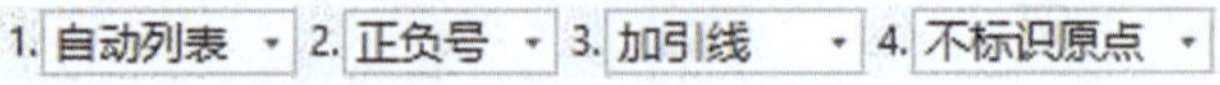

图 12-50 自动列表标注立即菜单

02 如果输入第一个标注点时，拾取到样条，根据系统提示输入序号插入点，立即菜单变为图 12-51 所示，在此立即菜单中可以控制表格的尺寸。

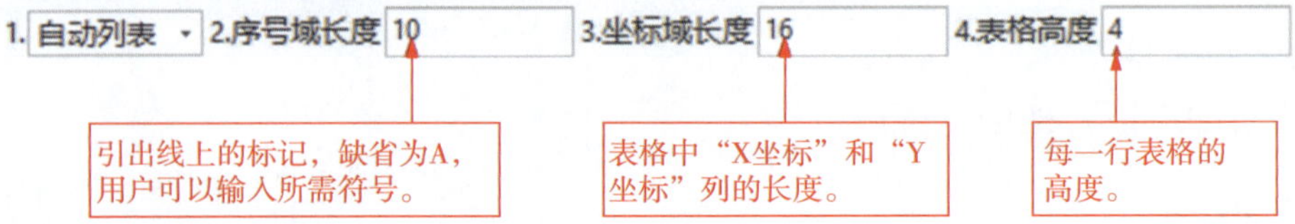

图 12-51 样条的自动列表标注立即菜单 2

03 系统提示“定位点”，输入定位点后即完成标注。

04 若在步骤 2 中拾取到的是点或圆、圆弧后，则系统提示输入序号的插入点，按照系统提示输入插入点后，系统重复提示输入标注点或拾取圆(弧)。输入一系列的标注点后，按鼠标右键或【Enter】键确认，立即菜单也变为图 12-51 所示，以下操作与拾取样条相同，只是在输出表格时，如果有圆(弧)，表格中增加一列直径 Φ。

任务评价

评价内容	评价标准	分值/分	读者自评	老师评估
原点标注	能够使用原点标注	20		
快速标注	能够使用快速标注	20		
对齐标注	能够使用对齐标注	20		
引出标注	能够引出标注	20		
自动列表标注	熟练使用自动列表标注	20		
总分		100		

任务 3　各种工程标注

任务描述

本任务主要讲解各种工程标注的方法和技巧，包括倒角标注、引出说明、中心孔标注、形位公差标注、粗糙度标注、基准代号标注以及焊接符号标注等。

任务分析

想要确保设计图纸准确传达技术要求，需要了解每种工程标注的含义和用途。

任务重点与实施

12.3.1　倒角标注

倒角标注用于标注图样中的倒角尺寸。

»执行方式

(1)命令行：dimch。

(2)菜单："标注"→"倒角标注"。

(3)工具栏："标注"工具栏→ 。

»选项说明

进入倒角标注的命令后，在屏幕左下角出现倒角标注的立即菜单，如图 12-52 所示，单击立即菜单 1 可以选择不同的倒角标注方式。

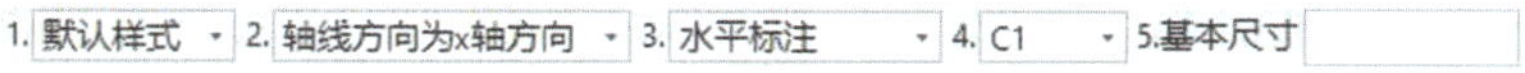

图 12-52　"倒角标注"立即菜单

扫码看视频

【例 12-22】标注图 12-53 中的倒角。

»操作步骤

01 打开源文件的"初始文件"→12→"例 12-22"文件。进入倒角标注的命令后，在立即菜单 1 中选择标注方式。

02 根据系统提示直接拾取要标注倒角部位直线，结果如图 12-53 所示。

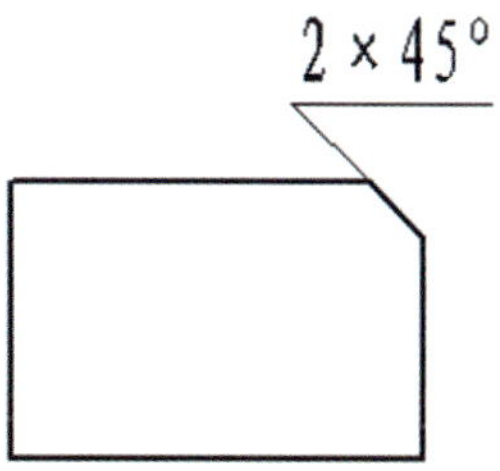

图 12-53　倒角标注实例

12.3.2　引出说明

引出说明用于标注引出注释，由文字和引线两部分组成，文字可以输入西文或输入汉字。文字的各项参数由文字参数决定。

»执行方式

(1)命令行：ldtext。

(2)菜单：“标注”→“引出说明”。

(3)工具栏：“标注”工具栏→。

【例 12-23】对图 12-54 中的螺纹孔进行引出标注。

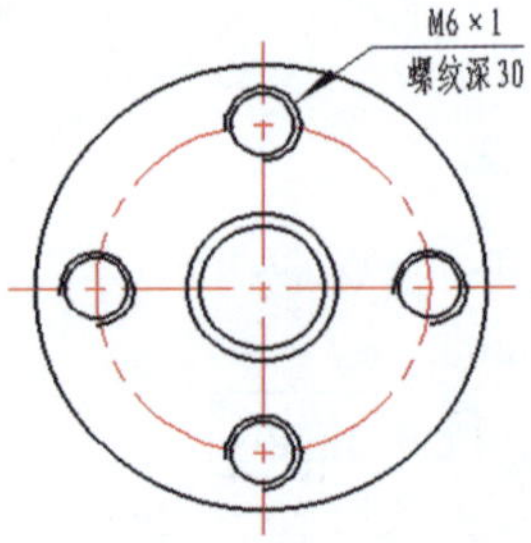

图 12-54　引出说明的标注

»操作步骤

01 打开源文件的“初始文件”→12 →“例 12-23”文件。进入引出说明命令后，系统弹出“引出说明”对话框，如图 12-55 所示。在对话框中输入说明性文字后单击“确定”按钮。

扫码看视频

02 系统弹出如图 12-56 所示的立即菜单(在此立即菜单中可以选择文字方向和引出线的长度)，然后根据系统提示拾取定位点和转折点，然后确定定位点，结果如图 12-54 所示。

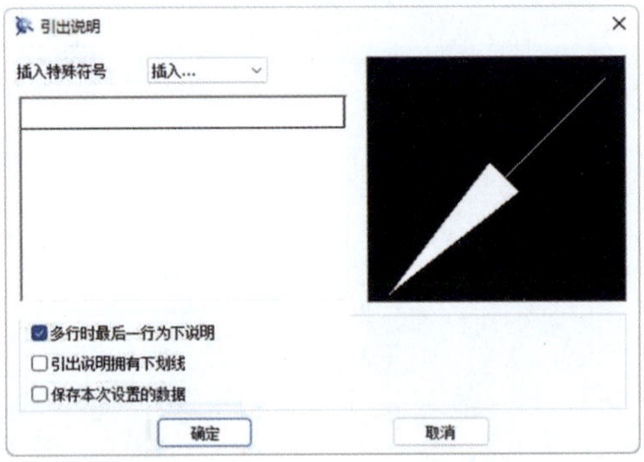

图 12-55　“引出说明”对话框

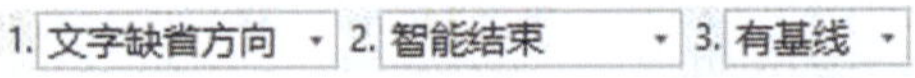

图 12-56　引出标注立即菜单

12.3.3　中心孔标注

»执行方式

(1)命令行：dimhole。

(2)菜单：“标注”→“中心孔标注”。

(3)工具栏：“标注”工具栏→。

»操作步骤

01 进入引出说明命令后，系统弹出中心孔标注立即菜单，如图 12-57 所示。

02 根据系统提示在视图中选择轴的中心点为定位点。

03 根据系统提示输入旋转角度为 0，结果如图 12-58 所示。

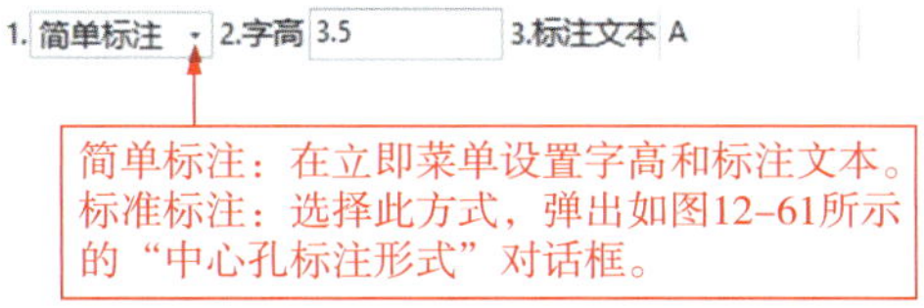

图 12-57　中心孔标注立即菜单

图 12-58　标注中心孔位置

12.3.4　形位公差标注

形位公差标注功能用于标注形状和位置公差。可以拾取一个点、直线、圆或圆弧进行形位公差标注，要拾取的直线、圆或圆弧可以是尺寸或块里的组成元素。

执行方式

(1)命令行：fcs。

(2)菜单：“标注”→“形位公差”。

(3)工具栏：“标注”工具栏→ 。

操作步骤

01 进入标注形位公差的命令后，系统弹出如图 12-59 所示的“形位公差”对话框，在对话框中输入应标注的形位公差后，单击“确定”按钮。

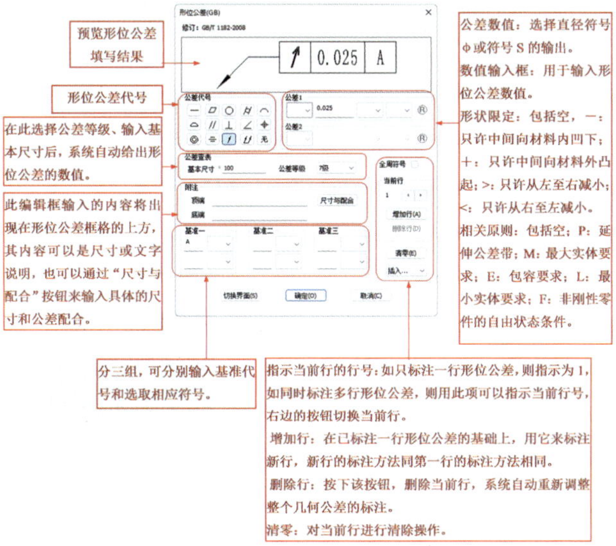

图 12-59　“形位公差”对话框

02 系统弹出如图 12-60 所示的立即菜单，单击立即菜单 1 可以选择“水平标注”或“垂直标注”，然后根据系统提示依次输入引出线的转折点和定位点即可。

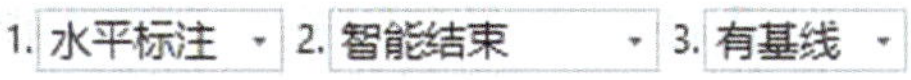

图 12-60　形位公差标注立即菜单

12.3.5 粗糙度标注

粗糙度标注功能用于标注表面粗糙度代号。

执行方式

(1)命令行：rough。

(2)菜单："标注"→"粗糙度"。

(3)工具栏："标注"工具栏→√。

操作步骤

01 进入标注粗糙度的命令后，系统弹出如图12-61所示的立即菜单，单击立即菜单1可以选择"简单标注"或"标准标注"。

图12-61 简单标注粗糙度立即菜单

02 若采用"简单标注"方式，在立即菜单2中可以选择"默认方式"或"引出方式"，在立即菜单3中可以选择材料的符号类型，"去除材料""不去除材料"或"基本符号"，在立即菜单4中用来输入粗糙度值。根据系统提示拾取定位点、直线或圆弧，如采用默认方式，还要根据系统提示输入标注符号的旋转角，如采用引出方式在输入标注的位置点。

03 若采用"标准标注"方式，则单击立即菜单1选择，则立即菜单如图12-62所示，在立即菜单2中也可以选择"默认方式"或"引出方式"。系统弹出如图12-63所示的"表面粗糙度"对话框，在对话框中输入应标注的粗糙度后，单击"确定"按钮，后面的步骤与简单标注方式相同。

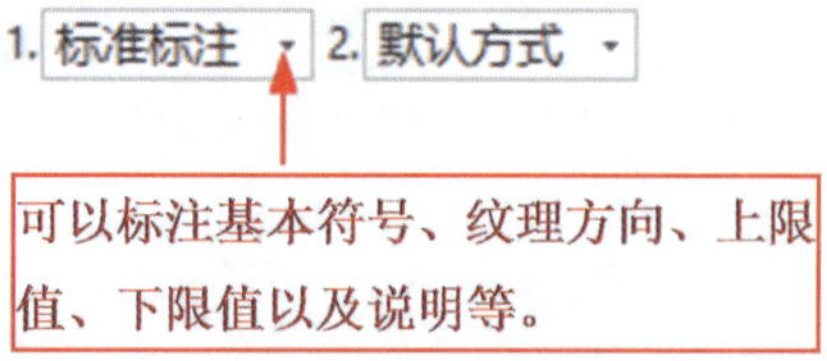

图12-62 标准标注粗糙度立即菜单

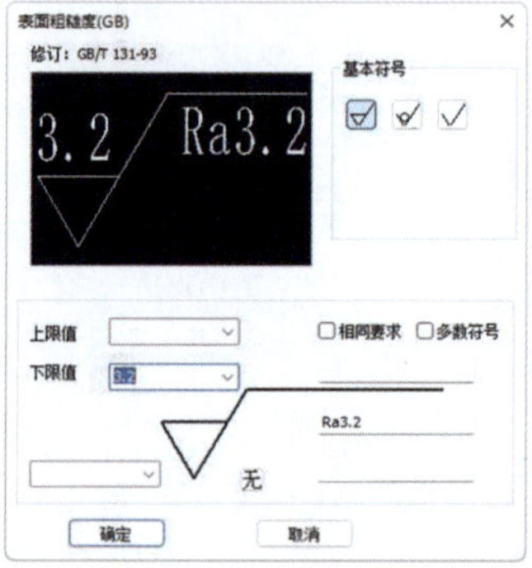

图12-63 "表面粗糙度"对话框

12.3.6 基准代号标注

基准代号标注功能用于标注基准代号或基准目标。

执行方式

(1)命令行：datum。

(2)菜单："标注"→"基准代号"。

(3)工具栏："标注"工具栏→。

选项说明

进入标注基准代号的命令后，系统弹出基准代号标注的立即菜单，单击立即菜单 1 可以选择"基准标注"或"基准目标标注"。

1. 基准代号标注

操作步骤

01 进入标注基准代号的命令后，单击立即菜单 1 选择"基准标注"，出现基准标注立即菜单如图 12-64 所示。

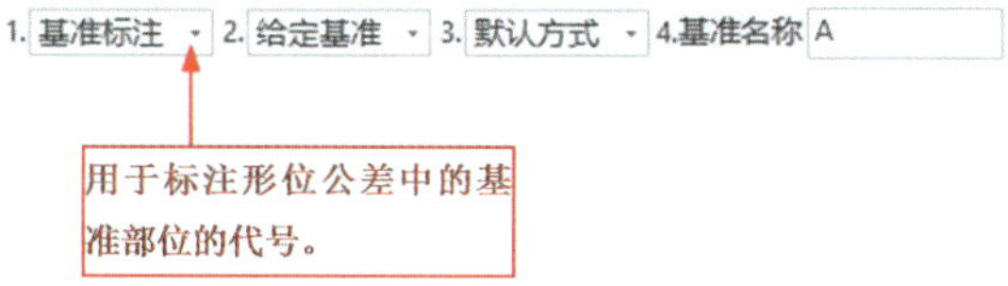

图 12-64　以"给定基准"标注基准代号立即菜单

02 单击立即菜单 2 中可以切换"给定基准"(图 12-64)或"任选基准"(图 12-65)。

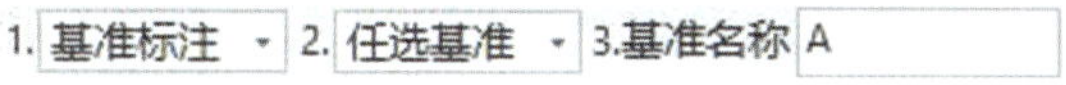

图 12-65　以"任选基准"标注基准代号立即菜单

注意

在图 12-64 中的以"给定基准"标注基准代号立即菜单中，单击立即菜单 3 可以切换"默认方式"(无引出线)或"引出方式"(图 12-65 的"任选基准"方式中没有此项)立即菜单 4 可以改变基准代号名称，基准代号名称可以由两个字符或一个汉字组成。

03 根据系统提示拾取点或直线、圆弧和圆来确定基准代号的位置即可。如拾取的是定位点，则系统提示"输入角度或由屏幕确定"，用拖动方式或从键盘输入旋转角后，即可完成标注。如拾取的是直线或圆(弧)，系统提示"拖动确定标注位置"，移动鼠标到合适位置后单击，即标注出与直线或圆弧相垂直的基准代号。

2. 基准目标标注

操作步骤

01 进入标注基准代号的命令后，单击立即菜单 1 选择"基准目标"，出现基准目标标注立即菜单，如图 12-66 所示。

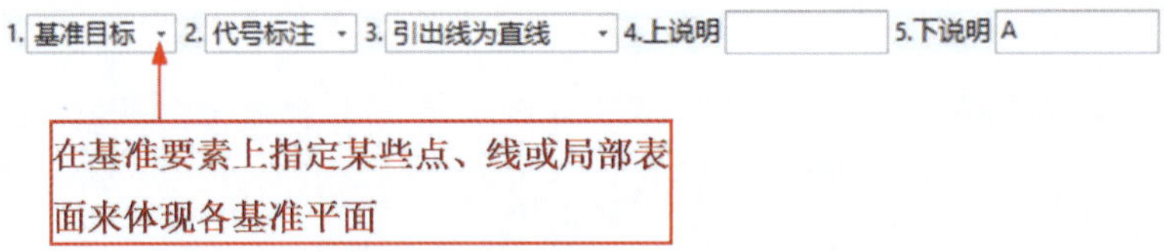

图 12-66　标注基准目标代号立即菜单

02 单击立即菜单 2 中可以切换“代号标注”(图 12-66)或“目标标注”(图 12-67)。

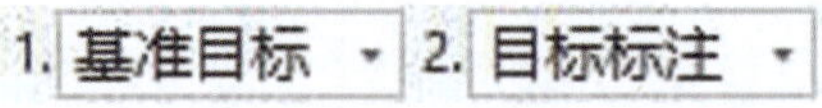

图 12-67　标注基准目标立即菜单

03 根据系统提示拾取点或直线、圆弧和圆来确定基准目标的位置即可。

12.3.7 焊接符号标注

焊接符号标注功能用于标注焊接符号。

执行方式

(1)命令行：weld。

(2)菜单：“标注”→“焊接符号”。

(3)工具栏：“标注”工具栏→![]。

操作步骤

01 进入标注焊接符号的命令后，系统弹出“焊接符号”对话框，如图 12-68 所示。

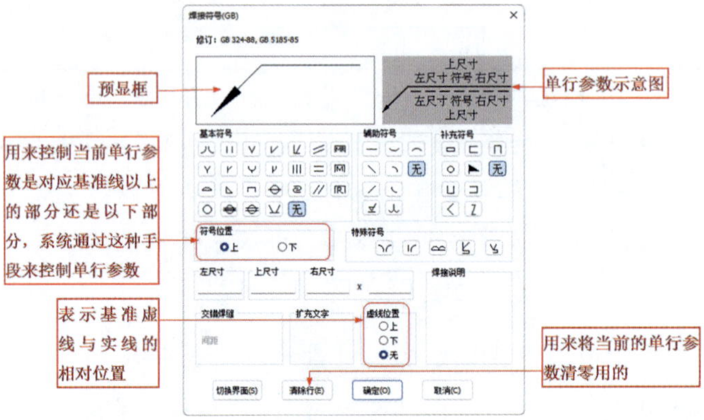

图 12-68　“焊接符号”对话框

02 在对话框里对需要标注的焊接符号的各种选项进行设置后，单击“确定”按钮确认。

03 根据系统提示依次拾取标注元素、输入引线转折点和定位点即可。

任务评价

评价内容	评价标准	分值/分	读者自评	老师评估
倒角标注	能够创建倒角标注	20		
引出说明	能够引出说明	20		
形位公差标注	能够标注形位公差	20		
粗糙度标注	能够标注粗糙度	20		
基准代号标注	熟练标注基准代号	20		
总分		100		

任务4　标注修改

任务描述

本任务将主要讲解和实践尺寸编辑、文字编辑、工程符号编辑，以及尺寸驱动等命令。

任务分析

为了快速将图纸修改更新，需要理解每个编辑功能的基本概念和应用场景，然后从简单的案例开始练习，逐步掌握各项编辑技巧，并通过反复实践来提升操作的熟练度。

任务重点与实施

标注修改也就是对工程标注(尺寸、符号和文字)进行编辑，对这些标注的编辑仅通过一个菜单命令即可完成，系统将自动识别标注实体的类型而作相应的编辑操作。

执行方式

(1)命令行：dimedit。

(2)菜单："修改"→"标注编辑"。

(3)工具栏："编辑工具"工具栏→。

根据工程标注分类，可将标注编辑分为相应的3类：尺寸编辑、文字编辑、工程符号编辑。

12.4.1　尺寸编辑

尺寸编辑功能对已标注尺寸的尺寸线位置、文字位置或文字内容进行编辑修改。

当标注编辑时所拾取到的为尺寸，则根据尺寸类型的不同可进行不同的操作。

1. 对线性尺寸进行编辑修改

》操作步骤

01 进入标注修改命令后，系统提示拾取要编辑的尺寸、文字或工程标注。

02 用鼠标在绘图区拾取要编辑的线性尺寸。系统弹出线性尺寸编辑立即菜单，单击立即菜单 1 可以选择对标注的“尺寸线位置”“文字位置”“箭头形状”进行编辑修改，如图 12-69 所示。

图 12-69　线性尺寸编辑立即菜单

03 尺寸线位置编辑：单击立即菜单 1 选择“尺寸线位置”，“尺寸线位置”编辑立即菜单如图 12-69 所示。修改立即菜单其他选项内容后，根据系统提示输入尺寸线的新位置即可完成编辑操作(在尺寸线位置立即菜单中可以修改文字的方向、文字位置、文字是否带边框、以及尺寸界线的倾斜角度和尺寸值的大小等)。

04 文字位置的编辑：单击立即菜单 1 选择“文字位置”“文字位置”编辑立即菜单如图 12-70 所示。修改菜单其他选项内容后根据系统提示输入文字的新位置即可完成编辑操作(文字位置的编辑只修改文字是否有边框、尺寸值大小和是否加引线)。

图 12-70　文字位置编辑立即菜单

05 箭头形状的编辑：单击立即菜单 1 选择“箭头形状”，系统弹出“箭头形状编辑”对话框，如图 12-71 所示。修改对话框中的内容后，单击确定按钮，完成箭头形状的编辑。

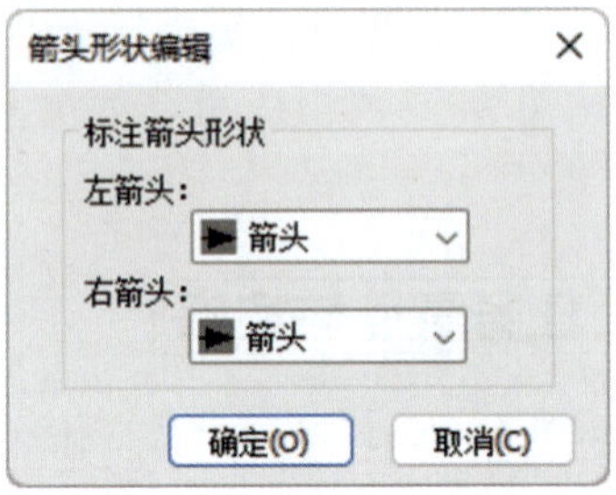

图 12-71　“箭头形状编辑”对话框

2. 对直径和半径尺寸进行编辑修改

》操作步骤

01 进入标注修改命令后，系统提示拾取要编辑的尺寸、文字或工程标注。

02 用鼠标在绘图区拾取要编辑的直径或半径尺寸。系统弹出直径和半径尺寸编辑立即菜单，单击立即菜单 1 可以选择对标注的“尺寸线位置”“文字位置”进行编辑修改。

03 尺寸线位置编辑：单击立即菜单 1 选择“尺寸线位置”，“尺寸线位置”编辑立即菜单如图 12-72 所示。修改立即菜单其他选项内容后，根据系统提示输入尺寸线的新位置即可完成编辑操作(在尺寸线位置立即菜单中可以修改文字的方向、文字位置以及尺寸值的大小等)。

1. 尺寸线位置 2. 文字水平 3. 文字居中 4. 标准尺寸线 5.前缀 %c 6.后缀 7.基本尺寸 48

图 12-72　尺寸线位置编辑立即菜单

04 文字位置的编辑：单击立即菜单 1 选择“文字位置”，“文字位置”编辑立即菜单如图 12-73 所示。修改菜单其他的选项内容后根据系统提示输入文字的新位置即可完成编辑操作（文字位置的编辑可修改尺寸值大小）。

1. 文字位置 2. 标准尺寸线 3.前缀 %c 4.后缀 5.基本尺寸 48

图 12-73　文字位置编辑立即菜单

3. 对角度尺寸进行编辑修改

›› 操作步骤

01 进入标注修改命令后，系统提示拾取要编辑的尺寸、文字或工程标注。

02 用鼠标在绘图区拾取要编辑的角度尺寸。系统弹出角度尺寸编辑立即菜单，单击立即菜单 1 可以对标注的“尺寸线位置”“文字位置”进行编辑修改。

03 尺寸线位置编辑：单击立即菜单 1 选择“尺寸线位置”，“尺寸线位置”编辑立即菜单如图 12-74 所示。修改立即菜单的其他选项内容后，根据系统提示输入尺寸线的新位置即可完成编辑操作（在尺寸线位置立即菜单中可以修改尺寸值的大小）。

1. 尺寸线位置 2. 文字水平 3. 度 4. 文字居中 5.前缀 6.后缀 7.基本尺寸 37.02%d

图 12-74　尺寸线位置编辑立即菜单

04 文字位置的编辑：单击立即菜单 1 选择“文字位置”，“文字位置”编辑立即菜单如图 12-75 所示。修改菜单其他选项内容后根据系统提示输入文字的新位置即可完成编辑操作（文字位置的编辑可修改文字是否加引线、尺寸值大小）。

1. 文字位置 2. 文字水平 3. 度 4. 不加引线 5.前缀 6.后缀 7.基本尺寸 37.02%d

图 12-75　文字位置编辑立即菜单

12.4.2　文字编辑

文字编辑功能用于对已标注的文字内容和风格进行编辑修改。

›› 操作步骤

01 进入标注修改命令后，系统提示拾取要编辑的尺寸、文字或工程标注。

02 用鼠标在绘图区拾取要编辑的文字。系统弹出“文字编辑器”对话框，在此对话框中可以对文字的内容和风格进行编辑修改。

12.4.3　工程符号编辑

工程符号编辑功能用于对已标注的工程符号的内容和风格进行编辑修改。

>> 操作步骤

01 进入标注修改命令后，系统提示拾取要编辑的尺寸、文字或工程标注。

02 用鼠标在绘图区拾取要编辑的工程符号。系统弹出相应的立即菜单，通过对立即菜单的切换可以对标注对象的位置和内容进行编辑修改。

12.4.4 尺寸驱动

尺寸驱动是系统提供的一套局部参数化功能。

>> 执行方式

(1)命令行：driver。

(2)菜单："修改"→"尺寸驱动"。

(3)工具栏："修改"工具栏→。

>> 操作步骤

01 选择驱动对象(实体和尺寸)。局部参数化的第一步是选择驱动对象(用户想要修改的部分)，系统将只分析选中部分的实体及尺寸；在这里，除选择图形实体外，选择尺寸是必要的，因为工程图样是依靠尺寸标注来避免二义性的，系统正是依靠尺寸来分析元素间的关系的。例如，存在一条斜线，标注了水平尺寸，则当其他尺寸被驱动时，该直线的斜率及垂直距离可能会发生相关的改变，但是，该直线的水平距离将保持为标注值。同样的道理，如果驱动该水平尺寸，则该直线的水平长度将发生改变，改变为与驱动后的尺寸值一致。因而，对于局部参数化功能，选择参数化对象至关重要，为了使驱动的目的与自己设想的一致，有必要在选择驱动对象之前作必要的尺寸标注，对该动的和不该动的关系作个必要的定义。一般说来，某实体如果没有必要的尺寸标注，系统将会根据"连接""角度""正交""相切"等一般的默认准则判断实体之间的约束关系。

02 选择驱动图形的基准点。如同旋转和拉伸需要基准点一样，驱动图形也需要基准点，这是由于任一尺寸表示的均是两个(或两个以上)对象的相关约束关系，如果驱动该尺寸，必然存在着一端固定，动另一端的问题，系统将根据被驱动尺寸与基准点的位置关系来判断哪一端该固定，从而驱动另一端。

03 选择被驱动尺寸，输入新值。在前两步的基础上，最后驱动某一尺寸。选择被驱动的尺寸，而后输入新的尺寸值，则被选中的实体部分将被驱动，在不退出该状态(该部分驱动对象)的情况下，用户可以连续驱动其他的尺寸。

【例 12-24】将如图 12-76 所示的圆心位置向上增加 10 mm，基座的长度尺寸由原来的 80 mm 改变为 70 mm，将大圆半径由 40 mm 变为 30 mm。

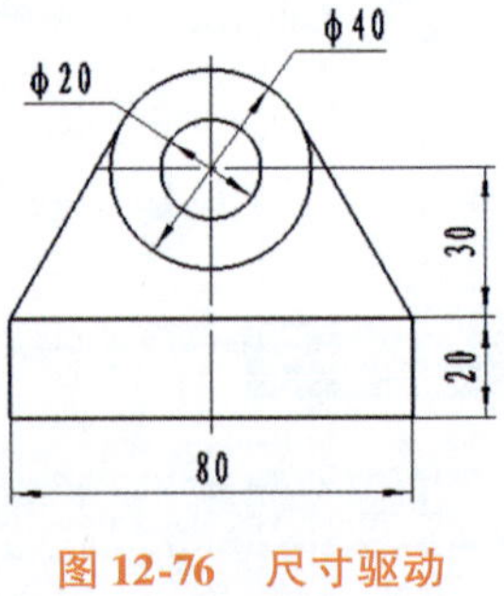

图 12-76 尺寸驱动

>> 操作步骤

01 打开源文件的"初始文件"→12→"例 12-24"文件。单击"尺寸驱动"按钮。

02 拾取整个图形。

03 单击纵向对称轴与最下方的水平线的交点为基准点。

04 首先单击 80 mm 的尺寸值，在弹出的“新的尺寸值”对话框中输入新尺寸值为 70，单击“确定”按钮，如图 12-77 所示。此时图形的形状和尺寸立即改为新的尺寸，特别是图形的其他部分也做了相应的修改。

扫码看视频

05 继续单击“Φ 40”和 30 两个尺寸，分别在弹出的“新的尺寸值”对话框中输入 30 和 40。

06 单击“确定”按钮完成。形成了新的图形，如图 12-78 所示。

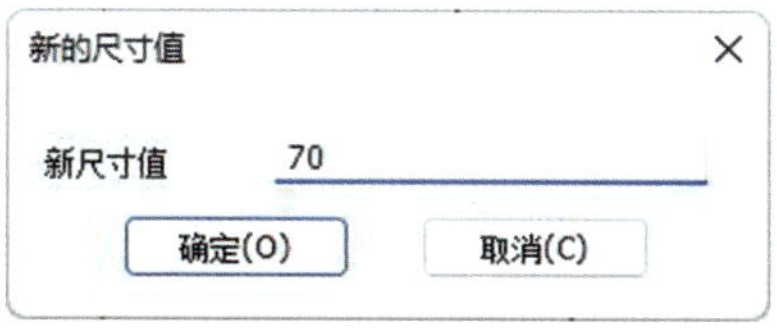

图 12-77　尺寸驱动立即菜单

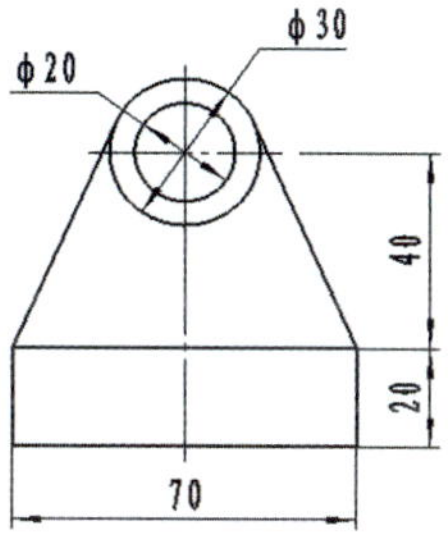

图 12-78　尺寸驱动完成效果图

任务评价

评价内容	评价标准	分值	读者自评	老师评估
尺寸编辑	能够进行尺寸编辑	25		
文字编辑	能够进行文字编辑	25		
工程符号编辑	能够编辑工程符号	25		
尺寸驱动	熟练运用尺寸驱动修改尺寸	25		
总分		100		

项 目 小 结

本项目通过四个任务，从基本的尺寸标注到复杂的坐标和各种工程标注，再到标注的修改技巧，每个任务都精心设计以增强读者工程图纸的阅读能力与实际操作能力。

项 目 习 题

1. 绘制如图 12-79 所示的轴承座并标注尺寸。

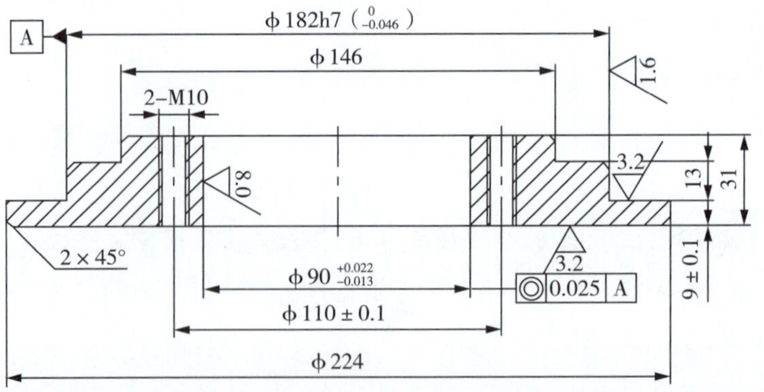

图 12-79　轴承座

操作提示：

(1)将当前层设置为粗实线层，利用孔/轴命令绘制图中的外轮廓及中心孔。

(2)在相应层绘制两螺纹孔。

(3)裁减、删除多余线段后，绘制剖面线。

(4)利用尺寸标注中的“基本标注”方式标注图中的尺寸及尺寸公差。

(5)利用倒角标注命令标注图中的倒角。

(6)标注粗糙度符号、基准符号、形位公差。

2. 绘制如图 12-80 所示的柱塞并标注尺寸。

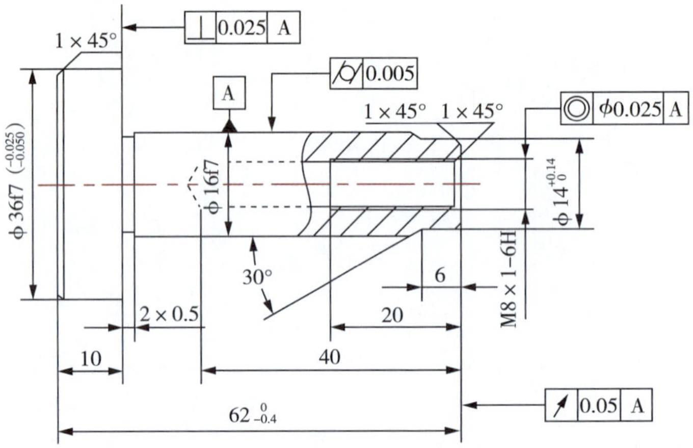

图 12-80　柱塞

操作提示：

(1)绘制图形(要用到孔/轴命令、过渡命令中的外倒角方式、直线命令中的角度线方式等)。

(2)标注基本尺寸及尺寸公差、标注倒角尺寸。

(3)标注形位差、基准符号及引出说明。

(4)利用“格式”→“尺寸”菜单命令对标注文字的参数进行编辑，将文字高度变为3.5，箭头长度变为3。

参考文献

[1]布克科技,孙万龙,矫红英,乔艳辉,兰春萍. CAXACAD2023 实战从入门到精通[M]. 北京:人民邮电出版社,2024.

[2]刘玉春,高钰. CAXACAM 制造工程师 2022 项目案例教程[M]. 北京:化学工业出版社,2023.

[3]焦永和,张彤,张昊. 机械制图手册[M]. 6 版. 北京:机械工业出版社,2022.

[4]钱可强,丁一. 机械制图(第六版)[M]. 北京:高等教育出版社,2022.

[5]王军红,战忠秋. 机械制图与 CAD[M]. 2 版. 北京:机械工业出版社,2022.